森林科学シリーズ

森林と災害

中村太士 / 菊沢喜八郎 編

Series in Forest Science

3

共立出版

執筆者一覧

中村太士　北海道大学大学院農学研究院（序章）

谷　　誠　人間環境大学人間環境学部（第 1 章）

阿部和時　日本大学生物資源科学部（第 2 章）

小山内信智　北海道大学大学院農学研究院（第 3 章）

渡邊康玄　北見工業大学工学部（第 4 章）

坂本知己　（国研）森林研究・整備機構森林総合研究所森林防災研究領域（第 5 章）

五味高志　東京農工大学大学院農学研究院（第 6 章）

戸田浩人　東京農工大学大学院農学研究院（第 6 章）

境　　優　中央大学理工学部（第 6 章）

『森林科学シリーズ』刊行にあたって

樹木は高さ 100 m，重さ 100 t に達する地球上で最大の生物である．自ら移動することはできず，ふつうは他の樹木と寄り合って森林を作っている．森林は長寿命であるためその変化は目に見えにくいが，破壊と修復の過程を経ながら，自律的に遷移する．破壊の要因としては，微生物，昆虫などによる攻撃，山火事，土砂崩れ，台風，津波などが挙げられるが，それにも増して人類の直接的・間接的影響は大きい．人類は森林から木を伐り出し，跡地を農耕地に変えるとともに，環境調節，災害防止などさまざまな恩恵を得てきた．同時に，自ら植林するなど，森林を修復し，変容させ，温暖化など環境条件そのものの変化をもたらしてきた．森林は人類による社会的構築物なのである．

森林とそれをめぐる情勢の変化は，ここ数十年に特に著しい．前世紀，森林は破壊され，木材は建築，燃料，製紙などに盛んに利用された．日本国内においては拡大造林の名のもとに，奥地の森林までが開発され，針葉樹造林地に変化した．しかし世紀末には，地球環境への関心が高まり，とりわけ温暖化と生物多様性の喪失が懸念されるようになった．それを受けて環境保全の国際的枠組みが作られ，日本国内の森林政策も木材生産中心から生態系サービス重視へと変化した．いまや，森林には木材資源以外にも大きな価値が認められつつある．しかしそれらはまた，複雑な国際情勢のもとで簡単に覆される可能性がある．現に，アメリカ前大統領のバラク・オバマ氏は退任にあたり「サイエンス」誌に論文を書き，地球環境問題への取り組みは引き返すことはできないと遺言したが，それは大統領交代とともに，自国第一の名のもとにいとも簡単に破棄されてしまった．

動かぬように見える森林も，その内外に激しい変化への動因を抱えていることが理解される．私たちは，森林に新たな価値を見い出し，それを持続的に利用してゆく道を探らなくてはならない．

『森林科学シリーズ』刊行にあたって

本シリーズは，森林の変容とそれをもたらしたさまざまな動因，さらにはそれらが人間社会に与えた影響とをダイナミックにとらえ，若手研究者による最新の研究成果を紹介することによって，森林に関する理解を深めることを目的とする．内容は高校生，学部学生にもわかりやすく書くことを心掛けたが，同時に各巻は現在の森林科学各分野の到達点を示し，専門教育への導入ともなっている．

『森林科学シリーズ』編集委員会
菊沢喜八郎・中静　透・柴田英昭・生方史数・三枝信子・滝　久智

まえがき

日本人は古来，森林から得られる様々な資源を利用してきた．一方で，過度の利用によってはげ山と化した里山も少なくない．はげ山からは大量の土砂が生産され，時に鉄砲水となって集落を襲い，多くの人命を奪った．そうした経験を経て，森林は公益の観点から管理されるべきであり，個人所有の森林であっても何らかの制限を加えるべく，保安林制度等の法的整備がなされてきた．

こうした背景から，森林と災害のつながりは，日本人にとっては馴染みあるテーマであり，気候変動に伴う斜面崩壊や土石流災害が多発する現在，さらに関心は高くなっている．森林がもつ防災・減災機能のなかでも本書で扱った水土保全機能は古くから注目され，研究も進められてきた．一方で，過去の研究の多くは小流域における皆伐実験であり，細かな水文・地形変動プロセス，樹種による影響の違い，間伐による密度管理の効果，下層植生の影響などは評価されてこなかった．本書では森林における水の動きに着目し，森林における水収支，森林からの流出と斜面崩壊，土石流災害，河川と森林，津波と海岸林，原発事故について，それぞれの分野で活躍されている研究者に上記諸点も加味して最新の知見を執筆していただいた．

第1章「水循環に及ぼす森林の影響」は，森林の蒸発散過程，雨水の流出過程に注目してそのプロセスを詳しく解説した内容になっている．この章を読めば，水源涵養機能がなぜ生まれるのかが理解でき，森林土壌が斜面に安定的に維持されることによって，洪水流出量の減少や洪水ピークの遅れ，流況の安定化がもたらされることがわかる．

第2章「表層崩壊」では，森林と表層崩壊の関係について，根系による崩壊防止機能を力学的に解説し，森林施業との関連では伐採による根の腐朽と植林による根の発達など，時間経過に伴う崩壊防止機能の変化，そして間伐が与える影響などを解説している．森林の崩壊防止機能の可能性と限界，間伐等の森林管理の影響を知るうえで重要な内容が示されている．

第3章「土石流」では，河道内や沖積錐に発達する樹林帯が土石流の流下エネルギーの減少にどのくらい寄与するのかについて解説している．これまでの調査事例から，樹林が流下エネルギー低減に寄与するケースは限られており，土石流が通過する区間では樹林帯が侵食されて流木化し，災害規模をむしろ大きくする可能性があること，そして緩勾配の堆積区間において樹林帯による堆積促進効果があることが述べられている．

2017年9月発生した九州北部豪雨災害では斜面崩壊が多発し，流木を巻き込んだ土石流が民家を襲った．その後，気候変動下における森林（人工林）管理はどうあるべきかが議論されるようになった．第2章，第3章で解説されている内容は，こうした課題に取り組む研究者，学生，行政，コンサルタントの方々に様々な示唆を与えてくれると思われる．

第4章「河川における水害と樹林」では，樹林が河道内に存在することによって，川の流れや土砂の移動に大きな変化がもたらされること，さらに樹木が洪水の流れによって倒伏したり流出するプロセスが力学的に説明されている．一方で，樹林がもつ流速の低減機能を生かすことにより，水害防備林として機能することが述べられている．また，ダム等による流量変動の抑制，河床低下等により，河川で樹木が旺盛に繁茂する「河道の樹林化」が近年全国で問題となっている．樹林化は，洪水時の水位の上昇や流れの偏向をもたらし治水上の課題となっているため，その管理手法について近年の動向が紹介されている．

第5章「海岸林の津波被害と津波被害軽減機能」では，2011年3月11日に発生した大地震による巨大津波をとりあげ，海岸林の被災状況を解説するとともに，津波に対する海岸林の機能について，漂流物の捕捉，波力の減殺，よじ登ったりして津波から逃れる手段，そして土地利用規制の観点から解説されている．

第6章「原子力災害がもたらす森林-渓流生態系の放射性セシウム汚染」は，第5章と同様に東日本大震災で発生した災害を扱っている．他の章が森林の防災・減災機能について言及しているのに対して，この章では放射性降下物が森林および渓流生態系に与えた影響を解説しており，やや趣は異なる．しかし，福島原子力発電所事故に伴い，森林生態系に降下した放射性物質が集水域生態系に与える影響を知ることは，今後の日本の資源管理やエネルギー政策を考えるうえできわめて重要であることから，本書への執筆をお願いした．原発事故後，セシウムが森林の林冠層，落葉層，河川を通じて，生育・生息する生物相にどのような影響をあたえてきたかが明らかになっている．

本書で書かれている内容を俯瞰すると，森林生態系は確かに水循環や土砂移動，地形変化に影響を与え，その機能によって防災や減災に寄与しているといえる．しかし一方で，森林生態系が耐えられる閾値を超えた現象に対しては，崩壊土砂，水に加えて流木の混相流となって流下し，災害リスクを高める可能性もあるという結論にいきつく．東日本大震災や九州北部豪雨災害では，そうした限界も示された．気候変動に伴う台風や豪雨災害が頻発し，人口減少で放棄される人工林が増加する現在，本書で解説された内容をもとに，将来にむかって災害に強い森林をいかに育てるか，国全体で考えなければならない課題である．さらに閾値を超えた現象に対しては，危険地域からの人の撤退も含めた土地利用の見直しを行うことが重要であり，森林を残すことによって土地開発を規制し，災害への曝露を回避することも検討すべき時期に来ている．

中村 太士
菊沢 喜八郎

目　次

序章　森林と災害

はじめに …… 1
0.1　森林の水土保全機能の歴史と現状，課題 …… 4
0.1.1　森林資源の収奪と流域荒廃の歴史 …… 4
0.1.2　森林の水土保全機能研究の歴史 …… 7
0.1.3　森林の機能の階層性 …… 9
0.2　Eco-DRR としての森林 …… 10
0.2.1　災害リスクは何によって決まるか …… 10
0.2.2　災害面から見た日本の森林の現状と課題 …… 13
0.2.3　遷移と撹乱を許容する技術 …… 17
0.3　東日本大震災がもたらした新たな課題 …… 21
おわりに …… 22

第1章　水循環に及ぼす森林の影響

はじめに …… 24
1.1　蒸発散過程 …… 26
1.1.1　フラックス …… 26
1.1.2　放射収支 …… 27
1.1.3　熱交換 …… 28
1.1.4　熱交換に及ぼす気象条件・地表条件の影響 …… 30
1.1.5　蒸発散を通じた森林の水循環に及ぼす影響 …… 39
1.2　雨水の流出過程 …… 44

1.2.1　降雨に対する流出応答 …… 44
1.2.2　流出機構の基礎となる水理学 …… 50
1.2.3　降雨流出応答をもたらす斜面の流出機構 …… 60
1.2.4　流出機構に基づく降雨流出応答特性のまとめ …… 68
1.2.5　降雨流出応答に及ぼす森林の影響 …… 70
おわりに …… 74

第2章　表層崩壊

はじめに …… 78
2.1　森林状態と表層崩壊の関係 …… 79
2.1.1　日本の森林状態と災害形態の変遷 …… 79
2.1.2　統計的手法により評価した森林と表層崩壊の関係 …… 80
2.2　根による表層崩壊防止機能のメカニズム …… 82
2.3　表層崩壊防止機能の力学的評価 …… 84
2.3.1　土の一面せん断試験による根による表層崩壊防止機能の評価 …… 85
2.3.2　根による表層崩壊防止機能の引き抜き試験による評価 … 88
2.3.3　根の引っ張り応力による崩壊防止の研究事例 …… 90
2.3.4　表層崩壊地分布データをもとに安定計算式から推定した表層崩壊防止機能 …… 92
2.4　森林施業と表層崩壊防止機能 …… 93
2.4.1　抜根抵抗力により推察した，崩壊防止機能の時間経過に伴う変化 …… 93
2.4.2　間伐が表層崩壊防止機能に与える影響：引き抜き抵抗力を用いた評価 …… 94
2.4.3　間伐が表層崩壊防止機能に与える影響：根系分布状態からの評価 …… 96
2.5　森林の表層崩壊防止機能の解明における課題 …… 101

2.5.1　せん断試験で求めた補強強度と引き抜き抵抗力から求める補強強度の関係 …… 101
2.5.2　せん断試験方法の課題 …… 102
おわりに …… 103

第3章　土石流

はじめに …… 107
3.1　土石流の基本 …… 108
3.1.1　土石流の定義と流動特性 …… 108
3.1.2　土石流の発生形態 …… 110
3.1.3　土砂災害の発生実態 …… 111
3.2　森林の土砂流出抑制機能 …… 112
3.2.1　表面侵食抑制効果（山腹斜面）…… 113
3.2.2　表層崩壊抑制効果（山腹斜面）…… 113
3.2.3　渓床不安定土砂の再移動・渓岸侵食抑制効果（渓流内）…… 113
3.2.4　土石流・土砂流等停止促進効果（山腹斜面・渓流内・山麓）…… 114
3.2.5　土石流災害の実例 …… 115
3.3　土石流被害のおそれがある区域の把握と対策の考え方 …… 121
3.3.1　土砂災害防止法 …… 121
3.3.2　土砂災害警戒情報 …… 123
3.3.3　土石流・流木対策 …… 125
おわりに …… 130

第4章　河川における水害と樹林

はじめに …… 133

4.1　河道における樹林の働き …… 133
4.1.1　流れに及ぼす樹林の影響 …… 134
4.1.2　土砂の移動に及ぼす樹林の影響 …… 138
4.1.3　河道の移動に及ぼす樹林の影響 …… 140
4.1.4　樹木の倒伏・流失 …… 142
4.2　河道の樹林化の現状と課題 …… 144
4.2.1　樹林化の現状 …… 144
4.2.2　樹林化の要因 …… 147
4.2.3　樹林化の課題 …… 149
4.3　河道内からの樹林の排除の試み …… 150
4.3.1　伐採 …… 150
4.3.2　比高差の解消を目的とした河道掘削 …… 151
4.3.3　渡良瀬川における樹林内水路の形成 …… 151
4.3.4　札内川における中規模フラッシュ放流 …… 153
4.4　水害防備林としての機能と効果 …… 157
4.4.1　水害防備林の機能 …… 158
4.4.2　水害防備林の現状 …… 161
4.4.3　荒川における水害防備林 …… 161
4.4.4　戸蔦別川での試み …… 163
おわりに …… 165

第5章　海岸林の津波被害と津波被害軽減機能

はじめに …… 167
5.1　海岸林の津波被害 …… 168
5.1.1　巨大な津波 …… 168
5.1.2　海岸林の津波被害の種類 …… 168
5.2　津波に対する海岸林の機能 …… 176
5.2.1　漂流物の捕捉 …… 177

5.2.2　波力の減殺 …… 178
5.2.3　津波から逃れる手段 …… 180
5.2.4　土地利用の規制 …… 180
5.3　海岸林の限界 …… 181
5.3.1　実例に基づく整理 …… 182
5.3.2　樹木強度と波力との関係に基づく整理 …… 185
5.4　津波に対する防災施設としての海岸林の特徴 …… 187
5.4.1　低い自由度 …… 187
5.4.2　不完全さ …… 188
5.4.3　不確かさ …… 188
5.4.4　長い時間スケール …… 189
5.4.5　多面的な有用性 …… 190
5.5　今後に向けて：求める海岸林 …… 190
おわりに …… 192

第6章　原子力災害がもたらす森林-渓流生態系の放射性セシウム汚染

はじめに …… 198
6.1　森林の物質循環と放射性セシウムの移行 …… 200
6.1.1　森林生態系にもたらされた放射性セシウム …… 200
6.1.2　林床の放射性セシウムの移行 …… 202
6.1.3　樹木の放射性セシウム吸収 …… 204
6.2　森林と渓流の放射性セシウム汚染の実態 …… 205
6.2.1　森林と渓流のリター(落葉)の放射性セシウム濃度の違い …… 205
6.2.2　流路河床の放射性セシウム濃度 …… 206
6.2.3　渓流内リターの放射性セシウムの溶脱 …… 207
6.2.4　流域からの放射性セシウムの流出 …… 209
6.3　森林-渓流生態系の食物網構造と放射性セシウムの移行 …… 210

6.3.1　森林と渓流の物質移動と食物網 ………………………… 210
6.3.2　炭素・窒素安定同位体比分析による食物網構造の把握 ………………………………………………… 211
6.3.3　森林–渓流生態系での放射性セシウムの調査 ………… 213
6.3.4　イワナへの放射性セシウムの蓄積とその要因 ………… 215
6.3.5　生態系プロセスでの放射性セシウム動態 ……………… 217
6.4　森林における放射性セシウム軽減対策 ………………… 218
6.4.1　森林流域からの放射性セシウムの移動抑制 ………… 218
6.4.2　里山の除染対策 ………………………………………… 219
おわりに …………………………………………………………… 221

索　引　227

Box 4.1　樹林の有無による流体塊に働く力の違い………………………… 136

序 森林と災害

中村太士

はじめに

日本は降水量が多く地殻変動の活発な湿潤変動帯に位置し，毎年，台風による風害や豪雨災害，高潮，地震，火山災害など，様々な自然災害を受けてきた．一方で，森林が災害を防止したり，軽減したりする機能については古くから知られ，日本人はこうした森林の効用を賢く利用しながら，災害リスクを減らす努力をしてきた．

減災，防災機能に限らず，森林が人間社会にもたらす効用を森林の公益的機能（生態系サービスと同義）と呼ぶ．日本での森林の伐採規制は，奈良時代の記録までさかのぼると言われている．江戸時代にも各藩において，入会地（いりあいち）として利用していた村持山の扱いを規制したりした．明治に入ると民有林の伐採が自由になり，村持山や入会山などから，下草，落葉落枝，薪炭材等が無秩序に採取され，森林が荒廃し災害が多発した．これに対し，明治政府は，民有林を保全するための伐木停止林制度を創設している．こうした背景を受け，森林法が明治 29 年に制定されたときから，公益的機能を発揮する森を「保安林」と呼び，伐採規制を行うなど，その保全に努めてきた．そして，森林の公益的機能を評価する科学的研究も，森林水文学，砂防学の分野を中止に，明治以降，着実に進められてきている．そこで本シリーズでは，水土保全に関する最新の知見を，第一線で活躍されている執筆者によって紹介していただいた．

戦後の荒廃した国土において，植林・緑化事業は大きな役割を果たした．その結果，日本の山地や海岸に広く分布したはげ山や崩壊地，飛砂侵食地は姿を消した．1950 年代から 1970 年代にかけて，高度経済成長期を迎えた日本では，土地利用の集約化が進んだ．戦後の経済復興を支えるため，木材需要は急増し，これに対応するために，政府は“拡大造林政策”を推進した．拡大造林とは，広葉樹主体の天然林を伐採して，針葉樹中心の人工林に置き換える政策であり，日本全体で 1,000 万 ha にのぼる人工林がこの時期を中心に植林された．しかし，その後の安価な外材輸入により日本の人工林は温存され，皆伐地は減少してきた．むしろ，林業として成り立たない，跡取りがいない等の理由から管理放棄され，間伐も実施されない人工林が全国に増えており，台風等による林分全体の倒壊が心配されている．

地殻変動ならびに気候変動の影響を受けて，日本でも近年多くの災害が発生している．記憶に新しい未曾有の災害としては，2011 年 3 月 11 日に東北地方太平洋沖地震に伴い発生した東日本大震災（津波災害)，2014 年 8 月 20 日未明からの大雨によって発生した広島市の土砂災害，さらに 2015 年 9 月 10 日に台風によって刺激された秋雨前線がもたらした鬼怒川洪水災害など，さまざまである．湿潤変動帯に位置する日本としての宿命と見ることもできるが，たび重なる台風の襲来と豪雨は，これまでの研究から地球温暖化が大きく影響していると見るのが一般的である．2016 年 8 月に発生した台風 10 号は，気象庁が統計をとり始めて以来，初めて東北地方の太平洋側に上陸し（8 月 30 日)，東北・北海道に甚大な被害を与えた．これらの災害では，積乱雲が次々と発生し大雨が降り続く線状降水帯が発生したり，台風が日本列島近くで発生するなど，地球温暖化の影響を受けていると判断される現象が起きており，今後も既定の防災計画以上の現象が発生する危険度は高まっていると言わざるを得ない．

こうした気候変動に伴う災害リスクの増大は日本だけではなく世界でも確認されており，1999 年に設立された国連国際防災戦略事務局（The united nations secretariat for international strategy for disaster reduction; UNISDR）でもこの対策を検討している．2005 年神戸で開催された第 2 回国連防災会議では，生態系を活用した災害リスク削減（ecosystem-based disaster risk reduction; Eco-DRR）が検討されている．Eco-DRR は森林生態系も含めて，様々な生態系には防災・減災の機能が備わっていることを認識し，ダムや堤防などのハードな構造物による防災のみに依存するのではなく，公益的機能を生かした社会基盤整備をすべきであるとの考え方に基づく．第5章で述べられている海岸林が高潮や津波の被害を軽減することは，Eco-DRRの考え方そのものである．

おりしも，日本政府は2015年11月に「気候変動適応計画」を閣議決定した．地球温暖化による異常気象が顕在化する中，原因となる二酸化炭素の排出をいかに抑えるか（緩和策）だけでなく，豪雨や巨大台風災害をいかに防ぐか（適応策）に注目が集まってきた．今後の急激な人口減少と耕作放棄地の拡大，さらに高度成長期に整備した社会資本の老朽化を考えると，温暖化適応策としてEco-DRRを取り入れることは必須と考えられる．Eco-DRRは現存する生態系を生かすことを前提とするため事業費や維持費が安価で済むというだけでなく，伝統的な地域特有の知識や文化的価値を維持し，二酸化炭素吸収にも貢献できる．さらに，生物多様性の保全と持続可能な利用，災害後のレジリエンス（回復力）が高いと考えられる（中村，2015）．

一方で課題もある．本巻で述べられているように，生態系が災害外力に対して抗する力は，いわゆるコンクリート構造物と比べて弱い．また，遷移と攪乱，さらに人為的管理によって変化するため，これらをどうやって客観的な機能評価に組み込んでいくかは非常に難しい課題である．

本巻ではいわゆる森林生態系の機能面に注目し，森林水文学や砂防学，河川工学的立場から森林と災害との関係について各執筆者に述べていただいたが，最後に，東日本大震災で発生した福島原子力発電所事故に伴う放射性物質の拡散と集積についても取り上げることにした．やや他の章とは趣が異なるが，森林生態系に降下した放射性物質が林冠層，落葉層，河川を通じて，どのように生育・生息する生物相に影響を与えているのか，さらに被爆した森林生態系の回復状況を知ることは，今後の日本のエネルギー問題を考えるうえで重要な示唆を与えてくれると思われる．

以下，森林の公益的機能ならびに放射能汚染について，その歴史と現状，課題について論点整理を行う．

0.1　森林の水土保全機能の歴史と現状，課題

0.1.1　森林資源の収奪と流域荒廃の歴史

水土保全機能に代表される森林の公益的機能を，人間が重要であると悟ったきっかけは歴史的に何であったのだろうか．筆者は，森林を破壊した時だと思っている．そしてその破壊は，歴史的には何度も繰り返されてきた．

コンラッド・タットマン氏が書いた『日本人はどのように森をつくってきたのか』（タットマン，1998）には，古代から江戸末期までの林業通史が描かれ，強い人口圧力と膨大な木材需要，それに伴う収奪的な林業が行われてきた歴史を説明し，古代（600〜850年）そして近世（1570〜1670年）には木材資源の枯渇が顕著になり，渇水と洪水，土壌侵食そして土砂氾濫などの災害が各地で発生したと述べられている．それにもかかわらず，日本列島に森林が残った理由は，地理的特徴や古代における伐採規制，そして近世における集約的な人工造林による育成林業，幕府による森林規制制度（保護，保存的林業政策）等であるとしている．

江戸時代から銅の採掘が始まり，明治には全国に名立たる銅の産出地となっていた足尾銅山が，製錬所から排出される亜硫酸ガスにより周辺流域の森林を荒廃させたことは林業関係者ならば誰もが知る事実である．その結果，花崗岩質の急峻な山からは鉱毒に汚染された水と土砂が大量に流出し，下流の農地や水田に多大な被害をもたらした（図0.1）．1954年には荒廃流域の3川が合流する地点に，急激な土砂流出を防止するため，日本最大規模の砂防ダムが建設されている．流域の森林を回復させるためにはさらに長い時間を要しており，現在も露岩している箇所は多い．肥料や種子を含んだ植生袋を等高線状に配置して緑化したり，人が近づくことの困難な露岩斜面では粘着剤を含んだ航空実播が実施されるなど，様々な緑化工法が試みられ，その成果は徐々に表れてきた．一度森林を破壊するとその成立基盤である土壌が大量に流出し，100年以上たった今なお，その負の影響を軽減するために，ダム建設や緑化工事などの治山・砂防事業が実施されている（図0.2）．

図 0.1　足尾銅山の森林荒廃

図 0.2　足尾銅山の緑化

北海道襟裳岬の緑化は，メディアや書籍を通じて多くの人に紹介されている(図 0.3)．ここでは明治開拓期に，森林が燃料の対象として伐採され，燃料不足を補うため伐根の掘取りまで行われた．その後，過放牧やイナゴの襲来が追打ちをかけ，トドマツ，カシワ，ミズナラなどの樹種で構成されていた海岸丘

図 0.3　北海道襟裳岬の緑化

陵地の森林は，赤褐色のはげ山地帯となった．襟裳岬は常時，風速 15 m／秒以上の強風が吹きつけることから，植被を失った林地からは容易に土壌が飛砂として消失し，海は濁り「襟裳砂漠」という 400 ha にも及ぶ荒廃地が出現した．その後，砂地に強いクロマツが導入され，さらにゴタと呼ばれる雑海草（もしくは雑海藻）で被覆する方法や基礎工を取り入れた結果，飛砂は治まり，漁民が暮らしていける基盤は戻った．しかし，風衝地のはげ山や海岸汀線近くでの緑化工事，さらにクロマツ単純林の広葉樹混交林化の努力は今なお続けられている．

はげ山の歴史は近隣諸国も同様である．中国の黄土高原では，食糧生産のための粗放農業経営，過放牧，燃料採取，さらに頻発する戦争によって，広大な面積の森林を失った（図 0.4）．その結果，シルト分の多い黄土が流出し，その土壌侵食量は年平均で 7,400 t／km^2 にも達した．世界的にも高い水準にある日本の土壌侵食量がおよそ 500〜2,000 t／km^2 程度であることから考えると，相当大きな数字である．その結果，農業生産性は大幅に低下し，燃料は枯渇し，人民は飢え，生活基盤を失った．FAO の協力を得て緑化が進められてきたが，緑化範囲は一部に留まっている．地質的に風化花崗岩の山々が広く分布している韓国でも，独立後の盗伐・乱伐，さらに朝鮮動乱と政変によって森林が破壊され，崩壊や土壌流出などによって流域が荒廃した．これに対処するため，ニセアカシアやマツ類による緑化が現在に至るまで延々と実施されてきた．

図 0.4　中国黄土高原

水土保全機能ばかりか稀少生物保全の問題でも，人間は乱獲と森林伐採，開発による生息地の破壊・分断化を歴史的に繰り返してきた．これによって絶滅した種もしくは絶滅に瀕する種は，環境省のレッドデータブックによると 3000 種あまりに及ぶ．現在では，残存した自然林の保護ならびに分断化した生息域の連結をめざした緑の回廊計画が実施されようとしている．

以上，わが国ならびに隣国における森と人の歴史をかいま見てきた．これらの事例が物語っていることは，人間がかつて自然林を破壊した結果，生活基盤を脅かす環境悪化が起こり，森林の重要性にあらためて気づき復元してきた歴史である．また，一度破壊した森を復元することがいかに難しいか，身をもって感じてきた歴史であった．

0.1.2　森林の水土保全機能研究の歴史

研究者が行った森林機能評価は，どういうものだったか簡単にふり返ってみたい．森林が河川の流量に与える影響について，1940 年代から研究成果を発表してきた米国ジョージア州にあるコウィータ実験林の研究方法は，対照流域法であった．これは，二つの流域で水文観測を実施してデータを蓄積し，その後一方の流域で森林を皆伐，もう一方の森林流域と比較する方法であった．日本で実施された水源涵養機能に関する研究も，これと同様の方法を用いており，森林を伐採すれば年間の流出量は増えることが普遍的に確かめられている．森

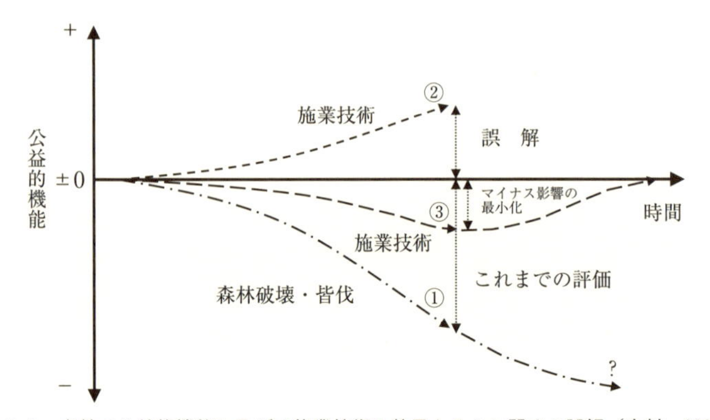

図 0.5　森林の公益的機能に及ぼす施業技術の効果とそれに関する誤解（中村，2004）
歴史的に森林の公益的機能評価は，皆伐による負の影響を伐採前の状態（±0）と比較して評価してきた（①）．それにもかかわらず，樹種転換，間伐による密度管理，下層植生管理等の施業技術を使うことによって，元の状態よりもさらに高い公益的機能を発揮すると誤解されることも多い（②）．現状の施業技術で対応できるのは，資源収奪に伴う負の影響の最小化であり（③），公益的機能を失うことなく木材資源を賢く利用することが肝要である．

林と斜面崩壊，土砂流出の関係についても同様で，皆伐試験流域における斜面崩壊の発生，掃流砂量・浮遊砂量の増加などが議論されてきた．また，伐採された根茎の腐朽スピードと皆伐後に植林した樹木の緊縛力が引っ張り試験などで確認され，皆伐によって崩壊が発生しやすい時期は皆伐後 10〜15 年程度であることが指摘されてきたのである．近年ではこれらに加えて物質循環の視点から，皆伐区における溶存態・粒状態の栄養塩流出について詳細な調査が実施されているし，さらに地球温暖化を背景として二酸化炭素固定能力を，皆伐実験により確認しようとしている．

これまで述べてきたように，森林の重要性を認識してきた歴史も，また研究として森林の公益的機能を評価してきた方法も，森林の破壊もしくは皆伐と森林残置を比較する対照流域法であった．まず森林を皆伐し，様々な悪影響（水・土砂・栄養塩の急激な流出）が発生するマイナスの状態をつくり，元の状態（森林のある状態で±0）との差によって理解もしくは評価してきたのである（図 0.5）．したがって，近年になるまで樹種による影響の違い，間伐による密度管理の効果，下層植生管理による違いなどは評価できていなかったと言える．一方で，第 1 章，第 2 章で述べているように，近年これら森林施業の違いによる水土保全機能への影響についても研究が進められ，興味深い知見が蓄積されつつあり，技術への適用も可能になってきている．

0.1.3　森林の機能の階層性

冒頭にも述べたように，森林の公益的機能を保全するために指定されている森林を保安林と呼ぶ．保安林は，現在17種類に分けられている．その中で災害に関連した機能区分には，①水源涵養保安林，②土砂流出防備保安林，③土砂崩壊防備保安林，④飛砂防備保安林，⑤防風保安林，⑥水害防備保安林，⑦潮害防備保安林，⑧干害防備保安林，⑨防雪保安林，⑩防霧保安林，⑪なだれ防止保安林，⑫落石防止保安林，⑬防火保安林がある．こうした保安林面積は，機能によって多少の重複があるものの基本的に各保安林には一つの機能が割り当てられている．いわば17機能が並列にならべられて評価されてきた．

保安林面積は戦後一貫して増加し，現在，重複指定を排除した実面積で1,280万ha程度に及び，我が国森林面積の約半分を占めるまでに至っている．この理由は，森林に対する国民の期待が，木材生産から水土保全や気候調節（温暖化緩和）に移ってきたためである．日本の保安林制度の特徴は，水土保全機能に大きな比重を置いてきたことであり，水源涵養保安林と土砂流出防備保安林を合計すると，全体の約90%の面積に達している．したがって，それ以外の15種類の保安林は，わずかな面積を占める程度である．

一方で，誰もが同意するように，一つの森林は一つの機能を発揮するわけではなく，複数の機能を同時に発揮している．たとえば水源涵養機能の高い森林は，同時に土砂流出を防いでいるし，気候緩和にも貢献しているだろう．こうした意味から，現行制度のように，森林を単一機能で捉えることは科学的には誤っており，本来は階層的，多面的に機能していると理解すべきである（図0.6）．また，そのなかで最も重要な役割を果たしているのが森林土壌であり，本巻でも第1章で森林土壌の役割が詳しく述べられている．健全な土壌形成なくしては，あらゆる公益的機能も享受できないと言っても過言ではない．ここで強調したいのは，一旦失われた森林土壌を人為的に作り出すことはできないし，土壌が回復するためには，基岩風化と有機物の分解，そして100年～数100年の時間がかかることである．こうして長い時間をかけて形成されてきた森林

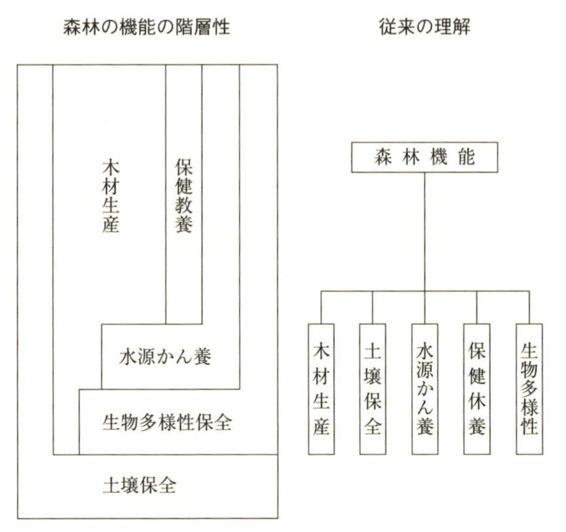

図 0.6　森林の各種機能の階層性（鈴木，1994）

土壌は，まさに過去から受け継いだ遺産であり，現代世代で消失してはならない未来に引継ぐべき財産である．

0.2　Eco-DRR としての森林

0.2.1　災害リスクは何によって決まるか

一般的に災害リスクは，現象の頻度（frequency）・規模（magnitude）と曝露（exposure），そして脆弱性（vulnerability）によって決定されると言われている（Asian Disaster Reduction Center, 2005；図 0.7）．現象の頻度と規模とは，降雨で言えば，何ミリの雨がどれくらいの頻度で降るか，といった災害を起こす営力側の条件である．それに対して，曝露とは，危険な自然現象の影響範囲に住民や財産等の人間活動がさらされているかどうかを示す概念である．人や財産がない場所で崩壊や土石流が起こったとしてもそれは災害にはならず自然現象で終わることから，曝露を避けることが重要になる．さらに，脆弱性は，危険な自然現象が発生した場合，その営力に耐えうるかどうかを示す指標で，耐震化や防災教育など災害発生前のハードおよびソフト面の備えを意味し，災害へ

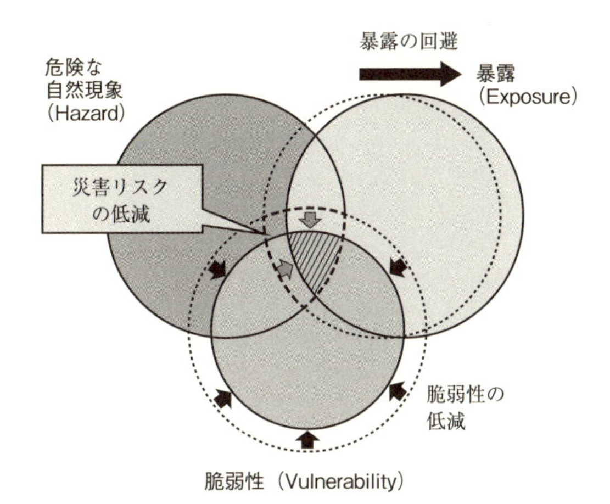

図 0.7　災害リスクの低減（ADRC，2005 をもとに環境省が作成）

の脆弱性をいかに低減させるかが重要になる．

斜面崩壊や土石流，津波，強風などの災害営力と森林との関係を調査・解析してきたこれまでの研究は，これら三つの要因のうち，現象の規模と脆弱性との関係に焦点を当てて力学的に解析された事例が多い．第 2 章で述べられている表層斜面崩壊については根系の引張り試験およびせん断試験，根株の引き抜き試験などが実施され，第 4 章や第 5 章で述べられている洪水，津波，強風による樹木の倒伏については引き倒し試験などが実施されてきた．そして，その抗力が樹種や樹木サイズ・密度，根系の太さ・深度・密度，さらに土壌条件，地下水位などによっていかに異なるかを測定し，定量化してきたのである．こうした研究は，今では災害に強い森づくりを考えるうえで，森林施業の方法や林分の密度管理に生かされる成果となっている．

また，斜面崩壊や土石流の発生個所の予測研究も，これまで数多く実施されてきた．これらは，たとえ森林が成立していても，現象の規模がある閾値を超えれば土砂移動は発生するとの認識のもと，地域住民に危険個所をあらかじめ提示して家屋等を建てないように促す意味をもっていた．先の要因から言えば，曝露の回避である．これらの成果をもとに，土石流危険渓流や急傾斜地崩壊危険個所などが選定され，土砂災害危険個所図として都道府県によって公開されるようになってきている．

図 0.8　沖積錐の上に建てられた住宅街（2014 年 8 月広島土砂災害被災状況：アジア航測提供）

一方で，こうした土砂災害危険区域を公開することには地主等からの反発もあり，またすでに危険区域にある家屋等については，治山施設や砂防ダムによって防御する考え方がとられてきた．そして 2014 年 8 月豪雨による広島市の土砂災害では，こうした対策の限界が明らかになった．斜面崩壊から発達した流木を含んだ土石流は，多くの家屋を破壊しながら流下し，住宅街を土砂と流木で埋めつくしたのである．被災した地域は新興住宅地が多く，「沖積錐」と呼ばれる地形の上に建てられていた．沖積錐とは土石流が繰り返し氾濫・堆積し形成された土石流扇状地のことであり，最も曝露の危険性が高い地域であると言える（図 0.8）．いくら砂防ダム等の防災施設を設置しても，計画を上回る規模の崩壊が起きれば防ぎようがない．こうした危険区域こそ森林として残して土地利用規制すべきと思われる．第 3 章で述べられているように，森林を活用して土石流を流下区域で防ぐことは不可能に近いが，氾濫・堆積域においては，その氾濫域を狭める効果を持つと考えられる．Eco-DRR としての森林は，現象の規模と曝露，脆弱性の関係性をよく吟味しながら賢く利用することが肝要である．

0.2.2　災害面から見た日本の森林の現状と課題

安価な外材輸入により日本の人工林は温存され，皆伐地は減少してきた．むしろ，林業として成り立たない等の理由から管理放棄され，間伐も実施されない人工林が全国に増えており，台風等による林分全体の倒壊が心配されている．

放棄されて高い密度のまま推移した人工林では，枝も枯れあがり，細く，樹冠が樹木の最上部にのみ発達する不安定な形状になる．枝が枯れあがった林分においては，たとえ間伐を入れても樹冠の偏った形状を変えることはできない．そのため，重心が樹木頂部に位置する危険な状態で風が当たることになり，風倒に対して極めて弱い（図 0.9）．大規模風倒は，全国各地に見られ，河川に流出した大量の倒流木は，河川に天然ダムを形成したり，一気に下流域に流出し橋脚に集積して災害を起こす原因になる．

奥山のみならず里山の様相も大きく変化している．燃料の過剰採取によるかつての疲弊した里山の様相は，化石燃料や化学肥料の使用に伴い，緑豊かな森に変貌した．現在はむしろ，農山村の急激な人口減少と高齢化に伴う手入れ不足，放棄が問題となっている．日本政府は 2010 年，名古屋で実施された生物多様性締約国会議において「里山イニシアティブ」という資源利用の考え方を世界に打ち出した．里山のような二次的自然が，人の福利と生物多様性の両方を高める可能性があることに着目し，土地と自然資源を最適に利用・管理するこ

図 0.9　1991 年 9 月九州を襲った台風によって倒された人工林

図 0.10　竹林が拡大する里山

とを通じて，人と自然の持続可能な関係を再構築しようとするものであった．

確かに日本の自然の多くは，人間の利用を通じて維持されてきた 2 次的自然である．また，こうした 2 次的自然の多くが，人間の手が加わらないことによって異なる生態系に遷移し，里山に依存してきた生物種の存続を脅（おびや）かしている．環境省の調べでは，絶滅の恐れのある種の約 5 割が里山生態系に依存しているといわれている（生物多様性政策研究会，2002）．

里山を歩くと，放棄人工林のあちこちに，竹が侵入している個所が見られる．これらの竹林は，管理されないまま旺盛に，そして暴れるように拡大している（図 0.10）．かつて，村人たちは様々な用途に竹を利用し，タケノコも貴重な食料だった．そうしたバランスが離農，離村とともに崩れ，里山の景観や生物多様性にも大きな影響を与えている．また，密生した竹林が，倒壊している場所も多い．倒壊した竹は，樹木同様，斜面の不安定化をもたらし，洪水によって下流に運ばれ，竹の集積による洪水被害をもたらす可能性も高い．

さらに，人間の里山からの撤退とともに，野生動物による被害が顕在化してきた．ニホンジカ（以下，シカと記す）による植生破壊は，全国で発生している．北海道でもシカ（エゾシカ）による食害で，樹皮がなくなり枯死する個体が多数発生している．最近では，高山帯の植物もシカによる食害を受けており，アポイ岳のヒダカソウや知床のシレトコスミレなど，高山帯の希少植物まで食害を受けている．シカ被害の激しい神奈川県の丹沢山系では，林床植物が毒の

図 0.11　丹沢におけるシカによる林床植生の消失と土壌侵食

あるバイケイソウなどの一部の植物を除いて，一木一草すべて食い荒らされ，鉱質土壌がむき出しになっている（図 0.11）．その結果，雨が降ると土壌侵食が発生し，時にはガリー侵食にまで発達し，治山工事が必要になってきている．そもそもは，放棄人工林が過密状態になり，光不足に伴う林床植物の消失による侵食と風倒のおそれがあると考えられた．そのため，神奈川県は水源環境税を導入し，その資金によって間伐を行い，こうした状況を改善しようとした．間伐によって林内に光が入り，林床植生は回復したが，結果的に繁茂した下層植物は，シカを誘引することになってしまった．皮肉な結果である．

全国の河川でも大きな変化が起こっている．第 4 章で述べられている河道の樹林化である．樹林化とは，かつて礫河原として維持されてきた場所に，ヤナギ類，ハンノキ類，外来種のニセアカシアなどの樹木が侵入し，旺盛に繁茂することである．かつては広くあった礫河原は今やほとんどの河川で姿を消し，水際から樹林が侵入するようになっている（図 0.12）．この原因にはいくつか考えられるが，一つは流域からの土砂生産と流出量が減少していること起因している．外材輸入と国内森林資源の温存，はげ山の緑化により，現在の日本の国土は緑に覆われはげ山はほとんど見られない．さらに治山・砂防ダム，貯水ダムが建設され，下流へ流出する土砂も大きく減少したと推定される．そして，高度経済成長期には，社会資本整備のための道路や鉄道，建造物の資材として，河川では大規模な砂利採取が行われた．これらすべてが土砂供給不足を引き起こし，日本の河川の多くは平均して 1～2 m 程度，河床が下がっている（図

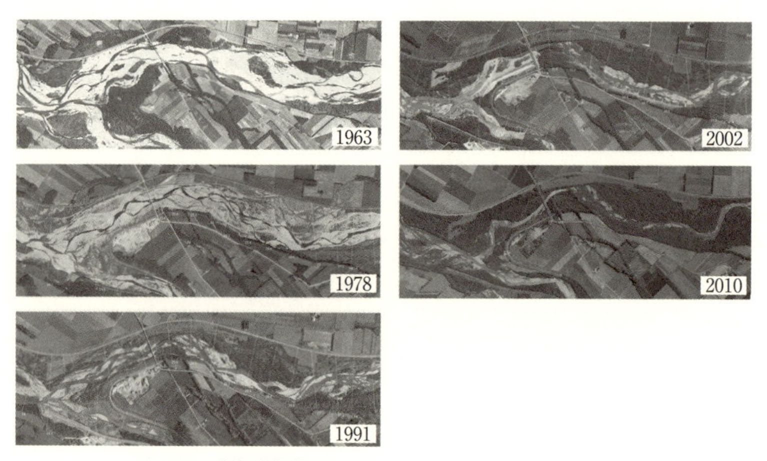

図 0.12　北海道札内川における砂礫堆および氾濫原の樹林化

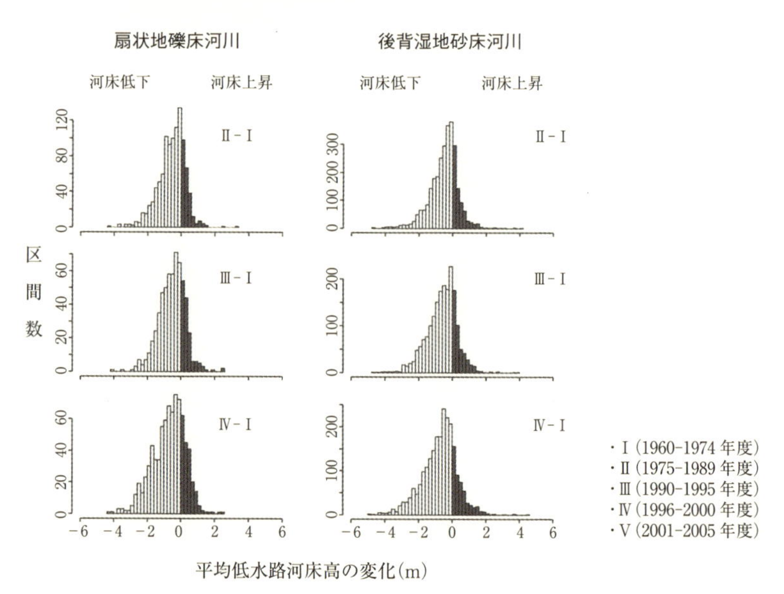

図 0.13　日本全国の河川の河床変化状況（Nakamura *et al.*, 2017）
縦軸の区間数とは全国 109 水系のうち，比較できた 1 km 単位の区間数を表す.

0.13). 河床が低下することにより，澪筋が固定され，砂礫堆や氾濫原が洪水撹乱を受けなくなり，河道の樹林化が進んでいる.

樹林化は，礫河原に依存する植物や鳥類の棲み場所を奪うだけでなく，洪水時にも治水上の大きな問題となる．樹木が川の周りに繁茂すると，洪水時に川の流れに抵抗するため，疎通能力が低下し氾濫する危険性が増す．また，時に流木化して橋脚に引っかかって集積し，ここでも堤防決壊や橋・道路などの構造物を破壊する危険性が増す．伐採して管理するには，多くの労力と費用がかかるだけでなく，伐採された樹木は法律上の廃棄物となり，処理のために，これまた多大な費用がかかる．

このように，水源域，里山，河畔域の森林は大きな変貌を遂げようとしている．人工林や里山においては，人口減少に伴う森林資源の管理放棄と野生動物の侵入，河畔域においては人為活動（構造物や砂利採取など）に伴う土砂収支の変化があげられる．どれも不可逆的なレジームシフト（生態系が，ある定常状態から異なる定常状態への急激に変化すること）を起こしており，簡単に戻ることは期待できない．さらにこれらの変貌の多くは，災害への脆弱性を高めており，これに気候変動による豪雨頻度と規模の拡大を考えると，将来の災害リスクは高まっていると言える（図 0.7）．

こうした困難な将来予測を回避するためには，人口減少による土地開発圧力の低減を生かすことである．今後，日本の自治体の多くは，病院，学校，水道，道路などの社会資本を維持できなくなるだろう．これまでどおりの生活圏を前提に，公共投資を続けることは明らかに無理があり，土地利用の集約化を進めざるを得ない．こうした土地利用変化の流れを生かしながら，災害リスクの高い地域からの住居や土地利用の撤退が可能になれば，曝露を大幅に減らすことになる．こうした観点から Eco-DRR を捉え，土地利用施策に組み込む必要性は今後ますます高くなると考える．

0.2.3　遷移と撹乱を許容する技術

Eco-DRR がハードな防災施設と異なる点はいくつかある．コンクリートや鉄骨によって建造される防災施設は，耐久年数はあるものの，それまでの間は静的に固定された構造物であり，災害営力に対して抵抗する防災機能が期待される．このため力学的解析による安全率の考え方で設計され，それが耐久年数を超えるまでは維持されると仮定できる．これに対して，森林を含む Eco-DRR は，遷移と撹乱によって維持される動的システムであり，減災・防災のみならず，生物多様性や憩いの場として様々な公益的機能を提供できる．ハード構造物が単一機能のために建設されるのに対して，Eco-DRR には多面的機能が期待できる点が対照的である．Eco-DRR が多面的機能をもつことは高く評価されるが，動的システムを防災に組み込むためには，これまでの技術指針とは異なる評価方法が必要になってくるかもしれない．

もちろん，この巻で紹介される様々な研究成果から，ハード構造物に近い力学的解析による安全率評価も可能であるが，あくまで，ある時間断面の森林の構造を切り取った場合の評価にとどまる．一方で，生態系としての森林は常に頑丈に静的に生育しているわけでなく，所々で寿命もしくは災害営力によって倒れ，撹乱を受けながら動的に維持されていると見るべきである．つまり，撹乱が起こることによって次世代の稚樹が生育し自律的に維持されるのである．

防潮堤などのコンクリート構造物は高い頑強性を維持することはできるが，一旦破壊されるとその機能は完全に失われ，除去して新たに構造物を設置する以外に防災効果を維持することはできない．一方で，Eco-DRR としての森林は，広いエリアで災害エネルギーを減衰させることが可能で，林分の一部が破壊されても自ら更新によって修復し，次の災害に備えることが可能になる．さらに，高潮などの被害に対しては，海岸林が平常時や災害時に漂砂や飛砂を堆積させることによって地形面を高くし，遷移と撹乱を繰り返すことによってより高い防災機能をもつ Eco-DRR に発達することが期待される．

こうした破壊（撹乱）からの回復力をレジリエンス（resilience）と呼ぶが，この視点から森林と災害について検討した研究はきわめて少ない．このため，先の震災時の津波災害においても，海岸林が倒伏した場合は，コンクリート構造物と同様，防災機能が十分ではなかったとの認識で，その回復過程をモニタリングしながら対処することはなく，あらたに 2 m の盛土をして植林する方法がとられた（図 0.14）．しかし，倒伏したクロマツ林の林床には津波を生きながらえた樹木個体，もしくは撹乱後に更新した樹木や海浜植物などが生育していた（図 0.15）．こうした撹乱後の生存個体や遺骸や残滓を生物学的遺産（biological legacy）と呼び，これまでの多くの研究から生態系の回復のスピードに大きく貢献することが知られている．米国では，森林施業する際，こうした生物学的遺産の何をどの程度残して伐木集材するかが 1980 年代から議論され，

図 0.14　東日本大震災後の海岸林造成

図 0.15　東日本大震災後に天然更新しようとする海浜植生

new forestry もしくは retention forestry として定着している．日本では倒木上更新などの研究事例は多いが，これらが施業技術として生かされてはいない．しかし，近年，保残伐施業として実験的に様々なパターンで樹木個体や林分を残す大規模実験が実施されており，成果が期待される（http://www.pref.hokkaido.lg.jp/sr/dyr/REFRESH/top.htm）．

一つの研究成果を紹介したい．2008 年に北海道支笏湖東側にある国有林トドマツ人工林で，「風倒木をそのまま残した区域」，「重機で地拵えした上で再造林し下草を刈りはらった区域」を比較した．その結果，風倒木を残した区域では再造林地と比べて様々な種類の植物が旺盛に回復し，そのスピードも速いことが明らかになっている（図 0.16；Morimoto *et al.*, 2011）．こうした撹乱後の残滓が，その後の生態系への回復に大きく寄与することは，北海道有珠山の噴

図 0.16　風倒木処理の違いによる植生の回復状況
上段：重機で地拵えした上で再造林し下草を刈りはらった区域，下段：風倒木をそのまま残した区域

火後の回復過程でも認められており，自然撹乱は大規模であったとしても必ず生物学的遺産が残り，それらが生態系の回復過程に大きな影響を及ぼすことは明らかである．Eco-DRR を適用するにあたっては，こうしたレジリエンスを含めて維持管理等の技術論を構築する必要がある．

日本の将来を考えると，ハード構造物と Eco-DRR を対立的に検討するのは発展的ではないと考えられる．将来的には人口減少や地球温暖化などを踏まえて両者の利点を生かしながらいかに賢く複合的に配置し，防災・減災につなげるかが肝要である．定量的に評価することが難しいことが Eco-DRR の欠点として捉えられ，防災には利用できないと否定的に評価されることがある．森林の水源涵養機能や土砂流出防備機能も，貯水ダムや砂防ダム機能と比べられ，否定的に評価される場合も少なくない．これまで述べてきたように，遷移と撹乱，その後の回復など，Eco-DRR がもつ生態的特徴を賢く利用できれば，防災を含む多面的機能を持続的に発揮できる重要な社会基盤になると考える．森林と災害の問題をとらえる上で重要な視点である．

0.3 東日本大震災がもたらした新たな課題

東日本大震災で発生した福島原子力発電所事故に伴う放射性物質の拡散と集積，移動は，森林生態系とその下流に位置する河川，農地，沿岸域生態系に今もなお大きな影響を及ぼしている．福島原子力発電所から放出されたセシウム（^{137}Cs）は，1940 年代〜'60 年代，米国，ロシア，イギリス，フランスなど，世界各国で実施された核実験や核事故で，全地球に広く放出され，日本の国土にも降り積もっている．日本では 1963 年にセシウム降下量のピークが記録されている．その時代に降下したセシウムは土壌粒子に吸着されており，侵食によって土壌粒子が運搬されない限り，今もなお土壌表層に確認することができる．特に侵食が起こりにくい湖沼や湿地，山地尾根部ではそのピーク層を確認できる（Mizugaki *et al.*, 2006）．これまで湖沼や湿地の地形学的研究では，セシウムピーク層を 1963 年の年代指標として利用し，その上に集積した堆積物をそれ以降の堆積物と判断し，流域の侵食速度を求める試みがなされている．同様にチェルノブイリ原発事故によるセシウムピークも観測できる場合，年代マーカーとして使われている．第 6 章で詳しく述べられているように，セシウムは，一旦微細粒子の土砂に吸着されると容易には離れず，微細土砂とともに移動する．そのため，渓流や河川で観測する場合，一般的には濁り成分濃度とセシウム濃度には強い正の相関がある．

福島原子力発電所事故により拡散したセシウムの除染作業は，人家や畑など人里に近い場所が優先的に実施されてきた．当然のことながら森林流域すべてを除染することは労力的にも経済的にも不可能であり，森林は民家や道路などの人間の生活圏に接する幅 20 m 区域のみ除染されることになった．除染という言葉は誤解を生む．できれば「移染」とすべきと筆者は思う．セシウムに汚染された落葉や表土を取り除いても無くなるわけではなく，必ず除いた物質を貯蔵する場所が必要になる．結局，除染とは，汚染物質を移動させているだけなのである．唯一，時間のみが放射性物質を減らすことができ，セシウムは約 30 年程度で半減する．

第 6 章で詳しく述べられているように，福島原子力発電所事故により拡散したセシウムのうち，森林の林冠部に降下したセシウムは，最初に樹木の葉や幹，落葉層に付着し，その後徐々に森林土壌に移動していた．一部は土壌粒子に吸着されてとどまり，一部は土壌侵食とともに渓流に移動し，濁り成分として下流に移動した．落葉に付着したセシウムは，落葉を摂食する水生底生動物によって吸収され，さらに陸生や水生底生動物を捕食する魚類に移動している．幸い，本章で調査された山地渓流における栄養段階とセシウム濃度の関係からは，生物濃縮する傾向は認められておらず，体外に排出されているようである．

一方で，微細土砂に吸着して運搬されたセシウムは，湖沼や治山・砂防ダム上流で土砂堆積した場合，再移動する可能性はほぼない．しかし，微細土砂は浮遊して流れるため，一部はこうした貯留施設（シンク）を容易に通過し，水田に再び集積することになる．結局，人里の除染を優先的に行っても，上流森林域からの微細土砂の再流入によって再び集積する可能性があることは否めない．そして，人里を通過した濁り成分は，容易に海まで到達する．そのため，最終的には沿岸域の生物相に影響を及ぼすと考えられ，流域の視点から対策を練る必要がある．

先にも述べたように，現在実施されている除染は移染であり，セシウム濃度を減らすことができるのは時間のみである．一方で，林業やキノコ栽培など，里山の生活を取り戻すためには，可能な範囲で木材・林産物利用を行う必要がある．再移動も含めたセシウム対策を流域単位で行い，どこならば安全に生業を行うことができるのか，100 年先を見据えて人間の知恵を絞らなければならない．

おわりに

森林と災害の関係は，古くから知られ研究されてきた内容であるが，その効用は素因（地質や地形，森林の構造・組成など）と誘因（降雨など）によって常に変化するため，定量的に評価しわかりやすく説明することは困難であった．本シリーズで説明されているように，現在はある程度この問題を克服できるようにはなってきたが，森林の動態を組み込んで長期的に評価することは未知の領域であり，他の公益的機能もしくは生物多様性保全との両立を図ることも今

後ますます必要になってくるだろう．

さらに，地球温暖化によって豪雨の頻度と規模が変化したり，土壌水分などの樹木の生理的条件が変わった場合，これまでの研究成果とは異なる森林と災害の関係が顕在化する可能性も否定できない．そして，人口減少に伴う管理放棄と野生動物による森林および林床植物の被害，それによる土壌侵食の発生があり，これも新たに検討しなければならない喫緊の課題である．

引用文献

Asian Disaster Reduction Center（2005）*Hand Book of Total Disaster Risk Management-Good Practices.*

Mizugaki, S., Nakamura, F., Araya, T.（2006）Using dendrogeomorphology and ^{137}Cs and 210Pb radiochronology to estimate recent changes in sedimentation rates in Kushiro Mire, Northern Japan, resulting from land use change and river channelization. *Catena,* **68**, 25–40.

Morimoto, J., Morimoto, M. and Nakamura, F.（2011）Initial vegetation recovery following a blowdown of a conifer plantation in monsoonal East Asia: impacts of legacy retention, salvaging, site preparation, and weeding. *For. Ecol. Manage.,* **261**, 1353–1361.

中村太士（2004）森林機能論の史的考察と施業技術の展望．林業技術，**753**，2–6.

中村太士（2015）グレーインフラからグリーンインフラへ．進行する気候変動と森林（分担：森林環境研究会 編），pp. 89–98，森林文化協会．

Nakamura, F., Seo, J. Il. *et al.*（2017）Large wood, sediment, and flow regimes: Their interactions and temporal changes caused by human impacts in Japan. *Geomorphology,* **279**, 176–187.

生物多様性政策研究会（2002）生物多様性キーワード事典．p. 248，中央法規出版．

鈴木雅一（1994）水・エネルギー循環と森林．「'94 森林整備促進の集い」報告書（(社）日本治山治水協会），pp. 54–72，日本林道協会．

タットマン，C. 著，熊崎 実 訳（1998）日本人はどのように森をつくってきたのか．築地書館．

第1章 水循環に及ぼす森林の影響

谷　誠

はじめに

陸地の水は重力によって位置ポテンシャルの低い海洋に移動している．しかし，海洋に貯留されて静止してしまうのではなく，太陽エネルギーによる気化熱供給によって蒸発する．海洋では蒸発量が降水量よりも大きいためにその上空では水蒸気が余り，大気循環に乗って大陸に運ばれて凝結し，陸上に降水がもたらされる．陸上では海洋と反対に降水量の方が蒸発量よりも大きいため，余った水が主に河川を通って流出し海洋に戻る．このような地球上の水循環は，その通過点にある陸上生態系によって大きな影響を受ける．とりわけ森林は，背が高く長命の樹木を主体とする複雑な生態系として独自の効果を水循環に及ぼしている．本章では，森林水文学の成果に基づき，大気と河川流出に及ぼす森林の量的な影響について解説する．

多様な植物・動物・微生物と土壌から成る森林生態系での水移動は，さしあたって雪を考えないとすると，図 1.1 のように表される．雨水はまず植物体に付着するが，太陽が与える放射エネルギーによる気化熱の供給によって一部は蒸発し，残りは土壌表面に達する．森林土壌の浸透能力は大きいので，地表面を流れるごく一部を除き雨水はほとんど鉛直方向に浸透する．土壌は一般に深さとともに浸透能力が低下する層構造を成しているので，水の移動方向が鉛直から水平方向に曲がってゆく．そしてこの水は地形的に低いところに集合してゆき河川の流れに成長する．そのため，図 1.2 のように，任意の河川地点から

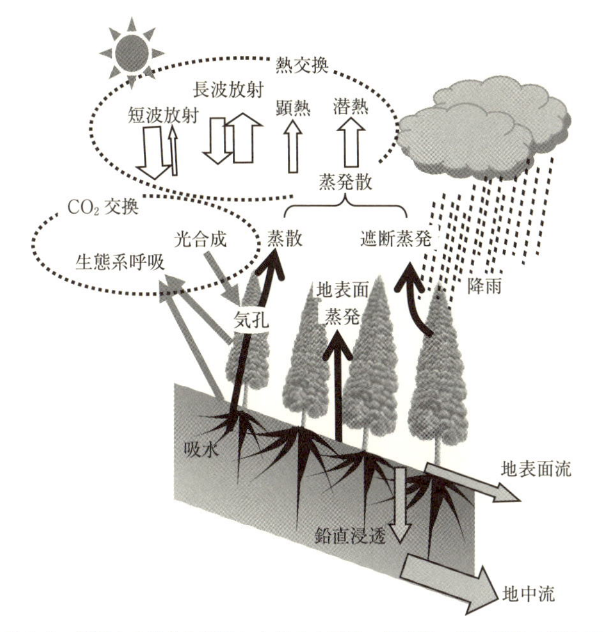

図 1.1　斜面上の森林生態系における水移動・熱交換・CO_2 交換の概念図

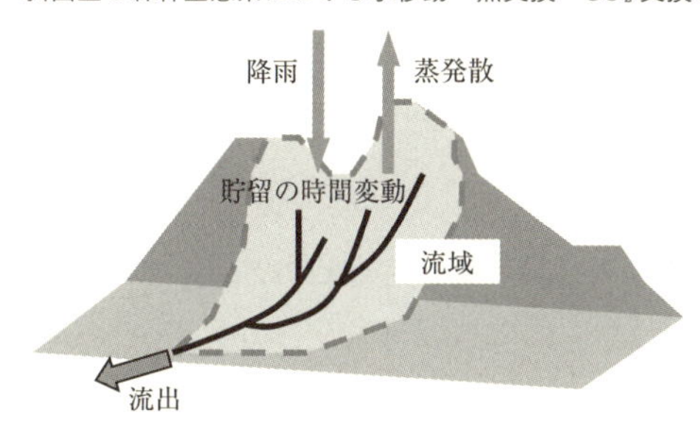

図 1.2　流域水収支の概念図

みてその地点に水が集まる範囲を流域と定義することができ，流域の水が集まって海洋に移動する現象を流出と呼ぶ．

土壌の中では，水の一部は太陽からの放射エネルギーにより気化熱を得て蒸発する．また，植物は二酸化炭素を葉の気孔から吸収し，放射エネルギーの一部を使って光合成を行って有機物を作るので，その気孔を通して根から吸い上げた水が蒸発して大気に戻る．この蒸発は蒸散と呼ばれ，葉や枝などの植物体に付着した雨水の蒸発（遮断蒸発と呼ぶ），地表面蒸発とを合わせて，蒸発散と呼んでいる（図 1.1）.

流域では，供給される降雨強度 p は流域貯留量 S の増加，蒸発散強度 e，流出強度 q_H に配分されるので，微分形式で次の流域水収支式が成り立つ（図 1.2）.

$$p = \frac{dS}{dt} + e + q_H \qquad (1.1)$$

ここで，t は時間であり，各項はいずれも流域面積で除した値で表示している．この式から，e と q_H は互いに競争関係にあって，蒸発散が大きい流域は流出が小さくなること，蒸発散と流出に貯留の時間変動が影響を及ぼすことがわかる．そこで本章では，この式を構成する蒸発散と流出の両過程についてその基礎を学ぶ．水循環に及ぼす森林の影響は上記水収支式各項の物理的な関係によって容易に理解できるようにみえるのではあるが，実は，森林生態系を構成する樹木をはじめとする多様な生物種が，地球の活動によって生じる気候や地殻の変動と相互作用を為すことでもたらされている．その生態系の生命力によって産み出されている相互作用の理解を本章の目標としたい．

1.1　蒸発散過程

1.1.1　フラックス

陸上生態系は，それをおおう大気との間でエネルギー・水・各種気体をやりとりしている．単位時間・単位面積あたりの移動量をフラックスと呼ぶので，本節では，図 1.1 に基づき，植物群落と大気間のフラックスについて説明した後，個体生命が長くて背が高くなる樹木を主体とする森林の蒸発散の特徴を述べる．なお，フラックスの単位は，エネルギーの場合 $\mathrm{W\,m^{-2}}$($=\mathrm{J\,m^{-2}s^{-1}}$)，物質の場合 $\mathrm{kg\,m^{-2}s^{-1}}$ で表される．ただ，慣習的に降水や蒸発散など水のフラックスは，$\mathrm{mm\,h^{-1}}$ で表されることが多い．$1\,\mathrm{mm\,h^{-1}}$ は，水の密度 $1000\,\mathrm{kg\,m^{-3}}$ を用いて換算すると $1/3600\,\mathrm{kg\,m^{-2}s^{-1}}$ に換算される．また $1\,\mathrm{mm\,h^{-1}}$ の水が蒸発で気化したときのエネルギーは，15℃での気化熱を $2.464\times10^6\,\mathrm{J\,kg^{-1}}$ として $684\,\mathrm{W\,m^{-2}}$ に相当する．

1.1.2　放射収支

A.　地球の放射収支

光合成も蒸発散も太陽からの放射によるエネルギー供給によって行われる．一般に，放射フラックス R はステファン・ボルツマンの法則に従い，射出表面の絶対温度 T_k の 4 乗に比例する．

$$R = \sigma T_k^4 \qquad (1.2)$$

ここで，σ はステファン・ボルツマン定数（5.67×10^{-8} $Wm^{-2}K^{-4}$）である．また，放射はその最大になる波長 λ (m) が次式のウィーンの変位則で表され，その値をピークとした範囲に分布する．

$$\lambda = 2.898 \times 10^{-3}/T_k \qquad (1.3)$$

T_k が大きいほど放射の波長が短くなるので，太陽表面から射出される可視光を中心とする日射は短波放射と呼ばれる．また，植物群落を含む地表面，雲や大気を構成する気体などからは長波放射が射出される．

約 5780 K の太陽からの放射強度は（1.2）式により莫大な大きさになるが，放射フラックスは距離の 2 乗に反比例して小さくなるので，地球の大気上端では約 1370 Wm^{-2} に減少する．大気を含む地球全体ではその短い波長のまま宇宙空間に放射フラックスの一部を反射するので，その反射率約 30% を除いた短波放射の供給強度が地球表面全体から射出する長波放射強度と等しくならなければならず，（1.2）式を用いて放射収支式が得られる．

$$1370 \times (1 - 0.30) \times \pi r_E^2 = (\sigma T_{EK}^4) \times (4\pi r_E^2) \qquad (1.4)$$

ここで，r_E は地球を球とみなしたときの半径，T_{EK} は地球全体で平均した絶対温度である．なお，左辺の地球への供給総量は太陽からの日射を受ける面が地球の断面積なので「円の面積」が，右辺の地球表面全体からの放出総量は「球の表面積」(円の面積の 4 倍）が掛けられている．（1.4）式から計算される地球の平均気温は約 -18℃ になる．しかし，大気が地球をおおっているので，下向きの短波放射がそれによって減衰する一方，地表からの上向きの長波放射がそのまま直接宇宙に出て行くのではなく，大気からの下向きの長波放射との収支によって地表面温度が決まるため，その地球全体での平均値は約15℃と高くなる．それゆえ，この地表面温度はこの大気の温室効果に依存して決まることになり，二酸化炭素やメタンなどの温室効果ガスの大気中濃度変化の影響を受けて変化する．

B．植物群落の放射収支

地球表面では次の放射収支式が成り立つ（図1.1）．

$$R_n = (1-\alpha)S_d + L_d - L_u \qquad (1.5)$$

ここで，R_n は放射収支，S_d は下向きの短波放射，L_d，L_u はそれぞれ下向き，上向きの長波放射の各フラックスである．また，α は反射率でアルベドと呼ばれる．短波放射は昼間に太陽からもたらされ，夜間はゼロになる．長波放射は，地表面からの強度 L_u が相対的に温度の低い大気からの強度 L_d よりも大きい．そのため，長波放射の収支 $L_d - L_u$ は昼夜問わず負の値になる．つまり，昼間は短波放射が長波放射を上回って地表面が暖められ，夜間は長波放射のみになって冷やされる．森林群落における放射収支の日変化の例を図1.3左に示す．

1.1.3　熱交換

昼間は放射収支の供給によって植物群落が暖められ，それに接する大気の温度である気温も上昇する．大気加熱に使われるエネルギーを顕熱と呼ぶ．顕熱は，風によって強制的に，また風がほとんどない場合も空気は温度上昇によって密度が小さく軽くなるので，対流によって上空に運ばれる．このように顕熱は空気の対流によって運ばれるため，移動しない植生や土壌を伝導によって暖める貯熱増加に比べて一般に大きくなる．また，森林群落からは，植物体がぬれている降雨中とその直後は遮断蒸発が，光合成が行われているときは蒸散が，またその他に土壌面からの蒸発が生じ，その水蒸気は対流によって顕熱とともに上空に運ばれる．水が蒸発するときには気化熱を吸収するが，その水蒸気が輸送されて凝結し，水や氷の粒の集まりである雲ができるときに気化に要したエネルギーが放出される．水蒸気とともに運ばれる気化のエネルギーは潜熱と呼ばれる．

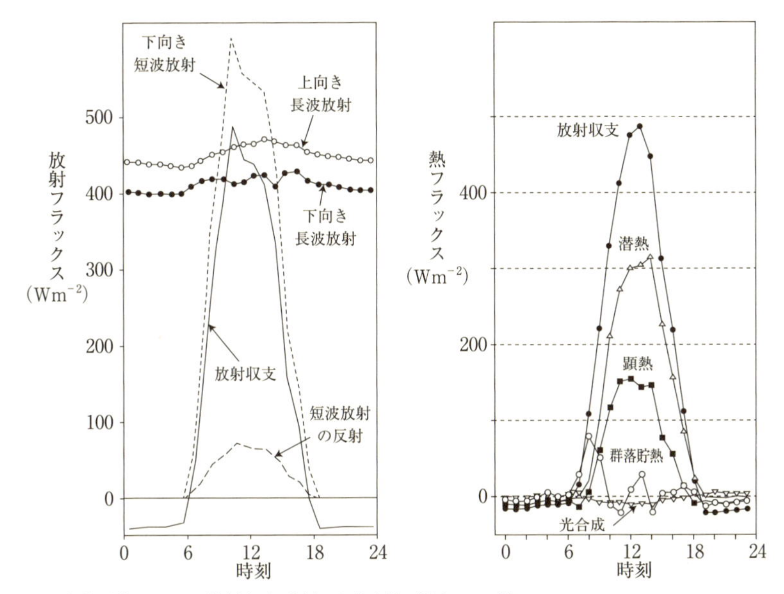

図 1.3　森林群落における放射収支（左）と熱交換（右）の一例
アマゾン熱帯雨林で観測された結果を示す．左は，Ducke 試験地の結果で Shuttleworth (1984) を一部改変．右は，Cuieiras 試験地の結果で Malhi *et al.* (2002) を一部改変．

このように，森林と大気間で熱エネルギーのやりとりが行われ，次の熱収支式が成り立っている．与えられた熱が別の熱に変換されるこのプロセスを熱交換と呼ぶ．

$$R_n = H + lE + G + P_r \qquad (1.6)$$

ここで，H は顕熱，E は蒸発散，G は植物群落（土壌を含む）の貯熱増加，P_r は光合成などの化学変化の熱であり，いずれもフラックスの単位で表す．また，l は単位質量の水の気化熱であり，lE が潜熱フラックスを表す．P_r は植物生理学的には重要であるが量的には通常無視できる．森林群落での熱交換の日変化の例を図 1.3 右に示す．なお，日本のような湿潤気候における森林群落では G も大きくはないので，R_n の H や lE への配分が熱効果において重要になる．降雨直後や夏季の昼間で光合成の盛んな時期には，潜熱が顕熱を上回ることが多い．

1.1.4　熱交換に及ぼす気象条件・地表条件の影響

放射収支量が同じであっても，例えば，植物群落と舗装道路とでは，表面から蒸発可能な水の量が異なるから，(1.6) 式における H と lE への熱配分の割合は異なるであろう．H ばかりであれば地表面付近の空気が加熱されるだけであるが，lE の場合は地表面で吸収された潜熱を持つ水蒸気が移動し，凝結する時にその潜熱が放出される．そのため，蒸発した場所の上空ではなく，水平方向に遠く離れた場所の上空で空気が加熱されることも多い．それゆえ，熱交換における顕熱・潜熱の配分を知ることは，陸地の表面状態が大気中の水循環および気候に及ぼす影響を評価するために重要である．もちろん，1.2 節で述べる河川への雨水の流出過程に対しても，蒸発散は流出を減少させる役割を持つ．そこで，熱交換に及ぼす気象条件や地表条件の影響を評価する簡単なモデルを紹介し，森林の熱交換・蒸発散の特徴はどのようなものかについて基礎知識を得たい．なお，森林をはじめとする植物群落は複雑な空間構造をしているので，群落内部の空気の動きや熱・物質の交換を詳しく扱う多層モデルも開発されている．しかしここでは，交換過程の本質を理解するため，植物群落を一枚の板のように扱うビッグリーフモデルを解説する．

A. 空気の渦による熱や物質の交換とその測定法

大気上方ではいつも強い風が吹いており，地表面はその流れに摩擦を及ぼすので地表面に近いほど風速が遅くなる．空気には粘性があり，上空の速い流れと遅い流れとの間に乱れが生じて不規則な渦が発生する．そのため，生態系近くの接地境界層では，空気は大小さまざまな長さの回転半径を持つ渦をともなって風上から風下へ流れている．

植物群落と大気間の顕熱・水蒸気・二酸化炭素などのフラックスは，こうした渦の動きを群落から突き出たタワーで把握することによって計測されている．この手法は渦相関法と呼ばれており，簡単に原理を説明する．タワー上では，渦の回転にともなって鉛直方向に空気の塊が上へ行ったり下へ行ったりしている．いま，群落の上側の接地境界層で気温を計測するとし，日射で暖められた植物群落の近くが上側よりも気温が高いと仮定する．そのとき，気温測定値は，群落近くの高温の空気塊が上向きに通過したときに上昇し，上側の低温の空気塊が下向きに通過したときに低下して，風速ベクトルと温度に相関関係が生じるはずである．そこで，1/10 秒程度の短い時間で鉛直風速と気温を継続的に自記測定し，両者の 30 分程度の平均値からの偏差を掛け合わせて積算し，空気の熱容量を掛けると，その期間平均の顕熱フラックスが求められることになる．このフラックス計測法は渦相関法と呼ばれて世界各地で継続的に行われ，図 1.1 に示した蒸発散量，熱交換量，二酸化炭素交換量が求められている（及川・山本，2013）．

B．起動力と抵抗を用いたフラックス表現

顕熱と水蒸気それぞれのフラックスは，図 1.4 を参考に次の（1.7）（1.8）式のように表すことができる．なお，渦相関法で測定される気温や比湿は渦の移動にともない激しく変動するが，ここでは気象条件や地表面条件のフラックスに及ぼす影響を理解するため，5〜60 分程度の時間平均値を用いた考察を行う．

$$H = \frac{C_p \rho (T_s - T_p)}{r_A} \qquad (1.7)$$

$$E = \frac{\rho (q_s - q_p)}{r_A} \qquad (1.8)$$

ここで，C_p は空気の定圧比熱，ρ は空気の密度，T_s，q_s は熱交換面の温度と比湿，T_p，q_p は周辺大気の気温と比湿，r_A は空気力学的抵抗である．この二つの式はオームの法則と同じ形をしていて，右辺の分子が起動力（電圧に相当），分母が抵抗，左辺がフラックス（電流に相当）を表している．なお，（1.8）式の

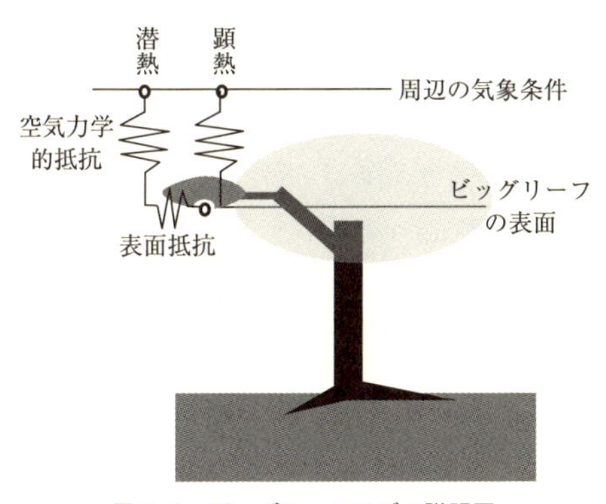

図 1.4　ビッグリーフモデル説明図

両辺に気化熱 l を乗じると，潜熱フラックスを表現する式となる．次に，両式に含まれる物理量の意味を説明する．

空気は窒素・酸素・水蒸気・二酸化炭素などの気体を成分とする混合気体であるが，水蒸気の濃度は他の気体に比べて大きく時間変動する特徴がある．空気に含まれている水蒸気量の飽和水蒸気量に対する比を相対湿度と呼ぶ．飽和水蒸気量は温度によって増加するので，気温が上昇すると水蒸気量が同じでも相対湿度は低下する．一方，絶対湿度は単位体積の空気に含まれている水蒸気の質量を表す．ここでは，空気の質量に対する水蒸気質量の比である比湿を用いることとするので，絶対湿度は ρq になる．それゆえ，(1.8) 式の分子は，熱交換面と周辺大気の絶対湿度の差を表し，水蒸気量がその多い方から少ない方に運ばれることを示している．

いま，空気が静止していて上下の鉛直移動がないとすると，水蒸気差があっても水蒸気の輸送はないから，r_A は無限大ということになる．ところが，空気が上下に動けばその動きが速いほど水蒸気フラックスは大きくなる．それゆえ，空気力学的抵抗はその輸送速度の逆数を表現していることになり，空気が速やかに動くほど抵抗が小さくなり，水蒸気フラックスが大きくなる．(1.7) 式の顕熱の場合は，右辺の分子は熱エネルギーの差を表しており，同様に空気の動きが速やかなほど顕熱フラックスが大きくなることを表している．

さて，図 1.1 にも示すように，蒸散は根から供給された水が葉の内部で気化し，その水蒸気が気孔の隙間を通過して大気中に放出される現象である．それゆえ，光合成に必要な二酸化炭素を取り入れるために行われる気孔開閉が蒸散フラックスを制御する．そこで，(1.8) 式の熱交換面の比湿 q_s を葉の温度によって決まる飽和比湿 q_{sT} に置き換え，その代わり，右辺分母の抵抗に気孔の開閉を表す抵抗を付け加えることにする．葉の内部は水蒸気で飽和しているとみてよいから，この形の方が光合成と蒸散を気孔開閉で制御する植物生理条件の影響を評価するのに適している．そこで，(1.8) 式は次式に置き換えられる．

$$E = \frac{\rho(q_{sT} - q_p)}{r_C + r_A} \qquad (1.9)$$

なお，抵抗 r_C は，植物生理条件を表すだけではなく，熱交換面が物理的にぬれているかどうかの差にも広く適用できるので，表面抵抗（または群落抵抗）と呼ばれている．

ところで，抵抗 r_A や r_C の値は図 1.4 のように一つの観測値で代表させているが，周辺の気温や比湿が高さによって異なるので，実際には観測高さによって抵抗値は変化する．つまり，これらの抵抗には様々な物理学的・植物生理学的現象が含まれていて，値そのものの厳密な意味を見いだすのは困難と言わざるを得ない．しかし，複雑な現象をこのようなモデルのパラメータで代表させるパラメタリゼーションの手法は，複雑な現象をモデル化するためにしばしば用いられる．気象条件や地表面条件の熱交換・蒸発散への影響評価というここでの目的にとっても，このパラメタリゼーションは，以下に説明するように有用な情報を提供する．

C. ビッグリーフモデル

以上のパラメタリゼーションを熱収支式などと組み合わせると，植物群落での熱交換に対する気象条件や生態系の物理的・生理的条件が群落の熱交換に及ぼす影響を評価することができる．この表現方法は，群落を気孔を持った一枚の葉で代表させるものなので，ビッグリーフモデルと呼ばれて広く用いられている．そこで，このモデルを用いた評価手法について詳しく説明する．

まず一枚の葉での熱交換は，(1.6) 式の P_r は小さいので無視すると，次の熱収支式で表される．

$$R_n - G = H + lE \qquad (1.10)$$

ところが，飽和比湿 q_T は温度 T の関数（図 1.5 に示す飽和比湿曲線）なので，熱交換面の q_{sT} は T_s によって決まり，

$$q_{sT} = f_q(T_s) \qquad (1.11)$$

と表すことができる．

具体的に，ビッグリーフモデルを構成する (1.7)，(1.9)，(1.10)，(1.11) の四つの式から得られる熱交換の評価手法を，連立方程式の未知数と既知数の関係から説明しよう．まず，C_p，ρ，l は近似的に既知の定数とみなす．R_n，G，T_p，q_p は，時間とともに変化するが観測から得ることができる．次に，二つの抵抗パラメータであるが，r_A は気象観測から得られる風速が大きくなるととも

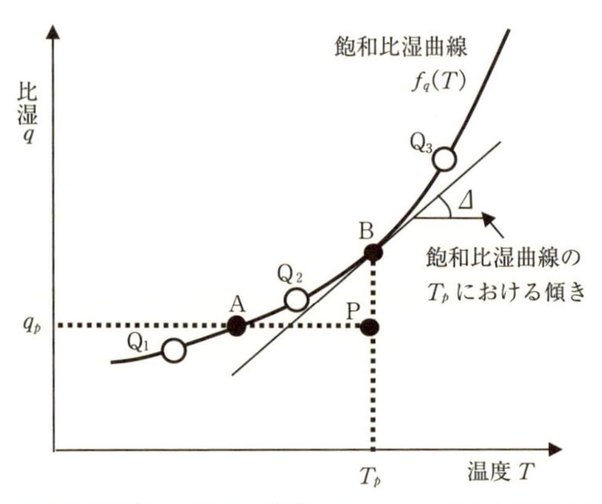

図1.5　飽和比湿曲線上で顕熱・潜熱フラックスの方向を説明する概念図

に小さくなるほか，空気の動きに及ぼす生態系表面の摩擦の大きさにも関係する．すなわち，上空の風速が同じであっても，裸地，草地，森林を並べると順に表面の凹凸が大きくなるため摩擦が大きくなる．摩擦が小さいと不規則な渦のサイズが小さく，あたかも多数の耳かきで浴槽の水を混ぜるように，空気を短い距離でしか混ぜ合わせることしかできないので混合効率が低く，r_A が大きくなる．反対に摩擦が大きいとサイズの大きい渦が生じて混合する距離が長くなる．そのため，一本の櫂（オール）で水を混ぜるように，混合効率が高くなって r_A の値は小さくなる．一方，r_C は水蒸気の輸送にかかわるため，葉が水でおおわれているときに最も小さくなる．また，気孔が開いているときに小さく，閉じるにつれて大きくなる．実際には，r_A や r_C の値を現場計測で決めるのは簡単ではないが，その熱交換への影響を評価するため，ここではモデルにおけるパラメータとして既知であると仮定する．

残りは未知数で，顕熱 H と蒸発散 E の両フラックス，および熱交換面（ビッグリーフ）の温度 T_s と飽和比湿 q_{sT} であり，その数が四つになるので，(1.7)，(1.9)，(1.10)，(1.11) の四つの式を連立方程式として解くことができる．したがって，ビッグリーフモデルは，放射収支の顕熱と潜熱への配分を，熱交換面の温度・飽和比湿を未知数として求める方法ということになる．ここで再度注意したいことは，二つの抵抗パラメータを観測で求めることが難しく，渦相関法とは違って，このモデルで生態系での蒸発散量を推定するのには適当でないことである．モデルの目的はフラックス推定ではなく，あくまでも，放射収支量の顕熱・潜熱配分に対して気象条件と生態系がどのような影響を及ぼすかを理解することなのである．

D. ペンマン・モンティース式

ビッグリーフモデルは（1.7），（1.9），（1.10），（1.11）の四つの式で構成されているが，顕熱や蒸発散を陽に表現する式を導くことができない．それは，これらの式のうち，飽和比湿と温度の関係式（1.11）式のみが直線（すなわち1次方程式）ではなく曲線になるからである（図1.5）．そこで，（1.11）式を直線で近似することにより，蒸発散量を表現する式が作られている．すなわち，気温 T_p における飽和比湿 q_{pT} および T_p における（1.11）式の飽和比湿曲線の微分係数の値 $\varDelta$ によって q_{sT} を次式で近似すると，

$$q_{sT} \approx q_{pT} + \varDelta(T_s - T_p) \qquad (1.12)$$

となり，（1.7），（1.9），（1.10），（1.12）式を連立4元1次方程式として解けば，次のペンマン・モンティース式が得られる．

$$lE = \frac{\varDelta(R_n - G) + \dfrac{C_p \rho}{r_A}(q_{pT} - q_p)}{\dfrac{C_p}{l}\left(1 + \dfrac{r_C}{r_A}\right) + \varDelta} \qquad (1.13)$$

この式は，T_s と T_p の差が極端に大きくならないかぎりビッグリーフモデルを近似でき，気象条件，および摩擦に影響する群落の物理的形状，葉のぬれ状態，植生の生理条件，土壌水分条件などの地表面条件が熱交換に及ぼす影響を評価するうえで有用である．なお，分子第2項の $q_{pT} - q_p$ は周辺空気の乾燥度合い（飽差と呼ばれる）を表しており，（1.9）式の分子にある表面と周辺の比湿差 $q_{sT} - q_p$ とは混同しないよう注意したい．

E. フラックスの方向に基づく熱交換の基本特性

まず，近似のない（1.7），（1.9），（1.10），（1.11）式を用い，熱交換の向きと定性的な基本特性について説明する．図1.5において，周辺の気温と比湿の値を示す座標点をPとする．熱交換面は（1.9）式に示すように飽和しているので，熱交換面の温度 T_s と飽和比湿と q_{sT} を飽和比湿曲線上にプロットするこ

とができ，この座標点をＱとする．(1.7) 式により T_s が周辺の気温 T_p より高い場合は顕熱量が正で大気が加熱されること，逆の場合は負で冷却されることが表せる．潜熱の場合も，比湿差 $q_{sT}-q_p$ の正負によって蒸発散が生じる場合と凝結によって露がつく場合の区別が表現できる．なお，表面が完全に乾燥し蒸発散ゼロの場合は r_C を無限大として表すことにする．

昼間，太陽からの日射が十分でかつ風が強くなければ熱交換面が暖められ，T_s が T_p より高く，q_{sT} は q_p よりも大きくなる．そのため，ＱはＢより大きい範囲の曲線上 Q_3 にプロットされ，(1.7)，(1.9) 式で表される顕熱量も潜熱量も正となる．よって，放射収支フラックスは空気加熱と蒸発散潜熱と貯熱量増加に配分されることになる．夜になり短波放射量がゼロになって長波放射の収支だけが残ると，(1.5) 式により放射収支が負になるので熱交換面は冷却され，点Ｑは点Ｂより小さい範囲 Q_2 にプロットされる．日射がゼロで光合成および蒸散は起こらないので，熱収支式 (1.10) 式を満足させるためには，土壌や植物群落の貯熱量が減少して熱交換面に熱を与えるのに加え，周辺から下向きに顕熱を供給する必要がある．つまり，熱交換面の T_s が下側の植物体の温度や地温よりも低く，周辺大気の T_p よりも低くなることで熱交換面に熱が集まり，放射収支による冷却と熱収支が釣り合うことになる．

夜間，負の放射収支フラックスによって T_s がさらに低くなり，q_{sT} が T_p の飽和比湿 q_{pT} よりも小さくなると，点Ｑは点Ａよりも小さい範囲 Q_1 にプロットされるので，熱交換面に接する空気中の水蒸気量はその気温で含み得る水蒸気量よりも大きくなることができず凝結が始まる．そのとき気化熱は放出され，潜熱が周辺から熱交換面に向けて下向きに輸送される．その結果，放射収支による冷却量は貯熱量低下，下向きの顕熱，下向きの潜熱の三つで補われ，熱収支式が満足されることになる．

ところで，熱交換面がぬれている場合については，点ＰがAB間にプロットされている場合でも，T_s が T_p よりも低いにもかかわらず q_{sT} は q_p よりも大きいので蒸発が起こる．これは，T_s が T_p より低くなることで周辺から熱交換面に供給される顕熱で蒸発潜熱を補う現象が生じていることを意味している．このような現象は降雨期間とその直後に頻繁に生じている．なお，この熱交換現象は，気温と湿度を測定するための測器である乾湿計の湿球表面でも起こっている．熱交換の理解を助けるため簡単に説明する．

気温と湿度を測るのに用いられる乾湿計は二つの温度計から成っている．乾球温度計は周辺の気温 T_p を測定しているが，湿球温度計は，湿球表面が水を含んだガーゼにおおわれていて，そこでの熱交換によって生じる温度，すなわち T_s を測定している．湿球に日射が当たらないようにし，さらにファンで風を送って r_A を小さくすれば，R_n と G の影響を無視できるので，熱収支式は，

$$H + lE = 0 \qquad (1.14)$$

となり，(1.7)，(1.9) 式を代入して変形すると次の乾湿計公式が得られる．

$$q_p = q_{sT} - \frac{C_p}{l}(T_p - T_s) \qquad (1.15)$$

q_{sT} は飽和比湿曲線（図 1.5）によって T_s から計算できるので，周辺の比湿 q_p が求められ，T_p から計算される q_{pT} で割ることによって相対湿度に換算される．このため，図 1.5 においては，湿球面の蒸発に必要な潜熱が顕熱によって供給されているため，湿球面の T_s，q_{sT} が AB 間の範囲 Q_2 にプロットされることになる．

以上のように，昼間には大気・群落の加熱と蒸発散が起こり，夜間には大気・群落の冷却に加えて場合によって凝結が起こるわけであるが，熱交換面がぬれているときには，乾湿計の湿球表面と同様，蒸発潜熱が顕熱によって供給されることもある．後述のように，この潜熱・顕熱の交換現象は森林の遮断蒸発量が多いという観測結果を説明する重要な根拠となっている．

F. 気象条件・地表面条件の熱交換・蒸発散に及ぼす影響

図 1.5 で熱輸送の方向を調べたが，フラックスの量的大きさもビッグリーフモデルで顕熱・潜熱配分を計算することで検討できる．この検討には，蒸発散量の大きさを近似的に表す (1.13) 式のペンマン・モンティース式を用いるのがわかりやすい．

(1.13) 式の分子は，放射項（貯熱変化量は小さいとする）と空気力学項（空力項）から成っている．放射項は放射収支量を供給し熱交換面の温度を上げて飽和比湿を大きくすることで蒸発を促進させるわけで，ぬれたタオルを日に干して乾かすのと同じ原理によっている．また空力項は，周辺の空気を速やかに

入れ換えることで蒸発を促進させるわけで，ぬれたタオルを陰干しし，扇風機で風を送って乾かすのと同じ原理に基づく．それゆえ，上空の風速が弱い場合，あるいは風速が同じであっても背の低い群落において上下の空気を入れ替える渦のサイズが小さく混合効率が低い場合は，抵抗 r_A が大きくなって空力項の寄与は小さくなる．また，周辺空気の湿度が高くて $q_{pT}-q_p$ が小さい場合も空力項の寄与を小さくさせる．反対に，風が強く，群落の背が高く，空気が乾燥している条件では，放射項に比べて空力項の寄与が大きくなる．さらに，分母には，r_C/r_A の項があり，これが重要な役割を演じる．つまり，r_A の小さい条件では r_C の値によって $1+r_C/r_A$ の値は大きく変化し，r_C の蒸発散に及ぼす感度が高くなるが，r_A の大きい条件では r_C の値にかかわらず $1+r_C/r_A$ の値は1に近くなって，r_C の感度が低くなる．

以上のように，分子は放射項と空力項の寄与割合を，分母は r_C の影響する感度を表現している．そこで，両者を組み合わせた蒸発散量への影響は，背の高い森林と低い群落を例に取ると具体的には主に次のような特性になって現れる．すなわち，森林では，風が強いとき r_A が小さくなりやすく，その場合，放射項に比して空力項の寄与が大きくなる．それゆえ，r_C が小さく分母の値が小さいときに大きな蒸発散量が生じる一方，r_C が大きい場合は蒸発散量が小さくなり，r_C の値の変動で蒸発散量は大きく変化してしまう．ところが背の低い群落の場合は，r_A が大きいから r_C の値にかかわらず分母の値が小さいので，蒸発散量が大きくなる条件は整うのだが，r_A の値が大きいため分子の空力項の寄与が小さくなる．

結果的に降雨や霧で葉がぬれている場合，森林では背の低い群落に比べて空力項が大きくなるため，蒸発が短時間に進む傾向が生じやすい．放射収支供給量が小さい場合や負の値を示す夜間であってさえ，(1.15) 式に示す乾湿計の湿球と同じように，葉がぬれているとその温度が低下し，顕熱の供給によって盛んに蒸発が起こる．一方，草地の場合は放射項により蒸発散が決まる傾向が強く，遮断蒸発は森林のようには大きくなりにくい．なお，森林では降雨中でも遮断蒸発が大きいことが指摘され (Murakami, 2006)，そのメカニズム解明は今後に残された課題となっている．

森林においては，この空力項の効果のほかにも蒸発散における重要な特徴がある．それは，土壌が乾燥した期間でも蒸発散が持続する点であり，光合成に関する植物の生理的調節がこの特徴にかかわる．これについては次節の中で説明する．

1.1.5　蒸発散を通じた森林の水循環に及ぼす影響

森林からの蒸発散の特徴は，1.1.4 項の E で詳しく説明したように，群落の高さが大きく空気力学的抵抗 r_A が大きいため，熱交換を行う樹冠が雨でぬれていて表面抵抗 r_C が小さいときに，蒸発強度が大きくなることである．したがって，森林を伐採して背の低い群落に変化させると，遮断蒸発量の減少により，蒸散や地表面蒸発と合わせた蒸発散総量が減少する．特に（1.13）式のペンマン・モンティース式における放射項が大きくなりにくいような場合，例えば，斜面傾斜が北を向いていて日射が少ない地形では，森林伐採による蒸発散量の減少が著しい．図 1.6 は，落葉広葉樹を伐採した場合，年間流出の増加量

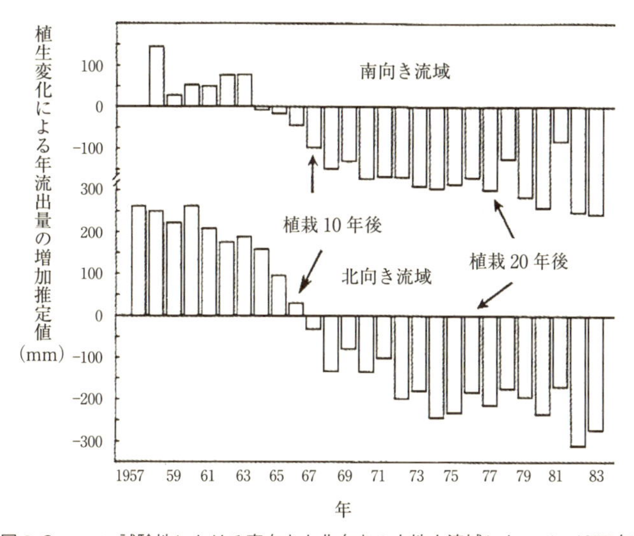

図 1.6　米国の Coweeta 試験地における南向きと北向きの山地小流域において，1957 年に落葉広葉樹を伐採してホワイトパインを植栽したときの年流出量の変化
基準流域と処理流域において降水量と流出量を測定し，処理流域のみで伐採・植栽を実施して両流域の年流出量を比較するという対照流域法を用いて，処理の影響を調べた結果である．北向き流域では，南向き流域と比較して伐採影響が大きいこと，流域の向きにかかわらず，常緑のホワイトパインでは落葉広葉樹林に比べて年流出量が同じ程度少なくなることがわかる．Swank *et al.* (1988) を一部改変．

が，南向きの流域に比べて北向きの流域ではかなり大きいことを示している(Swank *et al.*, 1988)．この結果は，森林伐採による遮断蒸発量の減少は，放射項の大きい南向き流域では伐採後の地表面蒸発量や背の低い群落からの蒸散量によってかなり補償できるが，北向き流域ではそれができずに蒸発散量が大きく減少することによって説明できる．

森林からの蒸発散量のもう一つの特徴は，乾燥期間における持続性である．すなわち，遮断蒸発量と異なって森林の蒸散量は背の低い植生に比べて多いとは限らないのだが，少雨乾燥期間に減少しにくい特徴が一般的に見られる．まず，図1.7に示す岡山県の古生層山地に位置する森林総合研究所の竜ノ口山森林理水試験地の南谷流域（22.6 ha）のデータによって説明しよう．南谷流域では，1937～2005年の観測結果から求めた平年値は，年降水量が1220 mm，年降水量から年流出量を差し引いた年損失量が825 mmであった．図には，アカマツ天然林におおわれていた1937～43年の水収支を示している．さて，1939年は年降水量が622 mmしかない極端な少雨年であった．翌1940年の年降水量もかなり少なかったが，1941年は1523 mmと多かった．この間の年損失量は，1939，40，41年の順に570，859，1046 mmと大きく変動し，少雨年に少なく多雨年に多かった．

この結果を，流域水収支式である（1.1）式から導かれる次の年間水収支式によって考えてみる．

$$E+(S_{e,t}-S_{e,t-1}) = L \equiv P-Q \qquad (1.16)$$

この式によって年降水量Pと年流出量Qの差で定義される年損失量Lを年蒸発散量Eと比べると，Lはその年の年末貯留量$S_{e,t}$から前年末の貯留量$S_{e,t-1}$を差し引いた量だけEより大きいことがわかる．したがって，$S_{e,t}$が$S_{e,t-1}$よりも小さくなる場合は，Eは観測で容易に求められるLよりも大きくならなければならない．実際，1939年はPがLの平年値を大きく下回る極端な少雨年であるため，Lの値が非常に小さい．しかし，図1.7において年末の基底流出強度q_{He}（無降雨期間の流出，図1.10参照）の変動を見ると，39年末のq_{He}は38年末のq_{He}よりも小さくなっていて，貯留量Sもまた小さくなっていると推測でき，39年のEはLよりも大きいと推測される．40年も少雨のため，q_{He}は

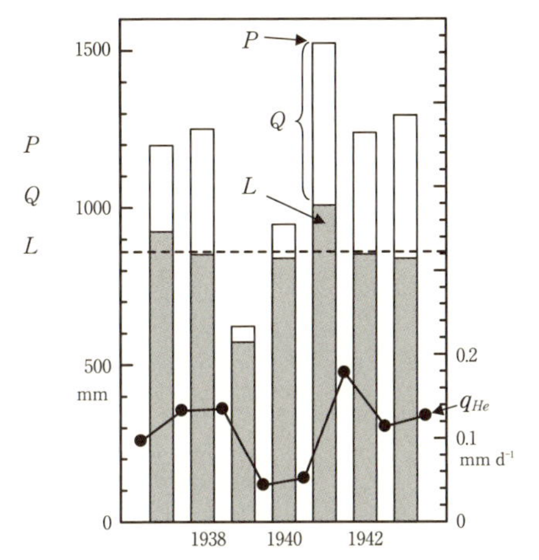

図 1.7　竜ノ口山南谷流域におけるアカマツ林におおわれていた期間（1937 年から 43 年）における年水収支と年末の基底流出強度
ここで，P：年降水量，Q：年流出量，L：年損失量，q_{He}：年末の基底流出強度．破線は，この 7 年の期間平均の年損失量．農林省林業試験場（1961）に基づいて作成．

あまり変動せずに貯留量が小さいまま維持され，41 年を迎えたと考えられる．それに引き続く多雨の 41 年には，その年末の q_{He} は 40 年末の q_{He} よりも大きいことから，雨水の多くが貯留量の回復に用いられたとみられ，L が E に比べて大きい 1046 mm の値になったと推測される．この水収支の結果から森林の蒸発散の特徴を推定すると，少雨年には土壌に蓄えられている水を用いて蒸散を維持する傾向があることが推測できる．竜ノ口山南谷の長い観測の歴史には森林を松枯れや山火事で失った期間があるが，そうした森林が失われた場合には少雨年に蒸発散を維持する傾向が弱まり，森林のある場合に比べて流出量が増加する傾向がみられたこともわかっている（谷・細田，2012）．

ところで，竜ノ口山試験地での長期水文観測が開始された理由は，そもそも雨の少ない瀬戸内地方において，ため池の上流域の森林をどのように管理すべきかを調べるためであった．1939 年の少雨年の南谷流域の年流出量はわずか 52 mm であったが，上記の研究結果は，アカマツ林がもし伐採されていれば年流出量ははるかに多かったことを示唆している．これは森林管理上重要な情報として確認しておかなければならない．このような少雨期間に蒸発散量が減りにくいという結果は，樹木が土壌深部まであらかじめ根を伸ばすことにより，

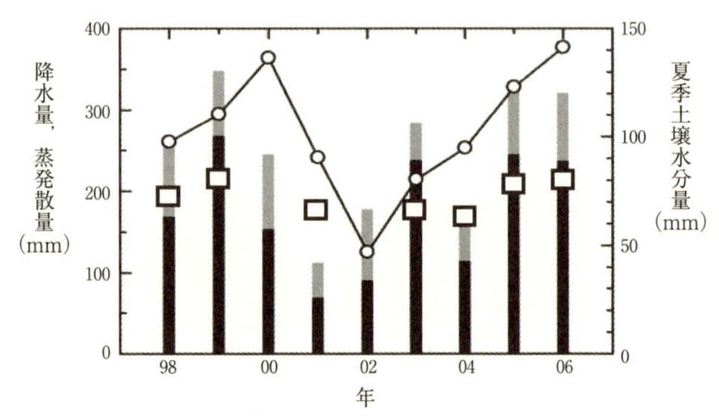

図 1.8　東シベリアの Spasskaya Pad 試験地における，降水量，蒸発散量，土壌水分量の年々変化
棒グラフは，黒色が 5〜9 月，灰色が 10〜4 月の降水量，□は 5〜9 月の蒸発散量（10〜4 月は無視できるほど小さい）．2000，2002 年は欠測である．○は表層 50 cm の土壌水分量の夏季（6〜8 月）平均値であり，降水量に比べて 1 年遅れて変化している．Ohta *et al.*（2008）を一部改変．

渇水年にも水ストレスに耐えて光合成と蒸散を維持して何十年も成長を続けるレジリエンス（回復力）を反映している．

こうした森林蒸発散の持続的な性質は，最近の研究で，普遍的であることがわかってきている．例えば，乾季が 12 月から 4 月まで続くタイやカンボジアの熱帯常緑林では，乾季末期の土壌が最も乾燥する期間に蒸発散量が大きいことが見いだされており（Tanaka *et al.*, 2004；Nobuhiro *et al.*, 2017），乾燥期間の水ストレスに強い森林の傾向が明らかになっている．

また，東シベリアの永久凍土地帯をおおっているカラマツ林においては，図 1.8 に示すように，少雨年の夏季には降水量を上まわる蒸発散量があり，毎年ほぼ同じだけの水蒸気を大気に送り続けている（Ohta *et al.*, 2008）．図 1.8 は土壌水分が降水量に比べて 1 年遅れて変動していることも示しており，竜ノ口山南谷の図 1.7 の結果と同様，この森林では少雨年の蒸発散維持のために土壌水分が使われ，多雨年に土壌水分の減少分を回復させていることがわかる．このような広大な大陸では，海洋から蒸発した水蒸気がそのまま降水になるのではなく，陸面からの蒸発散が降雨のソースとなる水のリサイクルが繰り返されている（谷，2016a）．森林と水循環の大規模な相互作用として重要なので，やや詳しく説明したい．

地球上では，本章のはじめに述べたように，海洋上空で余った水蒸気が陸に

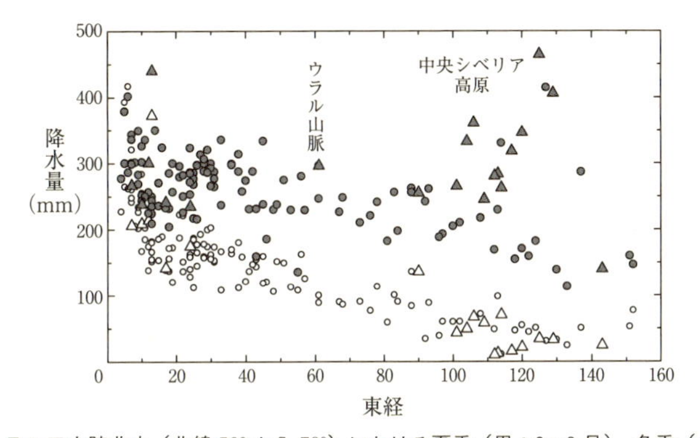

図 1.9　ユーラシア大陸北方（北緯 50° から 70°）における夏季（黒：6〜9 月），冬季（白：12〜3 月）の降水量の東経に対する関係
三角印は標高 300 m を超える地点を示し，夏季に降水量が特に大きくなる傾向がある．谷（2016a）を一部改変．

輸送されて降水となり，一時貯留されて河川流出として海洋に戻るという，持続的な水循環が成立している．それゆえ，陸の上空での大気水収支を考えると，降水量と蒸発散量の差が大きいほど水蒸気が消費され，風下に向かって乾燥してゆくことになる．しかし，両者の差が小さい場合は水蒸気が減りにくく，奥地でも湿潤気候が保たれる．シベリアの場合，主に大西洋での蒸発を起源とする水蒸気が偏西風によって運ばれるので，図 1.9 に示すように冬季には蒸発散量が小さいために東部の奥地に向かって降水量が低下する．しかし，蒸発散量の多い夏季には風が乾燥しにくく，東シベリアの奥地でも降水量が減りにくい．

したがって，風下の奥地まで森林生育に十分な湿潤気候が続くためには，風上側の蒸発散量が大きいことが必要である．シベリアの針葉樹林では，永久凍土が土壌深部への浸透を妨げるため，夏季に降水量が少なくても，前年の降水が冬季に凍結して蒸散に必要な水量を補うことができる．図 1.8 においてカラマツ林の蒸発散量が少雨年でも一定に保たれるのは，こうした凍結融解による水貯留も大きな役割を演じている．

それゆえ，大気運動の年々変動にともなって降水量の少ない年が発生するにもかかわらず，陸地表面をおおっている森林からは毎年一定の水蒸気が供給され，その蒸発散量と降水量の差が両者の平年値では小さくなる．そのため，シベリア大陸とその上空の大気の間で水のリサイクルが維持されて風下側の夏季の降水量が減りにくく，森林成育に必要な湿潤気候が成立しているわけである．なお，図 1.9 では，標高が高い場所で夏季の降水量が大きく，その東側風下で降水量が小さくなる傾向がみられる．これは，上昇気流による降水量増加で水蒸気の消費量が大きくなることを示しており，日本の冬季の北西季節風で風上側が大雪，風下側が空っ風となるのと同じ理由である．森林の気候年々変動に対するレジリエンスは，大陸奥地の湿潤気候の維持という，巨大な環境維持効果を発揮しているわけである．

以上のように，海洋で蒸発した水蒸気によって降水がもたらされる日本のような島国と降水量が水のリサイクルに依存している大陸とでは，蒸散量が乾燥期間も減少しにくく維持されるという森林の特徴が人間社会にとっては異なる効果となって現れる．島国である日本では通常の年には水資源枯渇の問題は起こりにくいが，森林をそのまま成長させておくと乾燥に耐えて蒸発散量をコンスタントに維持するため，少雨年には流出量を大きく減らしてしまう．その蒸発散の継続は土壌を強く乾燥させるため，その後「干天の慈雨」があっても土壌に吸収されてしまい，河川流量を増加させにくい．したがって，この渇水問題を緩和するには，乾燥期間における樹木の根系による吸収を抑制して蒸発散量を減らすように管理せざるを得ない．伐採をともなう林業や里山施業はこの目的に沿うものといえよう．これに対して大陸では，小規模の伐採にとどめることが肝要である．広大な面積の伐採は水のリサイクルを破壊することになって大陸奥地の気候乾燥化を招き，森林再生に必要な湿潤気候そのものが永久に失われる恐れがあるからである．

1.2　雨水の流出過程

1.2.1　降雨に対する流出応答

森林でおおわれた斜面と渓流河道から成る山地小流域を対象に，降雨の流出過程について説明する．そこでは，(1.1) 式に示す流域水収支が成り立っているが，流域からの流出の時間変化は図 1.10 に例示するように，降雨日には雨の時間変化にともなって流出強度は大きく変化し，降雨後に無降雨日が続くと

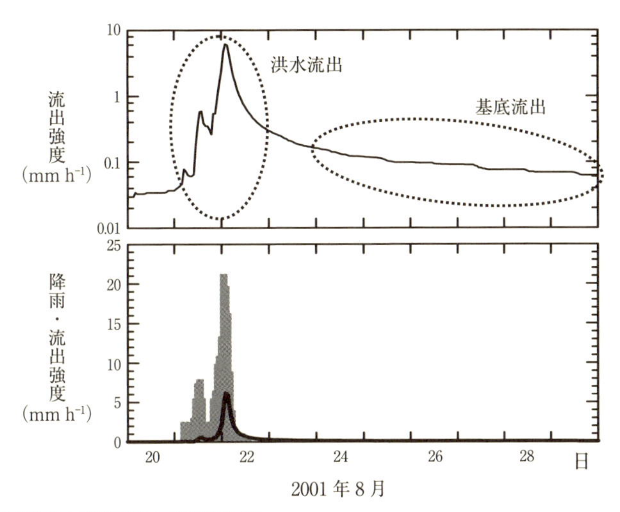

図 1.10 降雨強度と流出強度の時間変化例
森林でおおわれた京都大学の桐生試験地での観測例．下図は普通表示であり，降雨量と流出量の量的な比較ができる．上図は同じ流出強度の対数表示である．洪水流出・基底流出はその変化点が明瞭とはいえないが，減衰勾配の差は区別できる．なお，棒グラフは降雨強度，曲線は流出強度を表す．谷（2016a）を一部改変．

減衰してゆき変化が少なくなる．このような流出強度の時間変化をハイドログラフと呼ぶ．変動の激しい前者の期間の流出を洪水流出，緩やかな期間の流出を基底流出といい，変曲点は明確ではないにしても，両者の減衰勾配には大きな差がある．本節では，こうした降雨に対する流出応答の性質についてまず詳しく学び，それをふまえて，流出応答をもたらす流出機構を理解してゆく．なお，「洪水」と呼ぶからといって河川氾濫が起こるわけではなく，単に変動が激しい流出を示す専門用語として用いている．また，単位時間あたりに流れる水の流量 q_V は kg s^{-1} で表されるべきであるが，水の密度 1000 kg m^{-3} を用いて換算して通常 m^3 s^{-1} で表現される．ここでは，さらに森林水文学の慣例に倣うこととして，流域面積で除した流出強度を q_H によって表すことにし，その単位は降雨強度と同じ水高 mm h^{-1} を用いる．これにより，実際の流量 q_V m^3 s^{-1} は，流域面積を A km^2 としたとき，$q_H = 3.6\, q_V / A$ となり，mm h^{-1} に換算される．以下本章では，実際の流量と水高とを添え字 V と H で区別して表現する．

さて，森林の流出に及ぼす影響を検討するためには，流出機構の理解が必要であることは言うまでもない．しかし，地表面流や地中の流れなどの流出メカニズムが存在することを知ったとしても，降雨に対する流出応答について十分理解したことにはならない．と言うのは，山に行って降雨時に地表面を水が流れて落ち葉が動いていることを観察しただけで，ただちに洪水流出は地表面流によって起こるのだと決めつける，こうしたある種の誤解がしばしば見られるからである．雨水流出における「応答」と「機構」の関係は，簡単に説明できるものではなく，水文学における長年の難題であった．具体的に言うと，流出メカニズムは非常に複雑で多様であるにもかかわらず，それによって産み出される流域からの流出は降雨に対して意外なほど単純な応答を示す．「なぜそうなるのか」という難題を丁寧に解きほぐす作業が流出過程の理解のためには必要なのである．以下では，そのために応答，機構，影響と進む「理解してゆく順序」をふまえた記述をしているので，この点に留意して読み進めていただきたい．

A.　降雨流出応答関係の基本的な性格

図 1.10 に示すように流出全体から変化の激しい洪水流出成分が分離できるので，ひと雨における総降雨量と洪水流出総量との関係をまず調べてみよう．図 1.11 は，1.1.5 項でも引用した竜ノ口山森林理水試験地の南谷に隣接する北谷流域（17.3 ha）における総降雨量と洪水流出総量の関係を示したものである．この図から次の性質が見いだされる．洪水流出総量は総降雨量よりも少ないこと，降雨前の基底流出強度が小さいほど総降雨量が同じであっても洪水流出総量が小さくなること，総降雨量が大きくなって 100 mm を超えるようになると，プロットが降雨前の基底流出強度の範囲毎に 1∶1 の平行な直線上に並んで，総降雨量の増加と洪水流出総量の増加がほぼ同じになることがわかる．大規模な降雨によって流域が十分に湿潤になった場合には，降った雨のほとんどが洪水として流出するようになるわけである．こうした性質は，図 1.11 に示すほど明瞭とは言えない流域もあるが，降雨が増加してくると洪水流出への降雨配分が増加する傾向は一般的に見られる．

これらの結果から，次のような基本的な流域流出特性が理解できる．すなわち，降雨があるとその水の一部は変動の激しい洪水流出となるが，残りは流域内に貯留されて基底流出や蒸発散のソースとなる．また，それらによって貯留

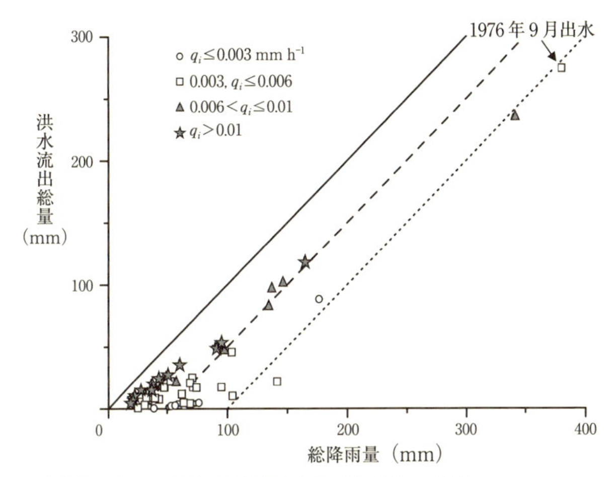

図 1.11　竜ノ口山北谷おけるひと雨の総降雨量と洪水流出総量の関係
q_i は降雨前の基底流出の強度で，乾湿条件を表す．また，実線，破線，点線は，洪水流出総量が総降雨量に等しい関係，より 50 mm 少ない関係，より 100 mm 少ない関係を示す．Tani & Abe（1987）を一部改変．

量が減ってゆくと流域が乾燥して基底流出強度も小さくなる．そのため次の降雨があった場合，雨水のうち貯留される量が多く洪水流出総量が少なくなる結果が得られる．しかし，降雨量が十分に大きくなって流域が再び湿潤になると，降雨のうちの洪水流出となる量の割合が増加してゆく．山地流域では，このような変化が何度も繰り返されているわけである．

次に，図 1.11 において 1976 年 9 月出水の印を付けた期間の北谷と南谷のハイドログラフを図 1.12 に示し，洪水流出の時間変化の特性を調べる．図 1.11 で説明したことを反映して出水前半は降雨強度に比べて流出強度がきわめて小さく，降雨のほとんどが貯留されていると推測される．後半では引き続く降雨によって流出の量的規模が降雨とほぼ同じ程度になるまでに増大しており，流出強度が変動の激しい降雨強度をなだらかに均（なら）したような変化をしている．両流域とも降雨のほとんどが洪水流出になっているわけである．こうした傾向は北谷も南谷も同様であるが，明らかに南谷の方がハイドログラフがより均されており，流出強度のピークも低い．降雨がほとんど洪水流出になっている期間でも，北谷と南谷とでは時間的な変化は異なることが理解できる．

以上のことから，降雨に対する流出応答においては，洪水流出の観点から，

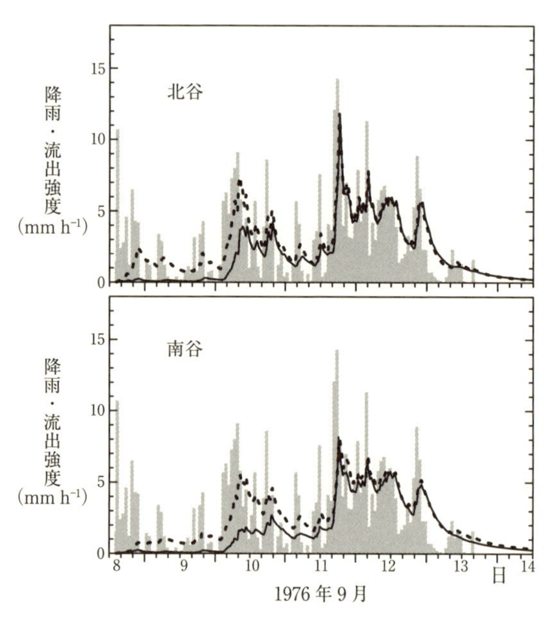

図1.12　竜ノ口山北谷と南谷の1976年9月の台風17号による出水時における降雨・流出強度の時間変化の観測結果，および図1.13のタンクモデルによる計算値
実線が流出強度の観測値，点線が同計算値．また，棒グラフは降雨強度（北谷と南谷において共通の値）を表す．谷（2012）を一部改変．

1）ひと雨における総降雨量よりも洪水流出総量がどの程度小さくなるかという「洪水流出総量の減少」，2）降雨の時間変動よりも洪水流出の時間変動が均されるという「洪水流出の平準化」の二つの性格が抽出される．さらに，基底流出の観点から，3）洪水流出の割合を小さく基底流出の割合を大きくすることで生じる「流況の安定化」という性格も指摘することができる．これらの性格は相互に関連し合うのではあるが，流出機構や森林の影響を正しく理解するうえでさしあたり区別することが重要である．これらの基本的な性格をふまえて流出応答について説明してゆく．

B. 単純なタンクモデルによる洪水流出の再現

降雨に対する洪水流出応答をより定量的に詳しく調べるため，ここでは，簡単な流出モデルを用いて降雨からハイドログラフを計算してみる．流出モデルは底に孔の開いた単純な一段のタンクモデルで（図1.13），その水収支式は（1.1）式と同じである．

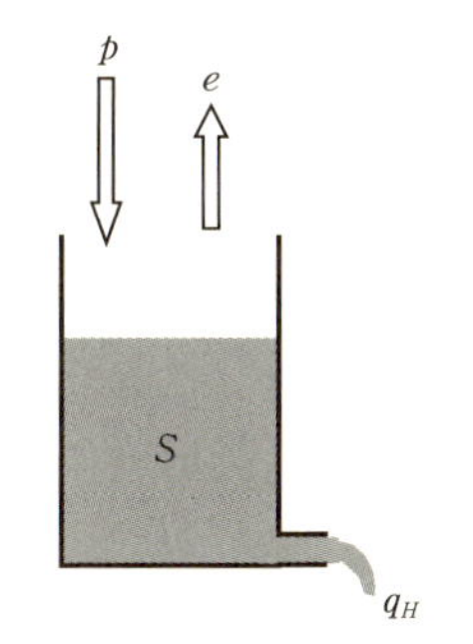

図 1.13　一段タンクモデルの概念図

$$\frac{dS}{dt} = p - e - q_H \qquad (1.17)$$

ここで，p は降雨強度，e は蒸発散強度，S は流域の貯留量である．単位流域面積あたりの流出強度 q_H は，タンクの孔からの排水流出強度によって表され，タンクの水深で表される S との関数関係を持つ．この流出貯留関係の関数形としては，k と b を係数とする次式を採用する．

$$S = kq_H{}^b \qquad (1.18)$$

さて，洪水流出期間における蒸発散強度が無視できるとし，降雨をタンクモデルに入力して流出計算を行ってみよう．モデルのパラメータ b と k の値については，降雨がほとんどすべて洪水流出になる後半を対象に，計算値が観測値に合うように探索した．なお，後半は流出規模が降雨規模とほぼ同じに達していてパラメータを同定することが可能であるが，前半は流出規模が降雨規模よりもはるかに小さいので，いかようにパラメータの値を変えても流出の計算値が観測よりも大きくなって合わせることができない点に注意いただきたい．

パラメータ探索の結果，b は北谷・南谷で共通の値 0.3 となり，k の値は北谷，南谷それぞれを 25，40 $\mathrm{mm^{0.7}h^{0.3}}$ としたときに，図 1.12 に示すように両流域とも計算結果が観測ハイドログラフとよく一致した．ところで，上記の予測の通り前半は過大評価となっているが，その理由は次のように推測される．すなわち，実際の流域にはタンクモデルで表されるものとは性格の異なる貯留構造があって，降雨の一部分しか洪水流出に配分されない．しかし，降雨継続によってその貯留構造が十分に満たされた後半には降雨のすべてが流出に寄与するようになり，流域からの流出が（1.18）式で近似される貯留構造にしたがうようになると考えられる．

また，南谷は北谷に比べてハイドログラフがより均され平準化効果が大きいが，これはモデルにおいてkの値によって表現されており，次のように説明できる．まず，（1.18）式を（1.17）式に代入して蒸発散強度をゼロとして変形すると，

$$\frac{dq_H}{dt} = \frac{p - q_H}{dS/dq_H} = \frac{1}{kb}(p - q_H){q_H}^{1-b} \qquad (1.19)$$

となる．この式の左辺は流出強度の上昇または下降の速度を表しており，右辺からkが大きいほどこの速度が小さくなることがわかる．南谷のkの値は北谷よりも大きいので，ハイドログラフの上昇下降の速度が小さくなって変化が均され，平準化効果が大きくなる．kが大きいことは図1.13のモデル概念図で表現するとタンクの孔が小さいことを意味し，貯留への降雨配分が大きくなって流出が均されるのである．

ところで流出貯留関係を表す（1.18）式は，貯留関数法という洪水流出計算手法の中核部分に採用されていて，山地河川での洪水流出応答関係に適用できることが知られている（杉山・角屋，1988）．したがって，山地流域においては，降雨量が大きくなってきた場合には単純なタンクモデルで表される傾向が一般的であるとみて差し支えない．以上のように主に洪水流出について降雨流出応答関係の基本がわかってきたので，こうした単純な応答関係がどのような流出機構によって生じるのかを説明する．

1.2.2　流出機構の基礎となる水理学

山地流域での雨水の流出機構は河川水質がどのように形成されるのかという観点からも重要であるが，ここでは，降雨に対する流出の時間変化，すなわちハイドログラフがどのようなメカニズムで形成されるかについて主に説明する．その点では，水が集中して速やかに流れる河川河道よりも，流域全体に分散していて水の流れが遅い山腹斜面の流出機構の役割がより重要である．なぜなら，貯留量変動が小さい河道よりも流れが遅くて貯留量変動が大きくなる斜面の方

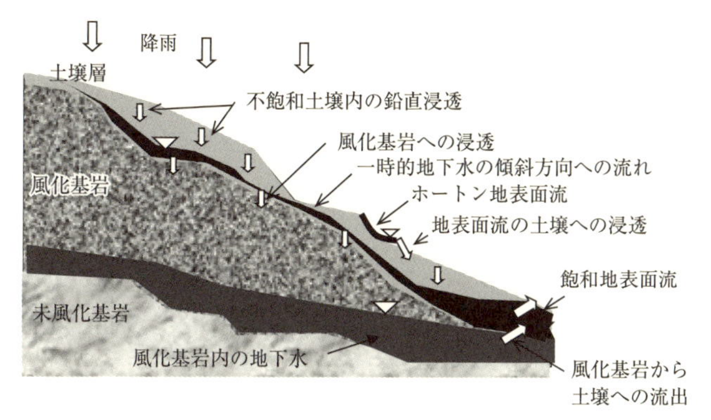

図 1.14 降雨期間中の斜面における雨水流出メカニズムの概念図（谷，2017 を一部改変）

が時間変動を均す平準化への寄与が大きいからである．

A. 山腹斜面における鉛直浸透と傾斜方向への流れ

まず，斜面の鉛直方向の構造に注目し，流出機構の概念図（図 1.14）に基づいて説明しよう．地殻変動の激しい日本列島では，山岳地形はプレートテクトニクスによる圧縮応力を受けて隆起している基岩が雨水で侵食されることによって形成される．その過程で基岩風化によって産み出された土粒子が生態系の物質循環過程を経て土壌となり，これを基盤として森林が成立できるわけである．結果的に，浸透能力は未風化基岩層から地表に近づくほど大きくなるため，雨水はまず鉛直に浸透するのであるが，浸透能力の低下によって傾斜方向に流れの向きを変える．

傾斜方向への流れには，恒常的に存在する地下水流や「浅い地中流」と呼ばれる降雨中に一時的に発生する地下水流などがある．また，林内降雨の強度，地表面の浸透能力はともに空間不均質性が大きいので，場所によっては浸透できずに地表面流（ホートン地表面流と呼ばれる）が発生する．また，斜面方向の流れは降雨を受けて徐々に厚く発達してゆく．そのため地下水面が上昇して地表に達し，地表面流（飽和地表面流と呼ばれる）を発生させる場合もある．

さて，降雨流出応答は 1.2.1 項で述べたように洪水流出と基底流出が区分される．もし，ホートン地表面流や飽和地表面流が洪水流出に対応し，地中に浸み込んでから傾斜方向に向かう流れが基底流出に対応しているのであれば，流出機構と降雨流出応答の関係は理解しやすい．しかし実際には，これらの流れは発生したり消失したり時間的空間的に変動するので，河川への流出に対するそれぞれの流れの寄与を見積もることは容易ではない．また，洪水流出期間における河川水には，土壌や基岩内に降雨前から貯留されていた水（古い水）が，新たに降った雨水（新しい水）よりもむしろ多く含まれ，この傾向は大雨の場合でも見られることがわかってきた（恩田，2008）．それゆえ，地中に浸透した雨水の一部も洪水流出を産み出すことになり，土壌や風化基岩のような多孔質透水性媒体の中の流れの物理的な性質を詳しく理解しなければならない．

B．開水路と管水路における流速と伝播速度

斜面における流出機構を理解するためには，水の流れに関する力学である水理学の基礎を知る必要がある．すなわち，土壌および強度に風化した基岩などの多孔質透水性媒体の水理学のほか，水道管の中の流れのように断面が水で満たされて水面がない管水路，川の流れに代表される水面のある開水路の水理学を区別して理解することが重要である．透水性媒体の内部では，さまざまな流れがあり得るのだが，特に水理学的特性が明瞭な浸透流について本項 1. 2. 2 の C で説明する．ここではそれよりも先に，より基本となる管水路と開水路の水理学的性質について述べる．

不透水の壁面で囲まれて断面が変化しない管の中を流れる管水路の水理学は水道管などの人工構造物に対して重要だが，自然斜面における役割は必ずしも明らかではない．しかし，降雨流出機構を理解するための基礎知見を得るうえで重要である．すなわち，管水路では入り口から管に流入する流量が増加しても管の中にはいっている水の体積が変化せず，流量増加は流速増加のみを引き起こす．それゆえ，図 1. 15 左に示すように，ところてんを押し出すように管の出口から流出する流量を時間遅れなく増加させることになる．これに対して開水路の場合は，管水路と異なり水路内における水の体積すなわち貯留量を変化させる．そこで，水路上端の流量の増加は上端付近の水深をまず増加させ，上端から下端へ徐々に水深増加部分が伝わってゆく．

いま，勾配が急で下流側から上流側へのせき上げのない幅 B の開水路に一定の流量 q_{V1} が流れているとし，上端の流入強度が q_{V2} に増加したとする．微小な時間 Δt が経過した時点で水深が h_1 から h_2 に増加した距離を Δx とすると，図 1. 15 右を参考にして，次の水収支式が成り立つ．

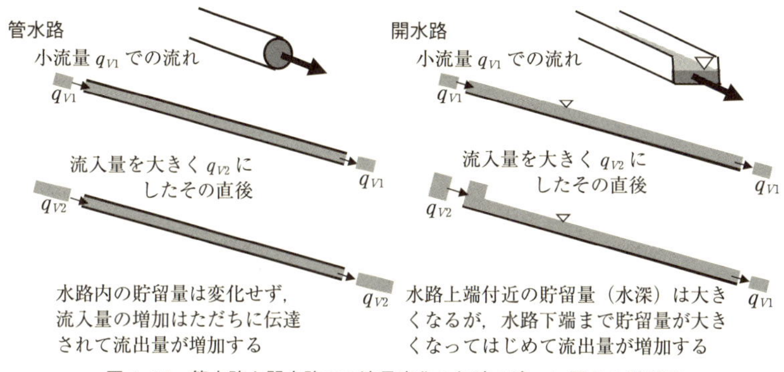

図 1.15　管水路と開水路での流量変化の伝達の違いに関する説明図

$$(q_{V2}-q_{V1})\Delta t = (h_2-h_1)\Delta xB \qquad (1.20)$$

左辺は，Δt 間に水路に入ってきた流量と水路下端から出て行った流量の差，右辺は水路の中の貯留量の増加を表す．しかしながら，流量 q_V は平均流速 v と h と B を掛け合わせたものであるから（単位流域面積あたりの流出強度 q_H との区別に注意），Δt と Δx をゼロに近づけると，水深が h_2 に大きくなった部分が伝わってゆく流量の伝播速度 v_c（$=dx/dt$）は次のように表される．

$$v_c \equiv \frac{dx}{dt} = \frac{v_2h_2-v_1h_1}{h_2-h_1} \qquad (1.21)$$

したがって，伝播速度 v_c は水分子の流れる速さとしての平均流速 v とは異なっており，流量変化に対する水深の変化が小さいほど（1.21）式右辺の分母が小さくなって v_c が大きくなる．なお，管水路の場合には断面積が変化しないので v_c は無限大になり，水路下端からの流出強度が流入強度の増加に対して遅れることなく大きくなるわけである．

ところで，水路の流速は水が接している壁面や底面の摩擦が大きいと小さくなり，平均流速はマニングの公式によって表される．そこで，この公式を利用すれば，水深に比べて幅が十分広い急勾配の開水路の場合，平均流速 v は，摩擦を表す粗度を n，水路勾配を ω として次式で表される．

$$v = \frac{1}{n}h^{2/3}\sin^{1/2}\omega \qquad (1.22)$$

これを（1.21）式に代入し，$h_2 \rightarrow h_1$ として平均流速 v と伝播速度 v_c の関係を求めると，

$$v_c = \frac{5}{3}v \qquad (1.23)$$

となり，流速の5／3倍の伝播速度で流れが伝わってゆくことがわかる（石原・高棹，1959）．

ところで，開水路の場合，水路上端の流量の突然の増加による水深の急変は，管水路と違って，単に遅れて伝わるだけでなく，実際には下流に進むにしたがって水深変化がなだらかになってゆく．つまり，上端の流量を突然増加させても，下端では流量が緩やかに増加してゆく．これは，水深変化が下流に向かってそのまま伝わりやすい急勾配水路であっても，流路断面内で流れに早い遅いがあることによって拡散効果がはたらくためである．（1.20）式のように，変化が均されることなくそのまま遅れて伝わってゆく場合は移流と呼ばれるが，この移流効果に拡散効果が加わって，変化が遅れつつ均されて伝わることになる．この移流と拡散の両効果は，後述するように土壌内部の流れにおいて特に重要になる．

森林でおおわれた自然斜面で発生する地表面流は，その流れが落葉や下草などに遮断されて複雑である．また，地表面流は浸透能力の高いところで地中にはいり込むこともある．したがって，ホートン地表面流や飽和地表面流は確かに現場で観察されるところではあるが，1.2.1項で説明した降雨に対する洪水流出の応答において，それらがどの程度役割を果たしているのかは明らかではない．それゆえ，土壌に浸透した雨水の動きについても理解し，そのうえで洪水流出応答に貢献する流出メカニズムを考えるべきなのである．

C. 土壌における水理学

多孔質透水性媒体を代表する土壌における水理学の基礎を次に説明する．土壌にはさまざまなサイズの間隙が含まれ，その中を水が曲がりくねってゆっくり移動する．管水路や開水路では流れに接する壁面や底面での摩擦によって流速が決まるのであるが，土壌内では流れに垂直な断面全体に土粒子が存在して流れを遮り，大きな摩擦が生じるので，流速は極端に小さくなる．また，土壌内でも開水路と同じように大気圧に等しい水面があることも多いが，水面の上

に空気しかない開水路とは異なって，水面の上側の間隙にも水が含まれている．この水面を地下水面と呼ぶが，その上下で物理的性質が異なっている．水面下側にあって大気圧より大きな圧力を持つ水を地下水という．これに対して，水面よりも上側にあって表面張力により吸引されている水を土壌水という．また，両者を合わせて地中水と呼ぶ．なお，地下水は，開水路と同様，その流れに水面がともなうもの（不圧地下水と呼ぶ），浸透能力の小さい層の下側にあって管水路と同様，流れに水面がともなわないもの（被圧地下水と呼ぶ）が区別される．

さて，ここで問題としている降雨流出応答に関しては，雨水の移動はまず土壌水の鉛直浸透から始まる．ところが斜面流出過程を対象とする水文学の常識では，これを無視することが多かった．つまり，いきなり斜面方向への地下水の流れや地表面流によってハイドログラフを説明することが，水文学の教科書においても一般的だったのである（椎葉ほか, 2013）．しかしながら，土壌水と地下水とは互いに影響を及ぼし合うので，地下水の流れだけを独立して扱うことは，その近似条件が明確でない限り，物理的に妥当とは言えない．降雨流出応答関係をもたらす流出機構として，この点は決定的に重要である．

土壌水と地下水の統一的な扱いを行うため，まず静止条件から説明してゆこう．いま，図 1.16 のように円柱状の容器に土壌が詰められているとし，中に地下水面があって水が移動することなく静止しているとする．位置ポテンシャルは，任意の高さに設定した基準水平面から測って鉛直上方ほど高くなるが，圧力ポテンシャルは地下水面でゼロの値を持ち，位置ポテンシャルと逆に鉛直下方ほど水圧がかかって高くなるので，地下水では両者の合計が至るところで等しくなる．土壌水の場合も位置ポテンシャルが上方ほど高くなるのは地下水と同じであるが，表面張力による吸引を表すマトリックポテンシャルが地下水面でゼロの値をもち上方ほど低くなって，やはり両ポテンシャルの合計は等しくなる．

これらのポテンシャルはエネルギーを表しているが，単位重量の水を単位として表現すると高さの次元となりこれを水頭と呼ぶので，位置／圧力ポテンシャルはそれぞれ，位置／圧力水頭と表現される．両水頭の合計を水理水頭と呼べば，地下水では水理水頭が一定で静止条件が満たされる．土壌水の場合も単

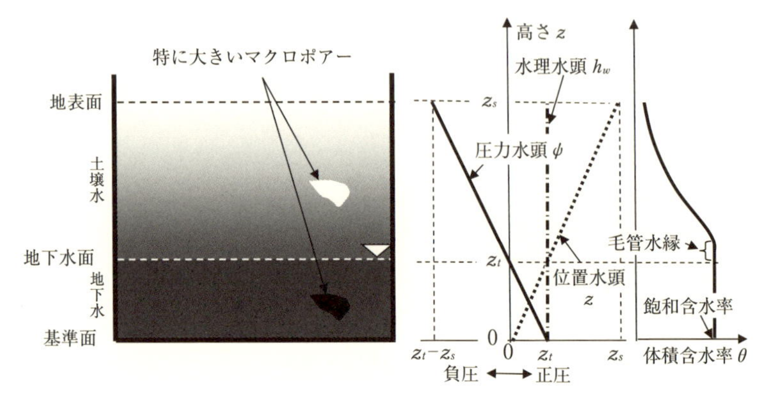

図1.16　土壌における水の静止条件での圧力水頭，位置水頭，水理水頭，体積含水率の鉛直分布を説明する概念図
左図は土壌の詰められた円柱状の容器であり，黒色は飽和を，薄い色ほど含水量が小さいことを表現している．また，特に大きいマクロポアーが含まれている場合に，地下水の場合は大気圧より大きな水圧のために水で飽和していること，土壌水の場合は表面張力による吸引ができずに水がはいらないことも示している．
右図には，静止条件での圧力水頭，位置水頭，水理水頭，体積含水率の関係を表示した．なお，z_t, z_s は土壌底面にとった基準面よりの地下水面，地表面の高さである．位置水頭 z は上方ほど高くなること，圧力水頭 ϕ が上方ほど低くなることにより，両水頭の合計である水理水頭 h_w が一定になって，水が静止していることを表現している．また，局所的に存在する「特に大きいマクロポアー」を除くと，土壌の最大サイズの間隙にも表面張力があるので，圧力水頭が負でも体積含水率が飽和する部分があり，この毛管水縁と呼ばれる範囲も示した．

位重量あたりのマトリックポテンシャルを負の値を持つ圧力水頭とみなすことにより，地下水と同様に水理水頭一定で静止条件を表せる．この表現を用いると，地下水と土壌水を通じて2点間の水理水頭が等しいなら静止，等しくないなら大きい方から小さい方に移動すると捉えることができ，地中水の水理学を統一的に扱うことが可能になる．

また地下水の場合は，水面より下側の圧力は大気圧より高いので，すべての間隙に水が押し込まれて飽和する．一方土壌水の場合は，大きなサイズの間隙，小さいサイズの間隙，土粒子の表面の順に表面張力が高くなるので，図1.17に示すように，圧力水頭が低く（絶対値が大きく）なると，重力に逆らって水を吸引できる間隙は少なくなっていく．したがって，ある圧力水頭の値を仮定すると，その水頭値で保持できる間隙の最大サイズが決まる．そうすると，単位体積の土壌に含まれる水の体積である体積含水率は，その最大サイズよりも

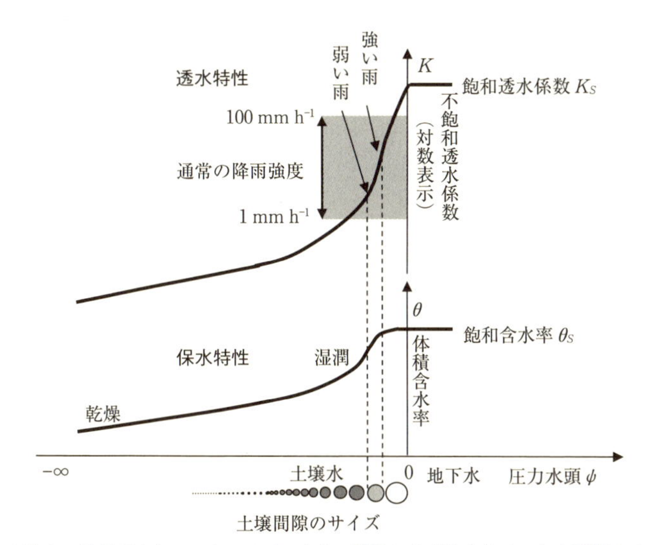

図 1.17　土壌内の流量が大きいほどサイズの大きい間隙に水が含まれることを説明する，土壌の保水特性，透水特性の概念図
通常の降雨強度の範囲（影をかけた部分）は，飽和に近い湿潤な土壌の不飽和透水係数の大きさに相当すること，流量が小さくなるとサイズの大きな間隙の水が空になるので不飽和透水係数が著しく減少すること，土壌水では流量が変化すると圧力水頭と体積含水率と不飽和透水係数すべてが同時に変化することに注意.

小さいサイズの間隙を積分したものになる．したがって，圧力水頭をマイナス無限大からゼロまで動かしてゆくと徐々に体積含水率が増えてゆくことになる.

次に土壌内を水が移動する場合を考える．上述したように，地下水も土壌水も水理水頭 h_w の低い方向に流れるのであるが，その流量 q_V はダルシーの法則に従い，h_w の勾配に比例する.

$$q_V = -K\frac{dh_w}{ds}A_D \qquad (1.24)$$

ここで，s は流れに沿う距離，A_D は流れの断面積，K は比例係数で透水係数と呼ばれる．地下水では間隙が飽和しているので K は対象とする土壌における定数（飽和透水係数 K_s と呼ぶ）であるが，土壌水では体積含水率によって変化し，これは不飽和透水係数と呼ばれる．図 1.17 に示されているように，圧力水頭の値をゼロから低下させると，水の流れやすい大きな間隙から水がぬけてゆくので，不飽和透水係数は急激に小さくなる．そのため，湿潤な場合と乾燥した場合で水の流れの外見が大きく異なる．この性質は流れの非線形性が強いことを意味しており，後述するように流出過程に対して重要な影響を及ぼす．

以上の説明から，地下水も土壌水もダルシーの法則によって統一的に表現できることが理解される．そこで流れの数式表現を行う．本来，三次元で表現すべきところであるが，簡単のため二次元平面を考えると，水平方向 Δx，鉛直方向 Δz の長さを持つ微小な矩形における水収支式は，体積含水率を θ として次のように表される．なお，z 軸は上向きを正とする．

$$(\theta_{t+\Delta t} - \theta_t)\Delta x\Delta z = (q_{Vx} - q_{Vx+\Delta x})\Delta t\Delta z + (q_{Vz} - q_{Vz+\Delta z})\Delta t\Delta x \qquad (1.25)$$

右辺は Δt 時間に矩形部分に流入する水量から流出する水量を差し引いた量であり，それによって矩形部分において増加する水の貯留量が左辺の体積含水率の増加に等しいことを，この式は表している．

ダルシーの法則（1.24）式において，水平方向の流れでは位置水頭 z が一定なので水理水頭 h_w の勾配は圧力水頭 ψ の勾配に等しいが，鉛直方向の流れでは重力の作用によって h_w が ψ と z の和になる．これらを考慮して，（1.24）式を水収支式（1.25）式に代入し Δx，Δz をゼロに近づけると，次の二次元におけるリチャーズ式が得られる．

$$\frac{\partial\theta}{\partial t} \equiv C_s\frac{\partial\psi}{\partial t} = \frac{\partial}{\partial x}\left(K\frac{\partial\psi}{\partial x}\right) + \frac{\partial}{\partial z}\left\{K\left(\frac{\partial\psi}{\partial z}+1\right)\right\} \qquad (1.26)$$

ここで，C_s は比水分容量であり $d\theta/d\psi$ で定義される．こうして土壌中の水の流れが ψ の関数で表され，降雨強度などの境界条件を与えて解くことができる．ただし，この式を解くには，式に含まれている保水特性と透水特性，すなわち，体積含水率 θ と透水係数 K それぞれの圧力水頭 ψ に対する関係（図1.17）が必要であることに留意しなければならない．

ところで，森林でおおわれた斜面の土壌の内部は，透水係数の空間分布が不均質であり，腐朽根や土壌動物の通りみちもあって，地表面流に関わる地表条件に劣らず複雑である．また，斜面下部では，地中水が集まってわき出してくる場合が多く，パイプ状の水みちも存在する．したがって，パイプの中が水で満たされた管水路の流れもあれば，パイプ内に水面が生じた開水路の流れなども含まれ（堤ほか，2005），さらに，パイプの壁に沿うフィルム状の流れなどもあって（Beven and Germann, 2013），土壌内の水の動きは実際上，非常に複雑とみなさなければならない．そう考えると，均質な土壌の中の地下水や土壌水の流れが（1.26）式で表現されるとしても，単に形式的な数式表現に過ぎないのではないかとの疑問も生じる．しかしながら，多様な流れがあったとしても，流出の降雨に対する応答の観点から（1.26）式は水の流れの基本を表現する．それを理解するには，自然土壌に多く含まれるサイズの大きな間隙の水理学的な役割を知る必要がある．

D. 土壌水と地下水におけるマクロポアーの役割

森林でおおわれた自然斜面の土壌は空間不均質性が大きい．こうした不均質性は，森林生態系を構成する植物の根や土壌動物の成長や死亡の時間変化，あるいは土壌層が崩壊して再び厚く発達するような，より長い時間スケールでの変化を経て，現在の土壌が形成されてきたためと推測される（谷，2016a）．人工的に短期間で造成した土層には決して含まれないような不均質な構造が形成されているのである．そのため，このような土壌形成の長期変化の結果として，土壌には ψ の値がゼロに近い値ではじめて水がはいるようなサイズの大きな間隙，ψ が負の値を持つときにはまったく水がはいらないようなさらに大きなサイズの間隙が含まれるわけであり，これらはいずれもマクロポアーと呼ばれる．

実際，森林土壌にはサイズが大きく表面張力が小さい間隙が多く含まれている．そのため，圧力水頭 ψ がゼロに近づく飽和直前の湿潤な土壌では，ψ のわずかな増加によって不飽和透水係数 K が急激に大きくなる．また，そのときに体積含水率 θ も同時に増加する（大手ほか，1990）．こうした間隙には ψ の値がゼロに近い負の値でようやく水がはいるわけであるが，重要なことは，ψ の値が負である場合には ψ と K と θ の変動が連動することである．土壌の中に極端にサイズの大きな間隙があったとしても，ψ の値が負であれば，その大間隙には水が含まれず水の流れに寄与することがない．土壌が空間的に不均質であったとしても，ψ と K と θ の変化が連動する土壌水の性質自体はどの空間部分においても成り立つわけである．

一方，圧力によって間隙に押し込まれている地下水では事情が異なる．そこでは，間隙が飽和して θ は飽和含水率 θ_s，K は飽和透水係数 K_s に固定され，ψ

の変化に影響されない．極端にサイズの大きな間隙にも水がはいり，その中での流れがむしろ主体となって細かい間隙での流れは相対的に無視できてしまう．水の流れは，圧力水頭が負の土壌水とは反対にマクロポアーに集まり，集中的な水移動が生じるのである（谷，2016b）．

結局，土壌の不均質性の効果として次のようにまとめられる．地下水においては，マクロポアーが存在した場合，それが存在しなかった場合とは全く異なり，水の流れがマクロポアー部分に局所的に集中することになる．一方，土壌水の場合は，サイズの小さい間隙に吸引されながら流れるため，流れの強度が小さくなるほどサイズの大きな間隙には水が含まれなくなる．それゆえ，マクロポアーが局所的に存在する不均質な土壌であっても，どこにでも普遍的に含まれる小さいサイズの間隙が優先的に水が満たされてゆくので，均質土壌の流れと同じく分散的な水移動が生じ，地下水とは異なり局所的な集中が生じにくい．

すでに本項1.2.2のCで述べたように地中の流れは多様な形態が存在する．しかし，こうした流れがあるにしても，上に説明したような圧力水頭の正負，すなわち地下水と土壌水でマクロポアーの役割が異なるという特徴は，水理学的に明確なものである．したがって，観測で見いだされる自然斜面の複雑多様な流れは，この水理学の基本を無視して解釈するべきではないと考えられる．

1.2.3　降雨流出応答をもたらす斜面の流出機構

A．雨水の鉛直への浸透

雨水の流出にかかわる水理学の基本を1.2.2項で説明したので，本項では斜面の流出機構（図1.14参照）について，浸透流の基礎式に基づき具体的な計算例を挙げて解説する．降雨時には斜面のほとんどの地点で土壌層内の鉛直浸透が生じるので，流出機構の基本的な理解のため，まず，土壌物理特性の均質な土壌層における鉛直一次元浸透を考える．その基礎式はリチャーズ式の二次元形である（1.26）式から次のように示される．

$$\frac{\partial\theta}{\partial t} \equiv C_s\frac{\partial\psi}{\partial t} = \frac{\partial}{\partial z}\left\{K\left(\frac{\partial\psi}{\partial z}+1\right)\right\} \qquad (1.27)$$

計算を行うには，土壌物理性としてψに対する体積含水率θと透水係数K

の関係を知る必要がある．この土壌の保水特性と透水特性の関係に対しては，多くの関数が提案されているが（坂井・取出，2009），土壌の間隙サイズが対数正規分布に従うとして得られた次の小杉式（Kosugi, 1996）の式を用いる．

$$\psi < 0 \text{ のとき } \theta = (\theta_s - \theta_r) Q\left[\frac{\ln(\psi/\psi_m)}{\sigma}\right] + \theta_r \qquad (1.28)$$

$$K = K_s \left[Q\left\{\frac{\ln(\psi/\psi_m)}{\sigma}\right\}\right]^{1/2} \times \left[Q\left\{\frac{\ln(\psi/\psi_m)}{\sigma} + \sigma\right\}\right]^2 \qquad (1.29)$$

$$\psi \geq 0 \text{ のとき } \theta = \theta_s \qquad (1.30)$$

$$K = K_s \qquad (1.31)$$

ここで，θ_s は飽和含水率，θ_r は残留含水率，σ は間隙径の対数正規分布における標準偏差，ψ_m は間隙径分布のメジアン（中央値）に対応する圧力水頭，関数 Q は正規分布の上側確率を表す関数で，

$$Q(y) = \frac{1}{\sqrt{2\pi}} \int_y^{\infty} \exp\left(\frac{-u^2}{2}\right) du \qquad (1.32)$$

で定義される．本計算例におけるパラメータの値は，$\theta_s = 0.52$，$\theta_r = 0.20$，$K_s = 6 \times 10^{-3}\,\mathrm{cm\,s^{-1}}$，$\psi_m = -10\,\mathrm{cm}$，$\sigma = 1.7$ とし，土壌層の厚さは 70 cm とした．

いま，無降雨日が続いて乾燥状態になっている場合を想定し，降雨前の初期条件として，土壌層底面が $\psi = 0$ での静止状態を仮定する．そこに一定強度 $10\,\mathrm{mm\,h^{-1}}$ の降雨が与えられたとする．底面の境界条件は $\psi = 0$ とし，底面から自由に排水できると仮定する．その条件で計算された体積含水率 θ の鉛直分布の時間変化を図 1.18 左図の曲線で示す．地表面付近が湿潤になり，その下方の乾燥部に向けて θ が急激に変化しており，この急変部分はウェッティングフロントと呼ばれる．このような分布になる理由について考えてみよう．

流出量を増加させる降雨の強度はほぼ $1 \sim 100\,\mathrm{mm\,h^{-1}}$ の範囲である．一方，森林土壌の透水係数 K の変化幅はこれよりはるかに広く，乾燥土壌は水を通すみちすじがきわめて乏しくて K は非常に小さい．そこで，図 1.17 のように降雨強度と K を対比して示すと，降雨中に雨水を鉛直方向にスムーズに流せるような K を持つ土壌はかなり湿潤でなくてはならない．一般に，飽和透水係数 K_s は上記の降雨強度よりも大きく，降雨の大部分が浸透できる可能性が

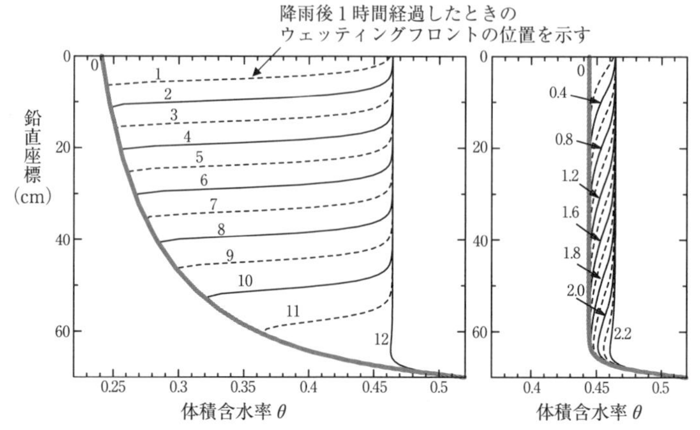

図 1. 18　一定の降雨強度を与えた場合の鉛直浸透における体積含水率の時間変化
初期条件として，左図は底面の圧力水頭がゼロでの静止状態を乾燥条件として与えており，右図は，すでに強度 5 mm h^{-1} の降雨が続いて定常に達していた場合を湿潤条件として与えている．なお，両者の初期条件の体積含水率の鉛直分布は灰色の太線で表されている．図中の数字は降雨継続時間（時）を表しており，破線は実線の中間の時刻を示す．HYSRUS 1D（Šimůnek *et al.*, 2013）によって計算した．
左右どちらの図においても，強度 10 mm h^{-1} の降雨が継続した場合の体積含水率鉛直分布の時間変動の計算結果を示している．例えば，左図の１時間経過後では，湿潤部分が地表面から 5 cm 程度の深さまでしか届いておらず，それより深部は初期条件の時と同じ灰色太線で表示される分布のままということになる．その 5 cm 付近の深さにある境界部分がウェッティングフロントである．

あるとはいえ，乾燥したままでは雨水を鉛直浸透させることはできない．結果的に，図 1. 18 左図に示すように乾燥した土壌に雨が降り始めると，雨水は地表面付近にとどまって，透水性の低い乾燥部との間に不連続面が生じてしまう．そして降雨が継続すると，この面は下方へと鉛直に進行することになる．

このウェッティングフロントの下降プロセスについて，(1. 24) 式のダルシーの法則を鉛直一次元の z 方向に適用した次式を用いてさらに定量的に説明する．

$$f \equiv \frac{q_{Vz}}{A_D} = -K\frac{d\phi}{dz} - K \qquad (1.33)$$

ここで，q_{Vz} は鉛直方向の流量，f は鉛直フラックスである．いま，土壌表面の直下に厚さ Δz のうすい層を考え，そこでの乾燥状態を初期条件として一定強度 p の雨が降り始めたとする．この層の上側から p が与えられるが下側の K

は p よりも非常に小さいので，雨水が層内に貯まって体積含水率 θ が増加する．1.2.2 項の C で述べた土壌水の流れの非線形性によって，流れがスムーズには鉛直方向に進まないわけである．ところが，土壌が湿潤になると不飽和透水係数 K も大きくなり，ちょうどその値が降雨強度 p に一致するような含水率 θ_p にまで土壌層底面の含水率が増大する．そうなると土壌層の流出量が流入量と一致して鉛直方向に湿潤部分が押し出されるようになる．このときのうすい土壌層の水収支は，図 1.15 右の開水路における流量が突然大きくなった場合の水深の押し出しに関する（1.20）式と同様，

$$(p-K_0)\Delta t=(\theta_p-\theta_0)\Delta z \qquad (1.34)$$

のように表される．ここで，K_0，θ_0 は降雨前の不飽和透水係数と体積含水率である．それゆえ，降雨によって含水率が θ_p になる湿潤部分先端のウェッティングフロントの鉛直下降への進行する伝播速度 v_p は，

$$v_p\equiv\frac{dz}{dt}=\frac{p-K_0}{\theta_p-\theta_0} \qquad (1.35)$$

と表される．

ところで，以上の説明は，地表面での一定の降雨強度を境界条件とした（1.33）式の右辺第 2 項の効果に基づいており，地表に近い湿潤部分がところてんのように押し出されてゆき，深部の乾燥部分が突然切り替わる絶壁のような不連続面が進行することを表している．このようなウェッティングフロントの進行は，鉛直一次元のリチャーズ式（1.27）式において，右辺括弧内の第 1 項を無視して第 2 項の移流項だけを残した次式，

$$\frac{\partial\theta}{\partial t}=\frac{\partial K}{\partial z} \qquad (1.36)$$

を反映したものである．実際には，（1.27）式右辺括弧内の第 1 項の表す拡散項が，ウェッティングフロント付近での圧力水頭 ψ および体積含水率 θ の上下差を緩和するようにはたらく．その結果，図 1.18 左図における毎時刻の体積含水率分布がカーブしていることでわかるように，湿潤・乾燥の変化はなめらかに均等化されてくる．この拡散効果によって流出がある時刻で突然急増するのではなく，より早く立ち上がってなだらかに増加してゆく．この点も

（1.20）式の開水路の場合と同様である．

以上のように，土壌水の鉛直浸透過程では，移流項が与える降雨強度の変化にともなう圧力水頭や体積含水率の時間変化の深さ方向への伝播と，拡散項が与える深さ方向の時間変化の均等化が同時にはたらくわけである．しかし，乾燥条件を出発点として降雨が与えられる場合には，図 1.18 左図に示すように，移流項によってフロントが進行する特徴が明瞭に現れ，拡散項はフロント付近の勾配を若干緩和する効果を与えるに過ぎない．そのため，フロントより深部の乾燥部分には降雨の時間変動の影響は伝わらないわけである．

ところが土壌全体がすでに湿潤であった場合には状況が異なる．図 1.18 右図は，すでに降雨があって土壌全体が湿潤であるような場合の例として，一定強度 5 mm h^{-1} の降雨が長く続いて土壌底面から同じ強度の流出が生じているような定常状態を初期条件とし，そこへ左図と同じ一定強度 10 mm h^{-1} の降雨があった場合の含水率の鉛直分布を示している．この場合は，（1.35）式における θ_0 が大きいため右辺の分母が小さくなり，移流項による伝播速度が大きくなる．それだけではなく，拡散項の効果も大きく現れて体積含水率の上下勾配が緩和される．そのため，乾燥条件の場合に比べて，移流・拡散両効果のいずれもが降雨強度変化を土壌層底面まで速やかに伝播するようにはたらく．したがって，乾燥時に降雨が始まる場合とは異なり，降雨が続いてすでに土壌全体が湿潤になっているような場合には，降雨強度変動が地表面から深部まで速やかに伝わることになる．

以上のように，鉛直浸透過程は，乾燥していた場合と湿潤な場合とでは，降雨強度の変動を土壌層底面に伝える時間が大きく異なることがわかる．とくに，湿潤になった場合，降雨変動の伝播速度が流れの速度すなわち水分子の移動に比べはるかに大きいことは，洪水流出応答に関して非常に重要である．土壌層底面が浸透能力の低い風化基岩と接していれば，その鉛直方向の流れは傾斜方向への流れに対する入力となるだろう．その変動が入力となって傾斜方向の流れの変動を作り出し，最終的に斜面からの流出変動に伝わってゆくわけである．

B．傾斜方向への流れの分類

1.2.2 項の A で説明したように，斜面における傾斜方向の流れは浸透能力が深さ方向に低下するために発生し，地表面からの雨水の鉛直浸透を受け続けることによって発達してゆく．降雨が継続している場合，浸透能力が急に低下する部分，例えば土壌層と風化基岩の境界などでこの傾斜方向への流れが発生しやすく，尾根付近では不飽和で負の圧力水頭の値を持つ土壌水の流れであっても，やがて正の圧力水頭の値を持つ地下水の流れが発生してその流量が大きくなって，斜面下端から渓流に流出する．もし地下水面が地表面に達する場合には飽和地表面流も発生するであろう．

そこで，降雨に対する洪水流出応答に寄与する傾斜方向への流出機構には，次のような三つの場合を区別することができる．すなわち，1) ホートン地表面流，2) 地下水流，3) 地下水流と飽和地表面流の組み合わせ，である．観測によるとすべての流れが発生する可能性があるが，洪水流出の流出成分を調べた研究によると降雨前から土壌に貯留されていた「古い水」が半分以上を占める場合が多いので，少なくとも 1)だけで洪水流出が産み出されるとは考えられない．それゆえ，降雨規模が小さければ 2)であっても規模が大きくなると 3)になるのではないかとの推定が妥当のように思える．しかしながら，降雨規模が大きくても古い水が洪水時に流れる水の多くを占めるという観測結果からみて（恩田，2008），2)が維持される傾向が強い可能性もある．その結果，対象とする流域条件とひと雨毎に異なる降雨条件によってそれぞれのメカニズムの寄与度が多様になると言わざるを得ない．しかし，その中で主要な斜面流出機構を抽出することは可能だと考えられ，次項で説明する．

C．土壌層全体が湿潤である場合の斜面流出機構の観測例

降雨規模が大きく土壌層全体が十分湿潤になった場合には，斜面下端からの流出量は降雨変動に対してどのように応答するのであろうか．具体的な土壌層内の流れのふるまいを理解するため，斜面土壌層全体が湿潤になった場合における，降雨強度 p，圧力水頭 ψ と流出強度 q_H の時間変動を，竜ノ口山の南谷流域内の斜面での観測結果（Tani, 1997）を示す図 1.19 を用いて調べておきたい．

観測斜面は，集水面積 500 m^2，勾配 34.6° で，土壌層はうすく 50 cm 程度である．斜面の水平長は 42.7 m で，下端で一点に流れが集中するような流域形状にはなっていない．そこで，基岩が露出している渓流河道に沿って 6.0 m の遮水壁を造成し，斜面から流出する水を集めて流出強度を測定した．また，斜面の中腹地点で 10，30，50 cm 深の圧力水頭を測定した．総量 77.5 mm の降雨

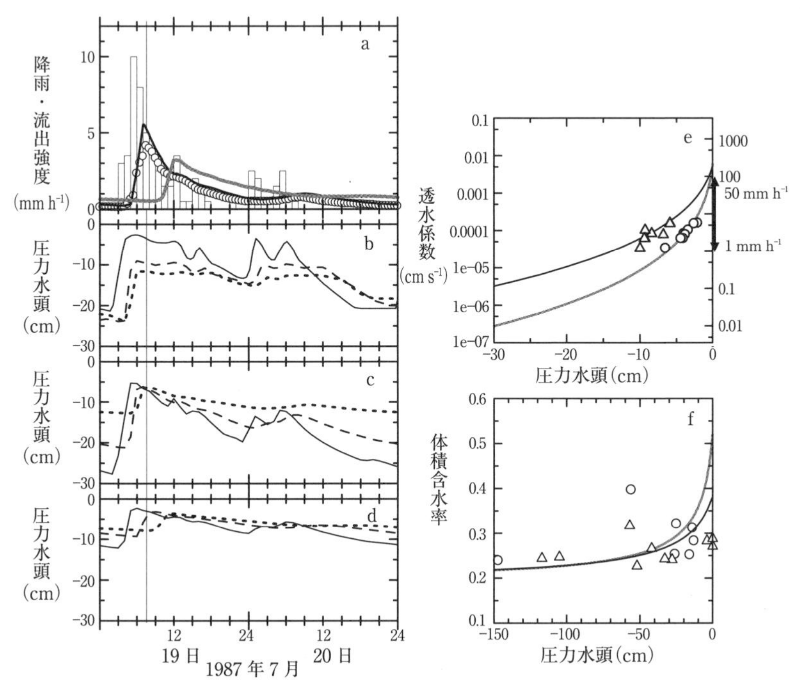

図 1.19　竜ノ口山南谷流域内の試験斜面における十分湿潤になった期間の降雨・流出と土壌層内の圧力水頭の観測結果および二次元飽和不飽和浸透流計算によるそれらの再現結果

aの棒グラフと○は，降雨強度，流出強度の観測値，黒線は土壌1，灰色の線は土壌2による流出強度の計算値である．b，c，dは圧力水頭の値で，それぞれ，斜面中腹での観測値，土壌1，土壌2を用いた計算値である．実線，破線，点線は，10，30，50 cmの値である．流出ピーク時刻を比較するため，流出強度観測値のピーク時刻を縦線で示している．HYSRUS 2D/3D（Šimůnek *et al.*, 2008）によって計算した．

eとfは，圧力水頭に対するそれぞれ透水係数，体積含水率の関係で，○は斜面中腹，△は斜面下部の10 cm深における観測値，黒線と灰色の線は土壌1，土壌2のパラメータを用いた小杉（Kosugi, 1996）式による計算値である．

eの右縦軸の矢印は，通常の降雨強度に相当する範囲を示す．

によって十分湿潤になった後の総量59.5 mmの降雨に対する観測結果を図1.19a，bに示す．

降雨が始まると，10，30，50cmの順に圧力水頭の変動が速やかに伝わっていることがわかる（図1.19b）．斜面下端からの流出強度は圧力水頭に遅れて増加しピークに達している（図1.19a）．降雨強度の時間変動が鉛直浸透によって圧力水頭にまず伝えられ，その後斜面方向への流れによって斜面下端からの流出強度が変化していること，そのいずれもが5時間程度の範囲内に速やかに行われていること，降雨変動に比べて圧力水頭や流出の時間変動が均されていることが重要な点である．

そこで，この湿潤期間において降雨の時間変動が圧力水頭の変動を通じて斜面からの流出強度の変動に伝播するプロセスが，はたして（1.26）式（リチャーズ式の二次元形）で説明できるのかを検討した．土壌物理性については，図1.18の計算と同様，ここでも小杉式を用いる．パラメータの値は，この斜面の中腹と下部の10 cm深で調べられている図1.19eとfのデータを参考にして決定し，土壌1，土壌2の順に，$\theta_s = 0.38$，0.52，$\theta_r = 0.20$，0.20，$K_s = 5\times10^{-3}$，6×10^{-3} cm s^{-1}，$\psi_m = -20$，-10 cm，$\sigma = 1.6$，1.7とした．なお，土壌2は図1.18でも用いたものと同じである．

図1.19eでは，ごく飽和に近いψの範囲でKが大きく変化している特徴が見られるが，中腹での値が下部よりその変化が顕著であること，土壌1が下部，土壌2が中腹の観測値に近いことがわかる．また，図1.19fのψとθとの関係は観測値をあまり良く再現してはいないが，飽和に近い範囲でのθの変化は，土壌1と下部が小さく，土壌2と中腹が大きい傾向がある．なお，この土壌物理性の違いの流出への応答については，1.2.5項のAにおいてさらに検討を加える．

斜面地形は上記の値を使用したが，土壌層の厚さを70 cmとして，その底面の境界条件を$\psi=0$とした．この条件は，土壌層より深層側で地下水が速やかに排水され，水面が土壌層内で上昇しにくいとの推定に基づいている．

2種の土壌物理性による計算結果と観測結果はいずれも，10，30，50 cm深の順に圧力水頭ψの変動として伝達され，最終的に流出強度q_Hの時間変動を産み出している．また，ψ, q_Hとも，土壌1は土壌2よりも速やかに降雨変化に応答していることも見いだされる．土壌1のq_Hの計算結果は観測結果をほぼ再現しており，ψの変動傾向も観測値と計算値で類似している．この結果から，流出時間変化の平準化は，地下水が速やかに排水されるために傾斜方向への地下水流れでは生じず，土壌層での不飽和浸透流によって主に産み出されているとの推定が妥当であることが理解できる．

この斜面での観測および計算結果のポイントは，土壌層の厚さや土壌物理性は実際には不均質であるが，降雨変動が不飽和土壌における雨水の鉛直方向への浸透によって土壌層底面に伝えられていること，それが速やかに傾斜方向に伝わって，洪水流出応答を産み出していることが確認されたというところにある．リチャーズ式による圧力水頭変動の計算結果は観測結果とよく一致しているわけではない．しかし，現場の土壌物理性のローカルな不均質性によって圧力水頭の変化が多様になるのは当然といえる．そうではあるが，不飽和帯では，1.2.2 項の D で説明したように，「マクロポアーが局所的に存在する不均質な土壌であっても，どこにでも普遍的に含まれる小さいサイズの間隙が優先的に水が満たされてゆくので，均質土壌の流れと同じく分散的な水移動が生じ，局所的な集中が生じにくい」という土壌水の性格が反映され，(1.27) 式の移流項による土壌層の地表面から底面への時間変化の遅れと拡散項による変動の均等化が斜面上のどこでも普遍的に生じることになる．一方，地下水の性質を持つ飽和帯においては，マクロポアーに流れが集中し効率的に排水されて地下水面の上昇が起こりにくく，本項 1.2.3 の B で説明した傾斜方向の流出機構の区別で 3)にあたる飽和地表面流の発生が抑制される．結果的に土壌層は不飽和のまま保たれ，斜面方向への地下水の流れに基づく 2)のメカニズムによる洪水流出応答が維持される．このように，土壌水の鉛直浸透と地下水の速やかな排水の組み合わせによって，洪水流出応答関係が作り出されていることが明らかになった．

1.2.4　流出機構に基づく降雨流出応答特性のまとめ

1.2.1 項で述べたように，森林でおおわれた斜面における降雨に対する流出応答は，変化の速やかな洪水流出と変化の緩やかな基底流出に区別される．1.2.3 項では，洪水流出の生じる流出機構について，1.2.2 項で解説した水理学を基礎として説明した．降雨のほとんどはまず土壌に浸透し，ホートン地表面流や飽和地表面流の発生がなくても，洪水流出を産み出すメカニズムが明確に存在する．すなわち，最初の鉛直浸透の過程において降雨強度に比べて不飽和透水係数がはるかに小さい乾燥部分が残されていると，それは洪水流出には寄与せず，雨水は土壌層に吸収されて後の蒸発散や基底流出のソースとなるに過ぎない．しかし，土壌層が基岩に接する底面まで全体が湿潤になると，図

1.19a, b に示すように，降雨変動による ψ の変化が速やかに土壌深部まで伝わるようになる．土壌の乾燥と湿潤は単に相対的な区分にみえるのだが，図1.18に示したように，そこには質的な差異が存在する．すなわち，降雨強度である $1\sim100\ \mathrm{mm\ h^{-1}}$ の範囲に対応する不飽和透水係数 K の値は飽和に近い湿潤土壌の値であるが，降雨前の乾燥土壌の K は降雨強度よりもはるかに小さい値を持つ（図1.17）．この区別が降雨変動を土壌深部に速やかに伝えるか遮断してしまうかを仕分けしているのである．

土壌層全体が湿潤になってからは，浸透流の基礎式である（1.27）式における右辺括弧内の第2項の移流項の効果によって降雨変動の土壌層底面への伝播が速やかになるのに加え，第1項の拡散項による鉛直方向の圧力水頭差を小さくする均等化が生じるため，底面付近の鉛直への流れの強度は降雨強度よりも均されて平準化される．その後の斜面傾斜方向への不圧地下水の流れが加わって流出時間変動がさらに平準化されるとみられる．しかし，竜ノ口山の斜面でわかるように，地下水の排水は速やかであるため平準化における寄与度は必ずしも大きくはなく，実質的には不飽和土壌層内の浸透流の寄与度が大きいと推測される．

ところで，降雨に対する洪水流出応答を説明した1.2.1項のBでは，降雨が十分に供給された後は，この応答が単純なタンクモデルで良く再現できることを説明した．そのような単純な流出応答になる理由は，飽和不飽和浸透流の基礎式（1.26）式によって次のように説明することができる．

すなわち，タンクモデルでは，降雨を受け入れて流出を産み出す空間は単なる貯留タンクに過ぎず，空間的な移動の概念自体が存在しない．これに対して，実際の斜面土壌層は雨水が移動してゆく広がりのある空間であって，その空間で降雨の時間変動が流出の時間変動に伝わり，伝播速度という概念が生じる．その伝播速度は，降雨中の鉛直浸透過程が卓越する期間においては，リチャーズ式の一次元形である（1.27）式の与える圧力水頭の時間空間変動の解に従っており，その解は，図1.18に示すように，不飽和透水係数の強い非線形性に支配されて土壌乾燥時と湿潤時で大きく異なる．湿潤になった場合には，（1.27）式における移流項と拡散項は，入力部分から出力部分への圧力水頭の伝播を速やかにするとともに，その両者の差を均すことによって，いわば空間の広がりを実質的に縮めるはたらきをする．このような効果は土壌層が不均質であっても発揮され，結果的に，複雑な流出機構を持つ土壌層空間は，単純な貯留構造を持つに過ぎないタンクモデルで表されるような洪水流出応答を示すことになるのである．

従来の水文学の教科書（例えば，椎葉ほか，2013）は，雨水の鉛直浸透過程を重視せず，斜面の「傾斜方向への流れ」によって降雨流出応答を説明しようとしてきた．また，流出応答すなわち流出強度の時間変動は，降雨の時間変動が「伝播と均等化」によって形成される点について，明確に認識させるようには記述されていなかった．しかしこれでは，1.2.1 項の冒頭で述べた流出機構と降雨流出応答の関係についての難題を解決することはできない．雨水がたどる流出過程の最初の部分である鉛直浸透が流出応答に重要な役割を果たす．したがって，次項の対象となる森林の影響もこれを主軸に評価してゆかなければならないのである．

1.2.5　降雨流出応答に及ぼす森林の影響

A.　降雨流出応答に及ぼす森林の影響とその限界

降雨流出応答に関する森林の影響は，「森林保水力」ないしは「緑のダム」と呼ばれる森林の公益的機能の中心として重視されてきた．しかしいまだに，斜面での観測によって得られてきた流出機構に関する多くの知見が，森林影響の統一的な理解としてまとめられるには至っていない．ここでは，本章で説明してきた，降雨流出応答，流出機構の知見を基に，森林の影響とはどのように捉えられるのか，著者なりの整理を記述しておきたい．降雨に対する流出応答の性格としては，1.2.1 項の A で解説したように，1) 洪水流出総量の減少，2) 洪水流出の平準化，3) 流況の安定化が区別される．森林影響もそれに沿って考える必要がある．

森林は 1.1.5 項で述べたように蒸発散量が他の植生よりも多く，乾燥期間においても減少しにくい傾向がある．そのためこの蒸発散に関する森林の性質は，1.2.1 項の A で提示した降雨流出応答関係の基本的な性格において，洪水流出総量を減らす 1)の効果はあっても，基底流出総量も減らしてしまうことになり，3)の流況の安定効果には貢献しない．また，その流出変化への影響を変動割合

(生じた変化の流出強度の絶対量に対する比) で評価した場合，基底流出量は絶対量が小さいので変動割合が大きくなるが，洪水流出量は絶対量が大きいので変動割合が小さくなる．その結果，蒸発散量の差は基底流出には明瞭に現れるが，洪水流出，とくに大きな規模の降雨時には目立たなくなる．よって例えば，新たに植林して森林が成長すると基底流出量が減少し，伐採すると基底流出量が増加することが目立ち，一般的には，蒸発散量変化は主に基底流出量に大きな影響を及ぼすが洪水流出への影響は小さいと言わなければならない．

上記3)の流況安定効果は，雨水の一部が流域の土壌や風化基岩における貯留量として洪水流出期間中は保持され，その貯留された水が無降雨期間中に流出することで発揮される．そのためには，土壌層や風化基岩が厚いことやその物理的な性質が雨水を長く貯留させるようになっていることが必要である．これまでの研究で，この流況安定効果には地質依存性が大きいことが明らかになっている (志水，1980；虫明ほか，1981)．例えば，基岩の強度が大きくかつ土壌が粘土質になりやすい中生層や古生層などの堆積岩では土壌・風化基岩の貯留量変動が小さいため，洪水流出量と基底流出量の変動幅が大きい．これに対して，基岩が深層まで強く風化しかつ土壌が砂質の花崗岩では貯留量が大きく変動するため，流出量の変動幅が小さく，河川の流況が比較的安定している．また，第四紀火山地帯では火山噴出物が堆積した後，十分には侵食されるには至っておらず，雨水のほとんどが山体深くまで浸透するため，流況はたいへん安定している．

こうした，3)の流況安定効果は地質によるところが大きいため (藤枝，2007)，森林の効果として評価して良いか，必ずしも明瞭とは言えない．しかし，洪水流出総量が同じでもその時間変化すなわちハイドログラフを均して平準化する2)の効果には，土壌層の貯留変動の貢献が大きく，森林と密接な関係がある．すでに1.2.1項のAで説明したように，降雨が長く続いた場合は総降雨量と洪水流出総量が等しくなって1)の総量減少効果が限界に達する．しかしそうした場合でも，図1.12に示すように，降雨に比べて流出の時間変化を均して洪水流出のピーク強度を低くするという平準化効果は維持される．総量減少効果だけを取り上げて大雨での洪水流出緩和効果が消滅するかのような表現が最近でもみられるが (山田，2014)，それは土壌機能の片面を見ているのであって，大雨でも 2)の平準化効果は限界になるわけではない．ただ，降雨強度がほぼ一定で長く続くときには定常状態に達するので，降雨強度と流出強度が同じ値になる．実際，竜ノ口山における降雨・流出強度を表示した図 1.12 において，9 月 12 日の 7 時から 13 時頃まで約 6 mm h^{-1} のほぼ一定の降雨強度が継続しており，北谷も南谷もほぼこの値の流出強度になっている．この現象は平準化効果の限界とみなすべきであろう (佐山ほか, 2016)．極端な大雨でなくても土壌層全体が湿潤に達していればこの限界は生じ得るが，その一方，大雨の場合であっても降雨強度が同じではなく変動していれば流出強度は均され，限界に達するとはいえないのである．

ところで，斜面の土壌層が厚みを増す長期発達過程においては，森林生態系における土壌動物・微生物による落葉落枝等の有機物の分解過程による団粒化を通じて，土壌粒子相互の間隙に比べて大きな間隙であるマクロポアーを多く含むようになる (小野, 2001)．こうしたマクロポアーの洪水流出の平準化効果はどのように捉えればよいだろうか．図 1.19 の c と d をみると，マクロポアーを多く含む土壌 2 は土壌 1 に比べて圧力水頭の時間変化がゆっくりである．その結果，図 1.19 の a では，土壌 2 の流出強度の時間変化がより遅く，ピークも低くなっている．このような傾向が降雨強度や土壌条件によって一般的にいえるのかどうかは，さらなる研究を必要とする．しかし，図 1.19 の e と f をみてわかるように，土壌 2 は土壌 1 に比べて通常の降雨強度に相当する飽和近傍での体積含水率の変化幅が大きい．そのため，土壌 2 は土壌 1 より (1.35) 式における分母が大きく，伝播速度 v_p が小さくなる．そのことが流出強度の時間変化をより遅らせ，そのピークを低くする結果をもたらしている．

森林土壌における団粒構造の形成が保水力を増加させることは，すでに小杉 (1999) も指摘しているが，マクロポアーを含む土壌間隙特性が洪水流出を平準化して流出強度のピークを低下させる効果に貢献することが示唆された．また，この効果は，斜面方向への地下水の効率的排水によって斜面全体での流出過程においても発揮され，降雨がすべて洪水流出になるような大雨でも持続されることも説明された．

B. 洪水流出緩和効果に寄与する森林管理

土壌層が失われると，流量安定と流出平準化の効果は，前者に対する風化基岩の効果を除いて消失する．この点で，花崗岩などの山地にかつて存在していたはげ山での流出機構と流出応答の性格を理解しておくことは重要である．すなわち，森林伐採や落葉採取など強い人間活動によって砂質土壌が完全に失われてしまったはげ山では，降雨ごとに雨水と土がともに移動することで土砂を多量に含む地表面流が発生する．その結果，洪水流出総量が大きく流況が不安定で，なおかつ洪水流出の平準化効果が小さく，洪水流出ピーク強度が非常に大きくなる（福嶌，1987）．しかし，斜面に階段を切って盛り土をし，緑化工事によって植生を回復させると土は動かなくなり，固定化された土壌層内を雨水だけが移動するようになるので，土壌層での貯留量変動の効果が現れる（谷，2016a）．植生による土壌固定によって，劇的な流出平準化効果が発揮されるわけである．

なお，注意しなければならないのは，土壌がすでに存在している裸地に樹木を植栽したような場合にはこうした劇的な変化はみられないことである．樹木が成長して落葉層が増えたり，間伐して下草が増えることでこの機能が増大すると考えられることが多いが，こうした推測は，地表面の変化によってホートン地表面流が出にくくなる観測結果に基づいている．中小規模の降雨では，たしかにこういう傾向も生じるのではあるが，大雨時には地表面状態の効果は明瞭ではなくなる（恩田，2008）．大雨時には土壌層全体での流出機構が洪水流出平準化の根拠となるため，数十年程度の短期間では，そこでの流出平準化機能を大きく変化させるとは考えにくいのである．

この説明を基に，流出応答に及ぼす森林の影響を整理してゆきたい．森林斜面はその斜面が属している山体基岩の性質を反映した地形発達の長期履歴を持っている．その結果が風化基岩や土壌の厚さや物理性に依存した流出機構の特徴に反映される．地質はその性質の違いを代表する場合が多いので，先に述べたように地質によって降雨流出応答特性が区分されやすいわけである．

土壌はそもそも，基岩が風化して生成される土粒子が斜面上に侵食されずにとどまり，それを基盤とする生態系での物質循環過程を経て形成される．その土壌は根系の補強力によって，大雨時の侵食・崩壊外力に抵抗している．通常は，数百年から数千年程度，外力に抵抗し続けられるが，最終的には崩壊してしまう．これを繰り返しているわけである．土壌が維持発達する期間には，風化基岩からの土粒子生成，斜面下部や地形的な凹地部への土壌層の緩慢なソイルクリープと呼ばれる移動が継続するので，崩壊して土壌層が消失しても，再び土壌層は厚さを増してゆく（下川，1983）．これに対して，いったんその植生・土壌がともに失われたはげ山状態に陥ってしまうと，風化基岩から生成される土粒子は一年以内にただちに侵食されてしまい，土壌層が厚く発達することはできない．こうした土層の長期発達過程に対する植生の役割についてはここで詳細を述べる紙幅はないので，谷（2016a）を参照願いたい．

長期の土壌層発達過程については今後の実証研究が必要であるが，少なくとも，森林生態系の存在と土壌層の数百年にわたる安定とは相互作用を為していることは強調しなければならない．もし，森林を伐採してその後森林を再生させない場合は，根の腐朽によって補強力が失われることを通じて崩壊時期が早まるため，土壌層の維持が困難になるとみるべきである．伐採後にニホンジカなどによる食害が継続した場合などはこうした危険性がある．樹齢が多様な原生林では，根の腐朽が同時に一斉に進行することはないので，土壌層発達には最適ではある．しかしそうではあっても，どこまでも土壌層が厚くなることはなく，いつかは必ず崩壊は生じる．

以上のことから，日本のような湿潤変動帯においては，風化基岩から生成される土粒子が土壌として数百年から数千年程度の長期間侵食されずに急斜面上に維持されることが，1）洪水流出総量の減少，2）洪水流出の平準化，3）流況の安定化などの降雨流出応答特性の大前提になっていることが明らかである．はげ山との対比で明確なように，このような斜面における土壌層の発達・維持自体が森林生態系のレジリエンスに依存していると言わなければならない．この基本概念に基づく長期森林管理計画手法の開発，これは今後の課題として，森林科学に課せられている．

おわりに

本章では，海洋・大気・大陸を通じた地球の水循環に森林が及ぼす影響について，その蒸発散と雨水流出の両過程の基礎メカニズムと観測研究の成果に基づいて解説した．蒸発散過程においては，大気と陸面間の熱交換において，森

林は物理的に背が高いことで遮断蒸発が多く，また長寿であることによって乾燥期間にも蒸散を減らしにくい性質を持つことを述べ，地域水資源確保や地球環境保全にあたっては，この性質を基盤としなければならないことを説明した．雨水流出過程については，斜面での流出メカニズムを水理学・土壌物理学に基づいてに詳しく解説し，森林とともに発達してきた土壌層の存在が洪水流出時間変化の平準化に寄与していることを明らかにした．

地球の活動としての気候変動や地殻変動は，自然災害をもたらすバックグラウンドであるのだが，地球活動と生態系のはたらきが通常区別されることはなく，森林などの生態系が地球活動に対して順応し抵抗する相互作用の結果その全体が自然環境としてわれわれに認識される．しかしながら，この自然環境は地球活動の荒々しさと比べてはるかにマイルドに修正されていることに注意しなければならない．本章は科学的知見に基づく解説を骨格としているが，読者には，この環境の人間社会にとっての改善こそが「森林の影響」の本質であることをご理解いただきたい．

引用文献

Beven, K., and Germann, P.（2013）Macropores and water flow in soils revisited, *Water Resour. Res.*, **49**, 3071–3092.

藤枝基久（2007）森林流域の保水容量と流域貯留量．森林総合研究所研究報告，**6**，101–110.

福嶌義宏（1987）花崗岩山地における山腹植栽の流出に与える影響．水利科学，**31**，17–34.

石原藤次郎・高棹琢馬（1959）単位図法とその適用に関する基礎的研究．土木学会論文集，**60** 別冊（3–3），1–34.

Kosugi, K.（1996）Lognormal Distribution Model for Unsaturated Soil Hydraulic Properties, *Water Resour. Res.*, **32**, 2697–2703.

小杉賢一朗（1999）森林土壌の雨水貯留能を評価するための新たな指標の検討．日本林学会誌，**81**，226–235.

Malhi, Y., Pegoraro, E. *et al.*（2002）Energy and water dynamics of a central Amazonian rain forest. *J. Geophys. Res.-Atmos.*, **107**, doi:10.1029/2001JD000623.

Murakami, S.（2006）A proposal for a new forest canopy interception mechanism: splash droplet evaporation. *J. Hydrol.*, **319**, 72–82.

虫明功臣・高橋 裕ほか（1981）日本の山地河川の流況に及ぼす流域の地質の効果．土木学会論文報告集，**309**，51–62.

Nobuhiro, T., Shimizu, *et al.*（2009）Evapotranspiration characteristics of a lowland dry evergreen forest in central Cambodia examined using a multilayer model. *J. Water Resource Prot.*, **1**, 325–335, doi: 10.4236/jwarp.2009.15039.

農林省林業試験場（1961）森林理水試験地報告（日降水量・日流出量）．pp. 225，農林省林業試験場．

Ohta, T., Maximov, T. C. *et al.* (2008). Interannual variation of water balance and summer evapotranspiration in an eastern Siberian larch forest over a 7-year period（1998–2006）. *Agric. For. Meteorol.*, **140**, 1941–1953.

大手信人（1990）森林土壌の土壌水分特性（II）大型土壌サンプルを用いる飽和・不飽和透水試験による体積含水率–圧力水頭関係の測定法とその適用．日本林学会誌，**72**，468–477.

及川武久・山本晋編（2013）陸域生態系の炭素動態—地球環境へのシステムアプローチ，pp. 413，京都大学学術出版会．

恩田裕一（2008）人工林荒廃と水土砂流出の実態，pp. 245，岩波書店．

小野　裕（2001）森林土壌における団粒の発達が土壌物理性に及ぼす影響．日本林学会誌，**83**，116–124.

坂井　勝・取出伸夫（2009）水分保持曲線と不飽和透水係数の水分移動特性モデル．土壌の物理性，**111**，61–73.

佐山敬洋・田中茂信ほか（2016）平成27年9月関東・東北豪雨を対象にした鬼怒川上流域の洪水流出解析．水文・水資源学会2016年度研究発表会要旨集，82–83.

椎葉充晴・立川康人ほか（2013）水文学水工計画学，pp. 615，京都大学学出版会．

志水俊夫（1980）山地流域における渇水量と表層地質・傾斜・植生との関係，林業試験場研究報告．**310**，190–128.

下川悦郎（1983）崩壊地の植生回復過程．林業技術，**496**，23–26.

Shuttleworth, W. J. (1984) Observations of radiation exchange above and below Amazonian forest. *Quart. J. R. Met. Soc.*, **110**, 1163–1169.

Šimůnek, J., Šejna, *et al.* (2013) The Hydrus-1D software package for simulating the movement of water, heat, and multiple solutes in variably saturated media. Version 4.17, HYDRUS Software Series 3. pp. 342, Department of Environmental Sciences, University of California Riverside.

Šimůnek, J., van Genuchten, M. Th. *et al.* (2008) Development and applications of the HYDRUS and STANMOD software packages and related codes. *Vadose Zone J.*, **7**, 587–600.

杉山博信・角屋　睦（1988）貯留関数モデル定数に関する一考察．農業土木学会論文集，**133**，11–18.

Swank, W. T., Swift, L. W. *et al.* (1988) Streamflow changes associated with forest cutting, species conversions, and natural disturbances. in: *Forest Hydrology and Ecology at Coweeta* (eds. Swank, W. T. & Crossle Jr., D. A.) pp. 297–312, Springer.

Tanaka, K., Takizawa *et al.* (2004) Impact of rooting depth and soil hydraulic properties on the transpiration peak of an evergreen forest in northern Thailand in the late dry season, *J. Geophys. Res.*, **109D23**, doi: 10.1029/2004JD004865.

Tani, M. (1997) Runoff generation processes estimated from hydrological observations on a steep forested hillslope with a thin soil layer. *J. Hydrol.*, **200**, 84–109.

谷　誠（2012）森林の保水力はなぜ大規模な豪雨時にも発揮されるのか？—その1　洪水流出緩和にかかわる二種の効果の区別．森林科学，**66**，26–31.

谷　誠（2016a）水と土と森の科学，pp. 243，京都大学学術出版会．

谷　誠（2016b）複雑な斜面流出機構が単純な降雨流出応答を産み出す根拠．地形，37，531–557.

谷　誠（2017）森林斜面の洪水緩和効果はどのように評価できるのか．北海道の自然，55，41–50.

Tani, M. & Abe, T.（1987）Analysis of stormflow and its source area expansion through a simple kinematic wave equation. in : *Forest Hydrology and Watershed Management*（eds. Swanson R. H. *et al.*）, IAHS Publ. no. 167, 609–615.

谷　誠・細田育広（2012）長期にわたる森林放置と植生変化が年蒸発散量に及ぼす影響．水文・水資源学会誌，25，71–88.

堤　大三・宮嵜俊彦ほか（2005）パイプ流に関する数値計算モデルと人工斜面実験による検証．砂防学会誌，58，20–30.

山田　正（2014）河川工学，治水の立場から．緑のダムの科学（蔵治光一郎・保屋野初子 編），pp. 31–45，築地書館.

第2章 表層崩壊

阿部和時

はじめに

森林と表層崩壊の関係はたいへんに密接で，次のように考えることができる．林木を含めた植物の根系は，一般に生物的風化といわれる岩石を劣化させる作用を持ち，また森林が生産する有機物は基岩層の風化や土壌層の発達を促している．こうした植物の作用による土壌層の発達は，植物にとっては自らの生育の場をつくりあげる作用とも考えられる．すなわち，発達した土壌層に根を張りめぐらせることで植物は容易に水分や養分を吸収できるようになり，多様な森林生態系が生まれる．表層崩壊発生の観点からこの植物による土壌形成作用をみると，力学的に弱い土壌層を斜面表層につくりだしている作用であり，豪雨時にはこの土壌層が崩壊しやすいため，表層崩壊の発生源を形成していることになる．

一方，植物の根，とくに樹木の根は土壌層中に多量に，かつ広範囲に生育して，土の強度を増加する働きもしているので，急峻な山腹斜面でも土壌層は発達することができる．森林地帯では草本植物も樹木の間を埋めるように生育し，その根系は地表面近くの浅い土壌層内に集中的に発達し，表層土の安定に大きく貢献している．そして，植物による土壌形成作用と根系による土の強度補強がバランスを保ちながら同時進行し，土壌層が徐々に発達していく．しかし，森林伐採や風倒，山火事などで森林が消失すると，根は数年のうちに腐朽して土の強度補強作用がなくなるため，次世代の森林が成長するまでの期間，土壌層は不安定な状態になり，この時期に豪雨等が襲来すると表層崩壊が発生しやすくなる．

また，崩壊すべり面が根系の成長範囲よりも深い位置に形成される深層崩壊に対しては，根系による発生抑止効果は極めて限定されると考えられるため，ここでは言及しないことにする．

森林の表層崩壊防止機能に関する研究は，この機能のメカニズム・力学的評価・森林施業との関係等について焦点が当てられてきた．本章ではこれまでの研究成果をもとに，この機能の解説を行う．

2.1　森林状態と表層崩壊の関係

2.1.1　日本の森林状態と災害形態の変遷

人間が生活するために，森林からの収穫物，森林から転換した耕地や草地からの収穫物に依存せざるをえない時代は人間が集団で生活し始めた頃から生じたと考えられるが，1,600年代から1,900年代にかけては森林への依存度が急増した．塚本（2001）はこの時代の森林と表土の荒廃プロセスについて研究し，「1600年頃から全国的に，大規模に森林の荒廃が始まり，林木の地上部は建築・土木材料，薪炭材に，落葉は肥料に，下草は燃料・肥料に利用され，一部では照明・燃料用の根株掘り起こし，焼き畑などに利用され，各地で荒廃山地が形成され，一部では森林と表土が消えたハゲ山になった．」と述べている．また，明治時代の前半には森林と表土の荒廃はピークを迎え約300万haに及び，大正・昭和時代に漸減し，戦後の植林と大規模緑化事業によって急減・消滅し，1900年以降の森林伐採の拡大と人工林の拡大によって1950年から1980年の間で約750万haの林齢20年生以下の若齢林が存在していたとしている．

こうした日本の森林状態の変化は豪雨等による気象災害の犠牲者数の変化にも表れている．沼本ほか（1999）は豪雨災害等による犠牲者数を取りまとめ，1950年代以前には一度に数百人から1000人を上回る洪水氾濫災害を記録していること，また犠牲者数の10年移動平均を調べると1950年代の1000人超から，1960年代には300人規模を下回り，1990年代には100人規模に減少したと

図 2.1　1983 年 7 月末，梅雨末期の集中豪雨による島根災害時の山間部における表層崩壊の発生状況（昭和 58 年，農林水産省林業試験場）

報告している．

また，1950 年から 1980 年の間に林齢 20 年生以下の若齢林が大面積に存在していたことは，この時期に全国各地で表層崩壊が集中的に発生した原因の一つとして考えることができる．

図 2.1 に森林状態と表層崩壊の関係が推察できる災害事例を示した．この写真は 1983 年（昭和 58 年）7 月末，梅雨末期の豪雨により発生した島根災害における山間部の状況を撮影した空中写真である．写真中央部の部分は森林が伐採されて間もない区域であるが，その周辺の緑が濃い部分は森林が伐採されていない区域である．多数の表層崩壊が森林伐採区域に集中的に発生している．森林が伐採されなかった区域でも表層崩壊は発生しているが，明らかに発生密度が低い．森林が表層土の安定に，すなわち表層崩壊防止に深く関わっていることが推察される．

2.1.2　統計的手法により評価した森林と表層崩壊の関係

1930 年代から 1970 年代にかけて，山腹崩壊が多数発生した地域を対象に林齢や樹種と崩壊面積，崩壊個数などの関係について統計的手法を用いた研究が多数行われた．

塚本（1987）はこれら統計的手法による13の研究報告をまとめ，共通する結果と特徴について次のように記している．①林齢20年生前後を境にして幼齢林と壮齢林では崩壊率が大きく異なり，幼齢林は3～6倍高くなっている．②研究報告のほとんどが花崗岩地域と新第三紀層の山地を対象にしている．古生層に関しては破砕帯地域のものに限られる．つまり，古生層・中生層地域では崩壊の多発による災害がほとんど無いことを意味している．塚本は，これらの結果は花崗岩と新第三紀の山地での森林状態と崩壊の関係が問題になりやすいことを指摘し，さらに花崗岩，新第三紀層と古生層，中生層の斜面の基盤地質条件の違いがどのようにこの問題に関わっているかを明らかにすることが重要としている．

また，秋谷（1979）は全国15か所で発生した表層崩壊多発地域での森林と表層崩壊面積の関係をまとめ，針・広葉樹林ともに20年生以下の林地の崩壊率が高いこと，針葉樹林ではとくに10年生以下の林地の崩壊率が高いこと等を報告している．秋谷がまとめた15調査地におけるデータを用いて，林齢と林齢ごとの崩壊面積の広さの割合を表す「崩壊面積率の指標」の関係を図2.2に示した．崩壊面積率の指標とは，① 15調査地それぞれで林齢別に崩壊面積率を計算し，②各調査地で最大値を示した崩壊面積率が表れた林齢の崩壊面積率比を1とし，③他の林齢の崩壊面積率比を計算する．④ 15調査地で計算された林齢ごとの崩壊面積率比の平均値を「崩壊面積率の指標」とした．図2.2に示すように，崩壊面積率の指標は5年生林分で最も高くなるが，これは伐採された樹木の根系が腐朽するためと考えられる．その後は伐採後に植栽された林木

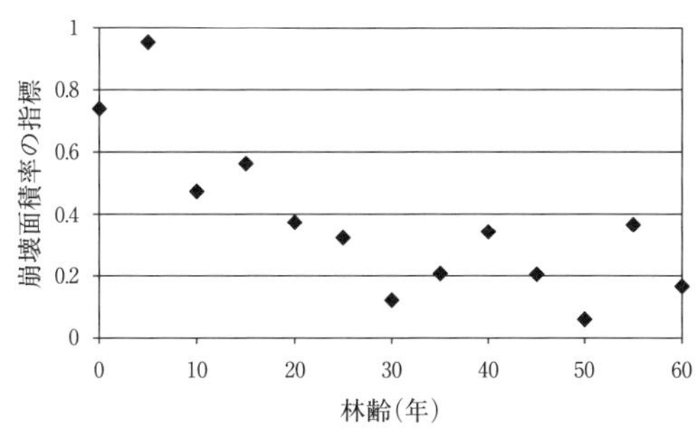

図2.2　全国15箇所の山地崩壊発生地で調査された林齢と崩壊面積率の指標の関係
（秋谷，1979のデータを図化）

の根系の成長とともに減少し，30年生以後は横ばい状態になる．すなわち，表層崩壊防止機能は林齢とともに30年生程度までは増強することが考えられる．

数多くなされたこれらの研究から確実に言えることは「幼齢林では崩壊率が高い」ということである．この事実はその後の森林の崩壊防止機能解明の研究の重要な基礎となっている．さらに興味深い点として，地質条件の違いが土壌層と基盤層の境界条件と境界面での根系分布の違いを暗示していると，この統計的研究結果からも考えられることである．太田（1986）は中・古生層の斜面基盤は亀裂が多く根系の効果が期待できることと，また凹凸に富み土壌層が斜面上に固定されやすいことを推測している．

2.2　根による表層崩壊防止機能のメカニズム

根による表層崩壊防止機能は根の軸力により発揮されるとの考え方，すなわち崩壊時に表層土が斜面下方に向かって変位する際に，表層土中に生育する根も引っ張られ，根に生じる引っ張り応力が崩壊すべり面の土のせん断抵抗力を補強することで発揮されるとの考え方が有力である．

Waldron（1977）は根による土のせん断抵抗力の補強メカニズムを表すモデルを提案した．このモデルでは根によって土の内部摩擦角は影響を受けず，粘着力だけが補強されると仮定し，モール・クーロンの破壊規準は（2.1）式で表せるとしている．

$$S_r = c + \Delta S + \sigma \tan \phi \qquad (2.1)$$

ここで，S_r：根を含んだ土のせん断強度，c：土の粘着力，ΔS：根による土のせん断抵抗力補強強度，σ：垂直応力，ϕ：土の内部摩擦角である．

図2.3は根が生育している土がせん断するとき，すなわち崩壊するときのせん断前とせん断後の土と根の変形状況を表している．せん断前の根はせん断域に対して直角に，通直に生育している．根の位置を示す点Q，P，N，Mは一直線上に並んでいる．土がせん断するときには土の上側，すなわち点Nより上側が図の左から右側に変位して，点Q，Pは距離X移動する．このとき点P，N間ではせん断域：Zが形成され，この部分で土がせん断破壊して崩壊に至ると

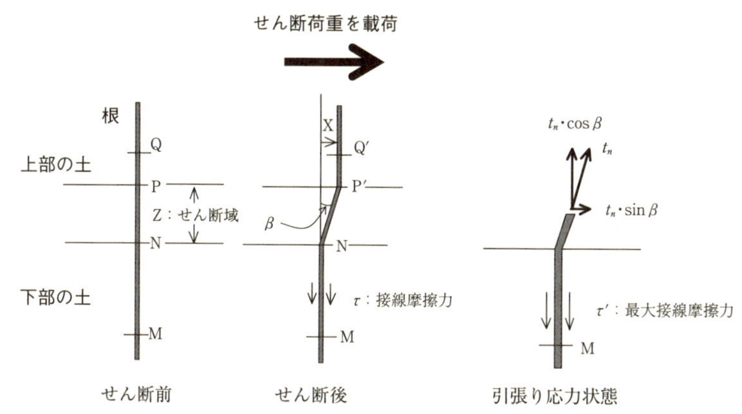

せん断前：土の中に鉛直方向に通直な根が生育している状態を表している．
根の位置を表す点 Q, P, N, M が一直線上に並ぶ．

せん断後：上部の土にせん断荷重が載荷され，距離 X 右側に変位した状態を表している．
点 P, N 間にせん断域が生じ，点 Q, P は距離 X だけ右側に変位した．
点 P, N 間の根には引っ張り歪が生じて，引っ張り応力 t_n が発生する．

引っ張り応力状態：引っ張り応力は根と土の最大接線摩擦力によって支えられている．
t_n の水平分力 $t_n\cdot\sin\beta$ はせん断抵抗力を直接補強している．
t_n の垂直分力 $t_n\cdot\cos\beta$ はせん断域での土の摩擦力を増やしている．

図 2.3　根の軸力による土のせん断抵抗力補強（Waldron, 1977）

考える．せん断域内に生育している根は，せん断現象によって角度 β 傾いて根の長さが伸びて，引っ張り歪が生じる．このため，根の内部には引っ張り応力：t_n が生じる．t_n が生じるとせん断域より下方に生育している根は上方に引き抜かれるように力が作用するが，根と土の間の接線摩擦応力：τ により，根は引き抜かれずに土によって保持される．しかし，せん断現象の進行により，最大接線摩擦力：τ' により土が根を保持する力を上回る引っ張り応力が根に生じた場合は，根は引き抜かれてしまう．

このように，根に生じる引っ張り応力：t_n のせん断域と平行な分力：$t_n\cdot\sin\beta$ は直接せん断抵抗力を補強する力になり，せん断域と直交する分力：$t_n\cdot\cos\beta$ はせん断域より上側の土をせん断域に押し付ける垂直力の増加につながり，せん断域での土の摩擦力を増すと考えられる．この状況を式で表すと（2.2）式のようになる．（2.2）式中の引っ張り応力：t_n の最大値，すなわち最大引っ張り応力は τ の最大値である最大接線摩擦力：τ' によって発揮されるとしている．また，すべり面に生育する根は直径 1～2 cm 以下がほとんどで，せん断域内で根は容易に変形してしまうため，せん断時でも根には土圧が作用しにくいと考えられる．このため，根に作用する土圧による力を表している（2.2）式中のEの値は省略することが多い．

$$\Delta S = a_r \cdot t_n(\sin\beta + \cos\beta \cdot \tan\phi) + E \qquad (2.2)$$

ここで，a_r：根系断面積率，β：せん断域内で根と鉛直線がなす角度，E：根に作用する土圧による力でせん断変位の関数である．

Waldron & Dakessian（1981）はマツとオオムギを植栽した土壌カラムを使って一面せん断試験を行い，根系密度とせん断補強強度の間に明瞭な関係を見いだした．この試験結果と上記のモデルによるシミュレーション結果を比較し，図2.3に示した根と土の接触面で発生する接線摩擦力τの最大値である最大接線摩擦力τ'が最も重要なモデルパラメータであり，根系の補強効果を決定する因子であると述べている．実験から最大接線摩擦力は約25 gf/cm^{2}であることが推定された．また，せん断域の厚さが根による土のせん断抵抗力補強強度に大きい影響を与えることを指摘した．

森林の表層崩壊防止機能に関する既往の研究ではこのモデルを使った解析が多くあるが，（2.1）式中のΔSに代えて，地中から採取した根を材料試験機にかけて引っ張り歪を与え，計測された最大根の引っ張り強度を使用した研究例や，土の中から根を引き抜く際に計測される引き抜き抵抗力を使用した研究例もある．

2.3　表層崩壊防止機能の力学的評価

森林の表層崩壊防止機能は，崩壊地側面と底面に形成される崩壊すべり面に生育している根によって発揮されると考えている．

崩壊地底面には鉛直根・斜出根が基岩層近くまで，あるいは基岩層に亀裂が多く発達するような斜面では亀裂の中まで鉛直根・斜出根が発達する可能性があると言われている．こうした崩壊地底面における根の表層崩壊防止機能は杭効果と呼ばれ，主にせん断試験で定量的に評価する研究が進められてきた．

森林の地表面近くの表層土中には非常に多くの水平根が成長しているため，

隣接する樹木の根系が絡みあってネット状に発達する．こうしたネット状の水平根は表層土層全体に毛布を掛けたような状態になっていて，表層崩壊の発生を抑止していると言われている．これをネット効果と呼び，根の引き抜き抵抗力によってこの効果を定量化する研究が行われてきた．

2.3.1　土の一面せん断試験による根による表層崩壊防止機能の評価

この方法は根系を含んだ土をせん断することで，せん断面に存在する根系が発揮する抵抗力を直接求めることができる．主に，崩壊地底面における根による崩壊防止機能の推定のために行われた．これらの研究では，土の中で根系の効果が発揮されるメカニズムや，根系の効果は土の強度を表すモール・クーロンの破壊規準の中でどのような形で表現できるか等が主要課題とされた．

遠藤・鶴田（1969）は土壌条件が均一な苗畑に植栽した平均胸高直径 1.6 cm のグルチノーザハンノキ（*Alnus glutinosa*）を用いて原位置一面せん断試験を

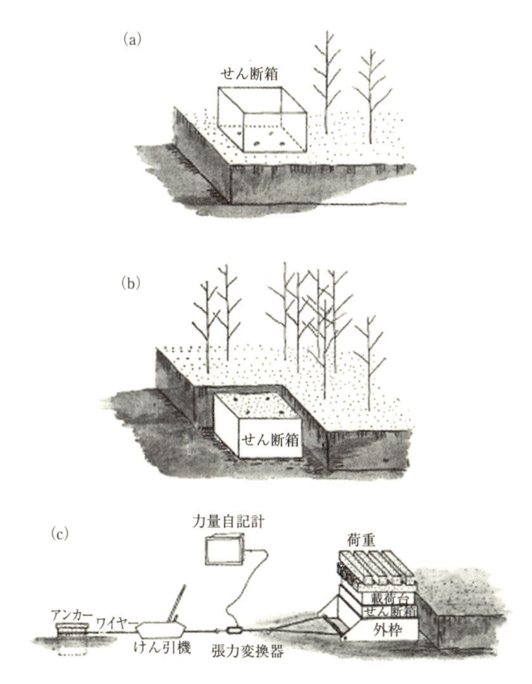

図 2.4　遠藤・鶴田（1969）が使用した原位置一面せん断試験装置と試験手順を表した模式図

行った．図 2. 4 に試験装置を示した．せん断面は縦横 50×50 cm，せん断面の深さは 20 cm，30 cm，40 cm の 3 種類である．試験の手順としては初めに試験土塊を掘り出す．その中には 2 本または 4 本の試験木の根が含まれており，根は試験土塊の下の地盤にまで伸長している．試験土塊にせん断箱を被せ，その上に上載荷重を載荷する．次に，せん断箱に外枠をセットし，外枠にワイヤーロープを取り付けけん引機でせん断荷重を載荷する．その際の荷重を計測する．試験土塊と地盤の間がせん断面となる．試験後にせん断土塊中の根系重量を測定する．この試験を，試験木が植栽されている苗畑と，隣接する樹木が植栽されていない苗畑（根が含まれていない試験土塊）で実施した．試験の結果，根による土のせん断抵抗力補強強度はモール・クーロンの破壊規準の中で土の粘着力と同様に独立項として表すことができ，この補強強度は (2. 3) 式のように生根系重量と直線的な関係にあることを示した．この実験では 200〜1220 kgf/m^2 の補強強度を測定したと報告している．

$$\Delta S = m(R+n) \qquad (2.3)$$

ここに，ΔS ：根系によるせん断抵抗力の増強強度（kg/m^2），R：生根系重量 (g/m^3)，m, n：実験定数 (実験データから $m=0.093$ kg・m/g，$n=53$ g/m^3) である．

O'Loughlin & Ziemer（1982）も常緑広葉樹で構成されたニュージーランドの海岸林で原位置せん断試験を行った．せん断装置はせん断箱の底面と両側面がせん断される 3 面式で，19 回のテストが林地で，17 回のテストが 3 年前に皆伐された地点で実施された．得られた結果は，根系の効果がモール・クーロンの破壊規準の中で土の粘着力と同様に独立項として表れ，340 kgf/m^2 の補強があり，内部摩擦角には影響しないことを示した．

小橋 (1983) はヤシャブシとケンタッキー 31 フェスクを植採した直径 31 cm の土壌コラムを使った一面せん断試験を行い根系の効果が土の内部摩擦角 ϕ に表れると発表した．小橋はこの結果を「草本のように地表近くで根系が発達すると，土の密度が低いため土粒子間の空隙が多く根系はよく発達し，網状に絡み合う．一方木本のように土の密度が高く土粒子間の空隙が少ないところで根系が発達する場合，根系は土粒子の移動を妨げる働きをする.」等によるものではないかと推察した．

Gray & Layzer（1982）はシュロの繊維を使ったせん断試験から，垂直応力が小さい場合には内部摩擦角の増加につながり，垂直応力がある値以上になると粘着力成分の増加につながることを示した．この値以上の垂直応力のもとで最大接線摩擦力が働き，その場合には粘着力の増加で補強効果が表されるとした．

内部摩擦角が上昇する原因は Gray らが指摘するように垂直応力の増加にともなう接線摩擦力の増加が一つの要因である．草本のように土壌密度の低い地表部分（A 層）に多くの根系が生育する場合には，垂直応力の増加で根系どうしの絡み合いと土粒子との接触が増えることが原因と考えられる．A 層よりも土壌密度が高い場合には，垂直応力の増加で根と土の接線摩擦力は変化せず，内部摩擦角が影響されることはないと考えられる．

阿部（1996）は苗畑に植栽した 7～10 年生のスギを使った実験で根による土のせん断抵抗力補強強度を推定した．図 2.5 はこの実験で使った原位置一面せん断試験装置で，1 本のスギの根系を含んだ試験土塊を横方向から油圧ジャッキで押して，試験土塊とその下の地盤の間にせん断面を生じさせて崩壊現象と類似の状態をつくり，そのときの抵抗力を測定することができる．この実験をスギが生育している林地と土中に根が生育していない裸地で行えば，その差を根による土のせん断抵抗力補強強度とみなすことができる．試験土塊の大きさは縦 1 m × 横 1 m × 深さ 0.5 m で，スギ 1 本の根系の斜出根・鉛直根のほとんどがせん断面に入る．根が成長している範囲は最も深くて 60～70 cm なので，せん断面での根の量はさほど多くない．せん断面をこの深さに選定した理

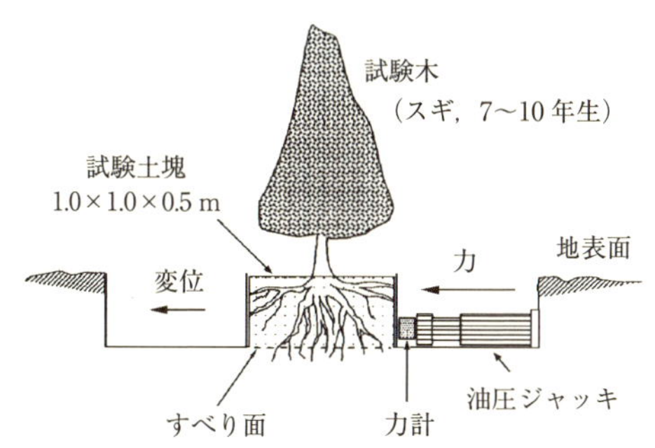

図 2.5　原位置一面せん断試験装置の模式図（阿部，1996）

由は，山腹斜面の表層崩壊すべり面は基岩層と土壌層の境界部になることが多く，この深さは根の分布が非常に少なくなる深さであることを考慮したためである．実験の結果，一本のスギで最大 770 kgf/m² の根による補強強度が測定されたと報告している．

これらの研究は各々異なった条件下で行われているが，概ね数 100 kgf/m² の補強強度があることを示している．この補強強度は，土の種類によってはその粘着力に匹敵する場合もあり，表層崩壊防止には非常に大きい役割を果たしていることが推察された．

2.3.2　根による表層崩壊防止機能の引き抜き試験による評価

根による土のせん断抵抗力補強強度は前述した（2.2）式のようにモデル化できる．この式中の t_n は根系の最大引っ張り応力であるが，崩壊現象が発生する際にすべり面に生育している多くの根は引っ張り力によってすべり面上で破断せず，根の先端部の細い部分で破断して引き抜かれることが多いと考えられる（阿部，1997）．このため，t_n の代わりに根の引き抜き抵抗力 P_i を使う研究が行われている．P_i を使用した場合，1 本の根による補強強度は（2.4）式で表せる．

$$\Delta S = P_i (\sin\beta + \cos\beta \cdot \tan\phi) \qquad (2.4)$$

Wu（1979）によると，（2.4）式の中の ϕ は $20° \leqq \phi \leqq 40°$，さらに β は $40° \leqq \beta \leqq 70°$ という条件に対して括弧の中は 0.92〜1.31 の値をとるので，この変動範囲の中央値 1.12 を用いて補強強度を推定できるとした．ただし，引き抜き

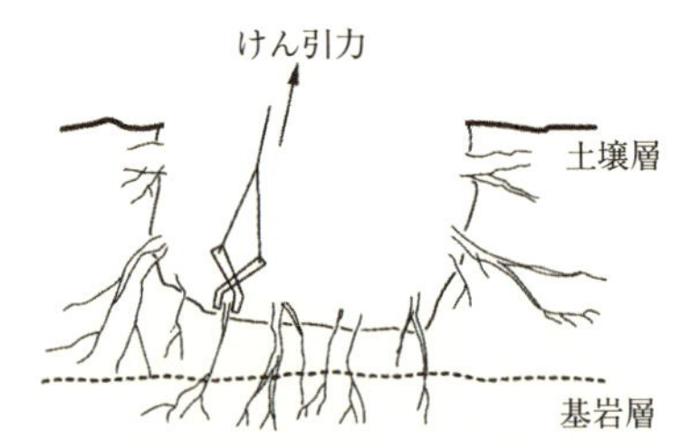

根株を取り除き，すべり面に達する根を引き抜く

図 2.6　根の引き抜き抵抗力の測定方法

抵抗力を使った既往の研究では，括弧内の値を 1.12 よりも安全側に立った 1.0 とすることがほとんどである．

引き抜き抵抗力は，図 2.6 に示すように根株を取り除き，根株よりさらに先に成長している根の元の部分だけを地中から出し，この部分に張力計を取り付けて根の成長方向と反対方向に引き抜くときに測定される最大抵抗力である．現場において比較的容易に測定できる方法である．

薄井ほか（1983, 1984）は北海道南部の第三紀海岸段丘斜面でミズナラ，コナラ，アカシデ，シナノキ，エゾヤマザクラを用いて引き抜きテストを行い，次の（2.5）式によって引き抜き抵抗力を表すことができるとした．

$$P_i = aD^b \qquad (2.5)$$

ここで，P_i：引き抜き抵抗力，D：根系の引き抜き部直径，a，b：定数である．

さらに，引き抜き抵抗力で単位斜面長あたりの平均的土壌断面における根系の持つ緊縛力は 2.7 tf/m と概算した．

塚本（1984）はスギを用いて水平根と鉛直根の違い，立地条件（一般林地と岩れき地）の違いがあっても引き抜き抵抗力は直径を変数とする同じ式によって表せることを示した．また，斜面安定計算の中でこの式を用い，水平根によるネット効果は鉛直根による杭効果よりも大きな役割を果たしていることを指摘した．

北原（2010）は既往の引き抜き試験結果を取りまとめ，樹種ごとに（2.5）式で表される引き抜き抵抗力の回帰係数 a と b を整理した．その結果から，直径 10 mm の根の引き抜き抵抗力の樹種ごとの違いを，針葉樹ではスギ 700〜1300 N，ヒノキ 800〜1100 N，アカマツ 500 N，カラマツ 400 N 程度，広葉樹ではケヤキが強く 2500 N，コナラ 1000 N，その他は概ね 500〜900 N 程度であったと述べている．

相馬ほか（2006），岩名ほか（2009）はヒノキ，カラマツ，アカマツ，ミズナラ，コナラ，マダケ等の根の引き抜き試験を行い，引き抜き抵抗力について次のような結論を得た．①根の地表面からの深さによる違いはない．②引き抜いたときの形状（破断や全根引き抜けなど）による差はない．③地形，土質による差はない．④土壌水分が飽和状態のときの引き抜き抵抗力は自然含水状態の時の約70%になる．また，崩壊が発生する際，根はすべり面において引き抜き抵抗力によって崩壊を抑止していることを報告している．

さらに，白井ほか（2006）は崩壊地底面における鉛直根ばかりでなく，崩壊縁には圧倒的に多くの水平根が生育しているため，引き抜き抵抗力を用いて水平根の崩壊防止力について研究を行った．崩壊縁における根系の分布量については，林内に長さ2 m，深さ1 m，幅約0.6 mのトレンチをいろいろな樹種や立木間隔で掘削し，その断面に出現する根の直径と本数を計測し，その根の直径から引き抜き抵抗力を算出し，全ての根の引き抜き抵抗力を合計して崩壊縁における崩壊防止力とした．その結果，立木間中央の地点で崩壊防止力は林分内で最も弱く5〜50 kN/m^{2}となることを示し，鉛直根よりも水平根のネット効果による表層崩壊防止機能が大きな役割を果たしていると述べた．

2.3.3　根の引っ張り応力による崩壊防止の研究事例

表層崩壊が発生するとき，崩壊すべり面の上に載る表層土が変位してその中に生育している根は引っ張られて応力が生じる．表層土の変位がさらに続くと，根は破断に至る．この破断時の根に生じた最大引っ張り応力を用いて，表層崩壊防止機能を研究した事例が多くある．

根の引っ張り試験方法は，万能材料試験機を使って計測する場合が多い．採取してきた長さ10〜30 cmの新鮮な根の両端を試験機の試験片つかみ治具に挟んで引っ張り荷重を載荷し，破断させて，最大引っ張り応力を求める．

Abe & Iwamoto（1986）は種々の直径のスギの根の最大引っ張り抵抗力を測定し，根の破断部の直径との相関関係を検討して（2.6）式を得た．

$$S_T(d) = 8.064d^{1.447} \qquad (2.6)$$

ここで，S_T：最大引っ張り抵抗力（kg・f），d：根の破断部直径（mm）である．

さらに，崩壊地のすべり面に残存していた根の直径と本数のデータと，（2.4）式の括弧内を1.0と仮定し，引き抜き抵抗力に代えて最大引っ張り抵抗力を表す（2.6）式を用いて，全ての根による表層崩壊防止力の総和を崩壊防止力として算出している．この崩壊地は17年生のスギ林内で発生していて，崩壊面積 202 m^2，崩壊深 0.8 m，勾配 31° であった．残存していた根は直径 10 mm 以下の根が大部分を占め，崩壊地底面では 5 mm 以下，崩壊地側面では 2〜10 mm の根が多かった．計算の結果，根による崩壊防止力は崩壊地側面で約 19.2 tf，崩壊地底面で 2.8 tf となり，斜面全体が崩壊する力の約 13% と評価された．

O'Loughlin（1974）は伐採後に表層崩壊が多発することから，伐採後の根系の強度の変化に関心を寄せた．そこで，ダグラスファーとウエスタンレッドシーダーを使い伐採後の経過年数と引っ張り抵抗力の変化の関係を調べた．ダグラスファーでは引っ張り抵抗力が半分になるのに 3 年，ウェスタンシーダーでは 5 年を要したとしている．

Burroughs & Thomas（1977）は数樹種について，伐採後の経過年数の異なる根の引っ張り抵抗力を求めた．直径と引っ張り抵抗力の関係は二次曲線で表すことができ，引っ張り抵抗力は伐採後の経過年数にともなって指数関数的に減少することを示した．また，崩壊跡地の観察から，斜面の安定には直径 10 mm 以下の根系が重要な働きをしていて，伐採数年後に表れる高い崩壊発生率は腐朽による 10 mm 以下の根系本数の減少と一致すると述べている．

Abe & Iwamoto（1986）は（2.6）式に示したスギの最大引っ張り応力と他の研究で得られた Douglas-fir（*Pseudotsuga menziesii*），Western Redcedar（*Thuja plicata*），アカマツ等の最大引っ張り抵抗力を比較して，アカマツの最大引っ張り抵抗力が低いことと他の樹種に大きな違いは見られなかったことを報告している．

この試験では，現場で採取した根の通直な部分を試験片として使用し，最大引っ張り応力を測定している．試験片に屈曲した部分や分岐があると，そこで引っ張り破断が生じてしまうからである．しかし，根株から先端部に向かうにつれて根は細くなり，分岐と屈曲が増える傾向にあるため，根の通直部で測定した最大引っ張り応力を用いる場合には崩壊防止力が過大に算出され，注意を要すると考えられる．

2. 3. 4　表層崩壊地分布データをもとに安定計算式から推定した表層崩壊防止機能

数 100 ha に及ぶ広域を対象に，無限長斜面の安定解析式を使い，森林の表層崩壊防止機能を逆算で推定する研究が行われている．執印ほか（2009）は，宇都宮大学農学部船生演習林内のヒノキ林約 320 ha を対象に，10 m グリッドの数値標高地図，この数値地図に対応した森林簿の電子データ，および 1998 年の台風 4 号による豪雨で発生した崩壊地のグリッド位置データ，さらに（2. 7）式で示す無限長斜面の安定解析式を各グリッドに適用することにより，表層崩壊発生の空間的な分布評価が可能な分布型表層崩壊発生モデルを用いて，解析を行った．

$$F=\frac{(\gamma Z-\gamma_w h)\cos^2\alpha\tan\phi+C+\Delta C}{\gamma Z\cos\alpha\sin\alpha} \qquad (2.7)$$

ただし，F：安全率，γ：土の湿潤単位体積重量（kN/m^3），γ_w：水の単位体積重量（kN/m^3），α：基盤層勾配（degree），Z：表層土層厚さ（m），h：基盤層からの地下水位（m），ϕ：土の内部摩擦角（degree），C：土の粘着力（kPa），ΔC：樹木根系による粘着力増分（kPa）である．

これらの係数は以下のように設定され，モデル計算が行われた．

$$\gamma = 17.66\ \mathrm{kN/m^3},\ \gamma_w = 9.81\ \mathrm{kN/m^3},\ Z = 1.0\ \mathrm{m},$$
$$\phi = 30.0°,\ C+\Delta C = 5.0-8.0\ \mathrm{kPa}$$

（2. 7）式中の基盤層からの地下水位 h は，各グリッドの集水面積，グリッド幅，降雨強度 R（m/hr），飽和透水係数 k（m/hr），α，Z を用いて単位時間ごとに計算された．ここで，$R=0.05$ mm/hr，$k=1.8$ m/hr と設定された．

モデル計算では，当初それぞれのグリッドの ΔC 値をそれぞれのグリッドの林齢に応じた値に設定し，対象地全体の計算を行う．この ΔC 値の初期値で計算された崩壊地の林齢分布が，実際に発生した崩壊地の林齢分布にある程度一致するまで，ΔC 値を変えて計算を繰り返した．

その結果，ヒノキ林伐採前の ΔC 値は 3.2 kPa，伐採後に植林をして 20 年経過したとき伐採されたヒノキの根は腐朽が進み，植林した 20 年生のヒノキの根は十分に生育しておらず ΔC 値は最小の 0.9 kPa まで減少，約 50 年後には植林されたヒノキ根系は十分に生育し ΔC 値は 3.2 kPa まで回復，と ΔC 値を設定することが最も妥当であるとした．したがって，ヒノキの伐採と植栽木の成長によって根系は斜面安定に 2.3 kPa の影響力を及ぼしていることが推察された．

2.4　森林施業と表層崩壊防止機能

人工林の場合，木材生産のために林木が伐採されると根系の腐朽が始まって根系による表層崩壊防止機能は低下し，表層崩壊発生の可能性は高くなる．しかし，伐採後に植栽された苗木が徐々に成長し続ければ，根系も成長を続けて表層崩壊防止機能は高まることになる．このように，森林施業により表層崩壊防止機能がどのように変化しているかを解明することが重要になる．近年では，森林の手入れ不足が問題となり，積極的に間伐を進める施策がとられており，この間伐の実施が崩壊防止機能にどのような影響を与えているか証明することも研究されている．

2.4.1　抜根抵抗力により推察した，崩壊防止機能の時間経過に伴う変化

抜根試験とは，伐採した樹木の根株，あるいは生きている樹木の根株の抵抗力を計測するために，試験対象の根株にワイヤーロープを結びつけ，チルホールでその根株を引き抜き，その抵抗力を測定するものである．図 2.7 に試験方法の模式図を示した．抜根抵抗力と森林の表層崩壊防止機能との相関性は明ら

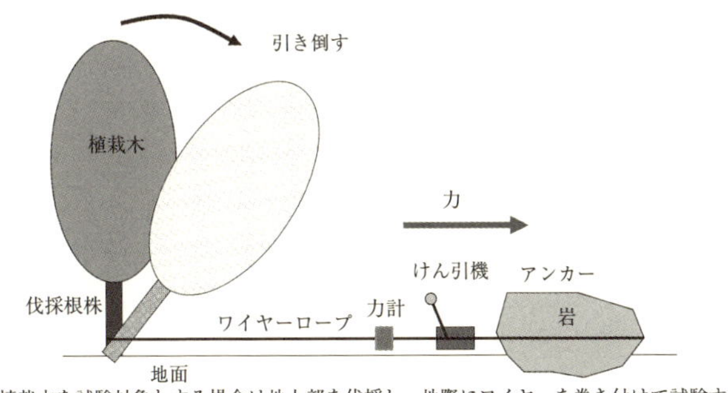

植栽木を試験対象とする場合は地上部を伐採し，地際にワイヤーを巻き付けて試験する．

図 2.7　抜根試験方法の模式図

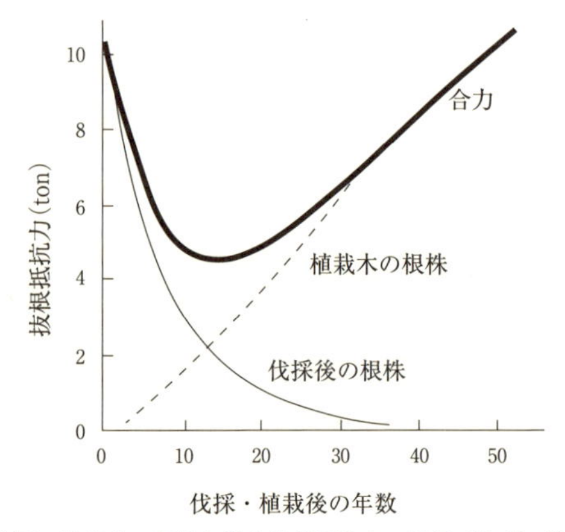

図2.8　伐採・植栽後の経過年数と抜根抵抗力の関係（北村・難波，1968）

かでないが，抜根抵抗力は対象とする樹木根系の成長状態や腐朽の程度に影響された力であるため，表層崩壊防止機能を相対的に表す指標になりうると考えられている．

北村・難波（1968, 1981）はスギ，クロマツ，カラマツ，ブナ，その他の広葉樹の生立木と伐採後の根株について抜根抵抗力を測定した．生立木の抜根抵抗力は樹齢，あるいは根元直径の増加とともに指数曲線的に増加すること，伐採根株の抜根抵抗力は伐採後の経過年数とともに指数曲線的に減少することを示した．さらに，この抜根抵抗力を指標にして森林伐採後ただちに造林を行った斜面の崩壊防止機能を検討し，図2.8のようにスギでは伐採後10〜20年で表層崩壊防止機能が最小になることを示した．これは統計的研究による結果と同じで，森林伐採後の表層崩壊防止機能の時間経過にともなう変化を解説するためによく用いられてきた．

2.4.2　間伐が表層崩壊防止機能に与える影響：引き抜き抵抗力を用いた評価

前述したように，白井ほか（2006）は土壌の鉛直断面に含まれる水平根による崩壊防止力は立木間中央の地点で最も弱く，5〜50 kN/m^2 となることを示した．北原（2010）はこの研究をさらに進め，間伐された林分とされていない林分の立木間中央地点の崩壊防止力を求めて，間伐が森林の表層崩壊防止機能に

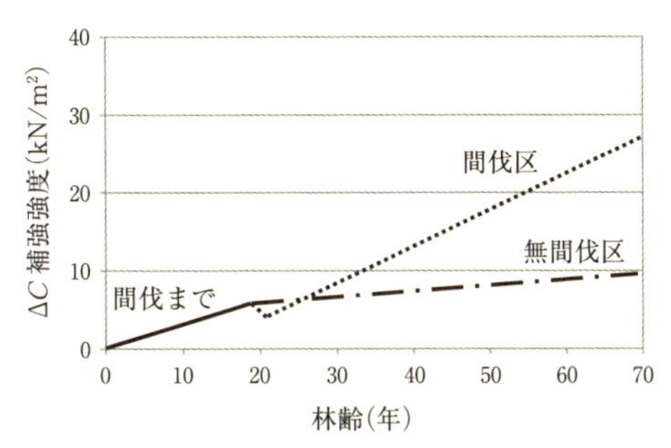

図 2.9　ヒノキ人工林で 20 年生のときに間伐した場合と無間伐のままの場合の補強強度の平年変化モデル（北原，2010）

与える影響を検討した．

この研究では，ヒノキを対象に伐採されてからの年数の経過に伴う引き抜き抵抗力の変化が測定された．対象としたヒノキは伐採後 1，2，3，4，5，6，10，15 年である．測定結果によると，直径が数 mm の根であれば伐採後数年で引き抜き抵抗力は無視できるくらいの力になることが示された．

ヒノキの伐採後の根の引き抜き抵抗力 P_i (N) は伐採後の年数を t，根の直径を D (mm) とすると (2.8) 式の回帰式で表すことができた．

$$P_i = 25.1t^{-1.62}D^{1.74} \qquad (2.8)$$

また，伐採後経過年数にともなう立木間中央の崩壊防止力 ΔC (kN/m²) は (2.9) 式に示す回帰式で表すことができた．

$$\Delta C = \Delta C_{before}\,t^{-1.62} \qquad (2.9)$$

ここに，ΔC_{before} は伐採前の ΔC である．伐採後 5 年で ΔC は 7% に低下することになる．

一方，間伐で残されたヒノキの根は間伐されたヒノキ周辺にも成長し，間伐後 5 年の新立木間中央（すなわち間伐されたヒノキの位置）の ΔC は間伐前よりも増加し，間伐後 30 年では 20 kN/m² になっていることを示した．これに対し無間伐の場合は，ΔC が頭打ちとなり，林齢 50 年でも 10 kN/m² 以下であったと報告している．図 2.9 は林齢 20 年で間伐したヒノキ林分と間伐を行わなかったヒノキ林分の ΔC の時間変化を示している．

北原（2010）は「間伐後十分な年数を経た林分では，間伐により立木間中央の最弱部の個数が減ることになり，これも林分全体の機能を高めていることになる．ただし，大きすぎる間伐率は間伐木が腐朽した場所への残存木からの根系伸長が遅れること，列状間伐では林内に弱線が連続することなどが推定され，崩壊防止機能を期待する森林の施業方法としては好ましくないものと考えられる.」と述べている．

2.4.3 間伐が表層崩壊防止機能に与える影響：根系分布状態からの評価

掛谷ほか（2016）は，スギ林分を対象に間伐林分と間伐が適切に行われていない未間伐林分のスギ根系分布データを収集し，それぞれの林分における根系の成長状態・根系分布状態の特徴を把握して，間伐が表層崩壊防止機能へ与える影響を明らかにする研究を行った．

調査で対象としたスギは間伐林分で5本，未間伐林分で6本，間伐林分の林齢は18～58年生，未間伐林分で16～45年生，立木本数密度は間伐林分400～1870本/ha，未間伐林分で1800～5500本/haである．

根系分布の測定は以下のような手順で行われた．調査木の地上部を地際から伐倒し，調査木の根系全体を折損しないように，直径1 mm程度の細い根も切断しないように手作業で慎重に土を掘り出した．根系全体を露出させたら，折損させないように運び出し，実験室に持ち帰り，天井の梁からロープで根系を吊るした．水平根や細い根は垂れ下がってしまうため，掘り出し作業中に撮影した根系の生育状況の写真を参照して，土中での根系生育形態を復元した．この状態で水平方向と鉛直方向の根系の分布状態を測定した．水平方向の測定では根株を中心として半径50 cm間隔の同心円を描き，それぞれの円と交わる根の直径と隣り合った同心円間の根の長さを計測した．鉛直方向の測定では地表面と平行に，地表面から深さ10 cmごとの各層に含まれている全ての根の上下両端の直径とその間の長さを計測した．この方法で，全ての調査木について鉛直方向・水平方向の根系材積を算出して，間伐がスギ根系の成長および崩壊防止機能に与える影響を考察した．

計測データから1本のスギの根系材積を算出し，樹幹指数（胸高直径の2乗

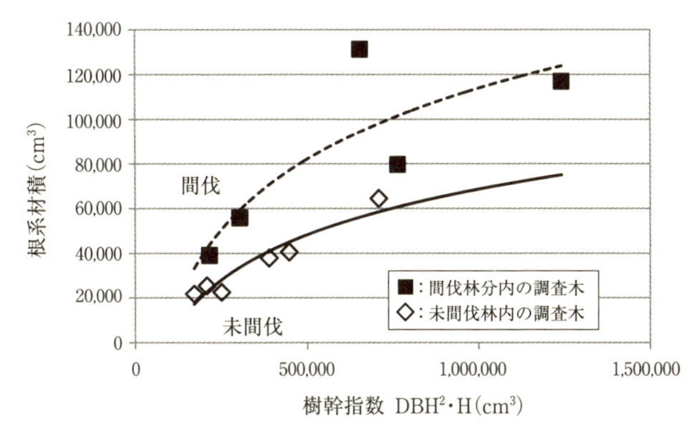

図 2.10　間伐林分と未間伐林分に生育している調査木の樹幹指数と根系材積の関係

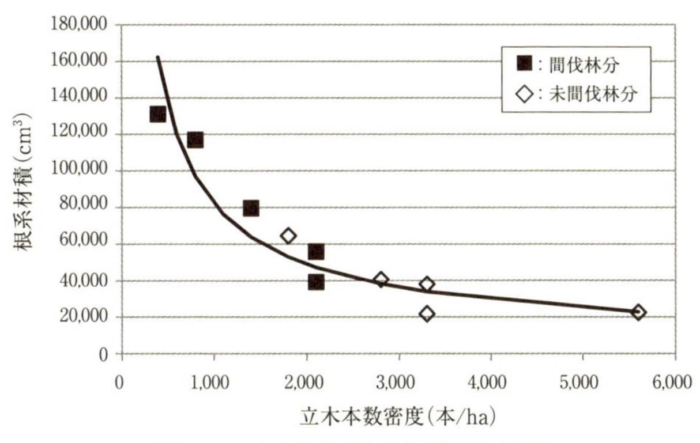

図 2.11　立木本数密度と根系材積の関係

×樹高（$DBH^2 \cdot H$)）との関係を図 2.10 に示した．この図に見られるように，樹幹指数が同じなら間伐林分内のスギ 1 本あたりの根系材積の方が明らかに大きく，間伐が根系材積を増やす要因になっているとしている．また，図 2.11 はスギ 1 本あたりの根系材積と立木本数密度の関係を表しており，高い相関性がみられる．この要因は，間伐により立木本数密度を低下させることでスギ 1 本あたりの占有できる空間が拡大して枝葉が増え，それがスギ 1 本あたり根系材積を増加させたと推察している．

さらに，森林の表層崩壊防止機能は，崩壊地底面と崩壊地側面の崩壊すべり面に生育する根が崩壊する土塊の移動を抑止することで発揮されると考えられるため，間伐を実施することにより崩壊地底面および側面に生育する根の量が

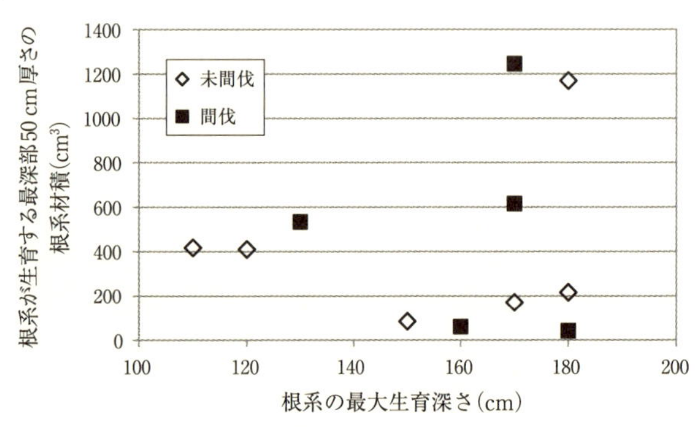

図 2.12　根系の最大生育深さと最深部 50 cm 厚さの土層中に生育する根系材積の関係

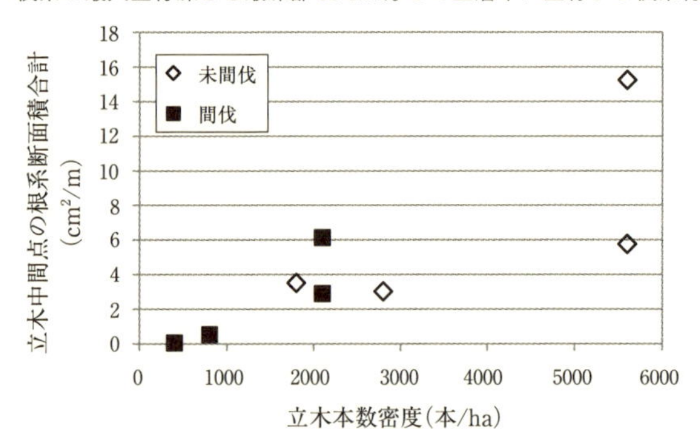

図 2.13　立木本数密度と立木中間点の根系断面積合計

どのように変化するかを考察した．

崩壊地底面は表層土と基岩層の境界付近に形成される．基岩層に亀裂が発達していると根が侵入することがあるが，基岩層まで伸長する根は極めて少ない．そこで，根系の最大生育深さと，最大生育深さの上側 50 cm の厚さの土層中に生育する根系材積との関係を図 2.12 に示した．この図の右上側にプロットされるスギほど，より多くの根系が崩壊地底面近くに生育し，崩壊防止機能が強く発揮されることを表すが，この図からは間伐により根系の生育深さが増すことや，最深部の根系材積が増える傾向はみられない．

また，図 2.13 は立木本数密度と崩壊地の側面が形成される可能性の高い立木中間点の根系断面積合計の関係を表している．この図の根系断面積合計とは単位斜面長（1 m）あたりの土壌断面に生育する全ての根の断面積合計である．前述した白井ほか（2006）等の研究では立木中間点に長さ 2 m，深さ 1 m の土壊断面を掘り出し，その土壌断面に生育している根を調査して単位面積（1 m^2）あたりの根系量，あるいは崩壊防止力を算出している．しかし，斜面によっては土壌厚さが1 m に満たないこともあるし，1 m 以上のこともあるので，立木中間位置における根の量を議論する場合には単位斜面長を用いた方が適切と考えられる．図2.13に示すように，間伐により立木本数密度を下げた林分の方が立木中間点における根系断面積は少ない傾向がみられた．間伐で1本1本のスギの根系材積は増えるが，間伐による立木本数密度の低下で隣接する立木間の距離が長くなり，立木中間点における根系量は減少することを示した．

加えて，崩壊地底面，側面における根系量は樹齢との相関性も認められなかったと述べている．こうした調査結果は，図2.2で示した表層崩壊が多発した災害跡地における林齢と崩壊面積率の関係，すなわち森林伐採後5年程度で表層崩壊防止機能は最も弱くなり，その後は植栽された林木の成長で徐々に回復するという結果と矛盾することになった．

著者らはこの矛盾の理由を以下のように述べている．

①崩壊地底面・側面に形成されるすべり面で根の効果が発揮されるという従来の考え方が適切でない．

②すなわち，崩れ落ちる表層土は地表面より下層に向かって徐々に孔隙が減少し，土質強度も地表面より下層に向かって徐々に強くなり，基岩層や基盤層に到達する．このため，表層土内に薄く平滑なすべり面が形成される土質的条件は整っておらず，図2.3に示したようにすべり面を貫いて生育する根が崩壊防止機能を発揮するという考え方は適切ではない．

③豪雨などにより多量の雨水が表層土中に浸透すると，表層土の自重が増え，表層土を斜面下方に崩壊させるせん断荷重が徐々に増える．この場合，薄いすべり面は発生せず，表層土全体が斜面下方に向かって徐々に変形を起こし，崩壊に至るのではないかと推察できる．

④表層土全体に分布する根は鉄筋コンクリート内の鉄筋のように表層土の変形を抑制して崩壊防止機能を発揮すると考えられる．

ここで推察するように，表層土中に生育する全ての根が崩壊防止機能に作用していると考えて，間伐が実施された林分と，植栽後に放置された未間伐林分を対象に1 ha あたりの表層土中の根系材積を算出，比較した．算出に当たっ

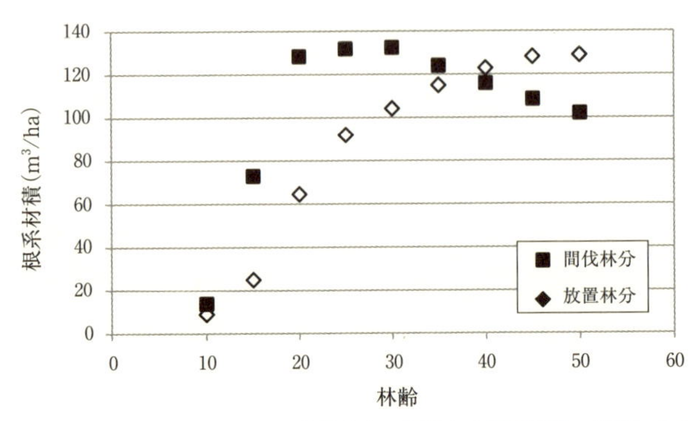

図 2.14　間伐林分と未間伐林分における表層土中に生育する根系材積の林齢にともなった変化

ては，スギ林林分収穫表とスギ林分密度管理図を用いて林齢5年ごとの主林木・副林木の立木本数密度，樹高，胸高直径を設定し，また本調査で求めた間伐・未間伐林それぞれの樹幹材積指数と根系材積の相関式を用いた．このようにして求められた間伐・未間伐林における表層土中の根系材積と林齢の関係を図 2.14 に示した．

この図が示すように，間伐林分における根系量は 10 年生から 20 年生にかけて急増し，25 年生から 30 年生で最大量を示した．こうした傾向は図 2.2 に示した崩壊地が 20 年生より若い林分で多く発生している傾向を裏付けている．30 年生以降は間伐による立木本数の減少の影響が大きく，林分全体の根系量は漸減する結果になった．

未間伐林分では 30 年生程度まで間伐林より根系材積が著しく少ない傾向がみられ，森林の表層崩壊防止機能を発揮させるには間伐の実施が重要であると考えられた．40 年生以降になると未間伐林分の根系材積が間伐林分を上回るが，未間伐林分では形質の悪い個体が増え，気象害や病虫害を受けやすくなるため，30 年，40 年と長い年月にわたり健全な状態で林分が成長を続けるとは考えられにくい．

以上，掛谷ほか（2016）の研究成果を引用して説明したが，このように根系分布調査から表層崩壊防止機能を論じた研究例はなく，今後のさらなる解明が必要であろう．

2.5　森林の表層崩壊防止機能の解明における課題

森林の表層崩壊防止機能に関する研究は様々な視点から実施されてきたが，未だに十分な解明がなされていない課題がある．その中から二つの課題について取りあげる．

2.5.1　せん断試験で求めた補強強度と引き抜き抵抗力から求める補強強度の関係

森林の表層崩壊防止力を評価するにあたり，根の引き抜き抵抗力を使用した研究が多く実施された．例えば，塚本（1987），薄井ほか（1983, 1984），阿部（1997），相馬ほか（2006），岩名ほか（2009），北原（2010）が測定した引き抜き抵抗力は根の直径が 10 mm で約 5～10 kN になり，根による土のせん断抵抗力補強強度は非常に強くなることが示されている．佐藤ほか（2013）はこの点に注目し，引き抜き抵抗力で表層崩壊防止機能を評価することの妥当性について研究した．この研究では原位置せん断試験と根の引き抜き試験が行われた．原位置せん断試験では，根を含まない土のせん断試験と根を含んだ土のせん断試験を行い，その差を根による土のせん断抵抗力補強強度とした．さらに，同じ試験地で測定された根の引き抜き抵抗力を前述した（2.4）式に代入して求められた補強強度と比較した．

その結果，実際の崩壊現象に近い土のせん断現象を起こす原位置せん断試験から得られた補強強度は，根の引き抜き抵抗力から求められる補強強度と比較して 3～4 割程度しかなかったこと，また直径が 1.5 cm を上回る太い根が増えるほど引き抜き抵抗力により算出される補強強度は過大になることを報告している．この原因として，せん断面に生育する複数の根が比較的接近している場合，群杭効果が生じるためではないかと推察している．群杭効果とは，せん断試験時に根が引き抜かれる際に根の周りの土に影響を及ぼすが，根が近接して生育しているときは，それぞれの根が周りの土に及ぼす影響範囲がオーバーラップすることがあり，このような場合には複数の根は群杭として作用し，その抵抗力が個々の根の抵抗力の総和よりも小さくなることである．この原位置せん断試験でも根が集中分布していたために，群杭効果が生じたと推察している．

さらに，引き抜き抵抗力で算出する補強強度が過大になった原因として，それぞれの根で引き抜き抵抗力が最大値を示す変位量が異なることを指摘している．すなわち，(2.3) 式で求められる，それぞれの根の補強強度は同時に発揮されないこともあり，単純に総和として補強強度を計算すると過大になることを指摘した．

2.5.2　せん断試験方法の課題

2.4.3 項で掛谷ほか (2016) の研究結果を解説したが，その中で，崩壊地底面・側面に形成されるすべり面で根の効果が発揮されるという考え方は適切でなく，表層崩壊発生時には表層土全体が斜面下方に向かって徐々に変形を起こし，表層土全体に分布する根が鉄筋コンクリートの鉄筋のように表層土の変形を抑制して崩壊防止機能を発揮すると推察している．この推察が適切であるか否かは今後の研究成果を待たねばならないが，既往の根の表層崩壊防止機能を定量化するいずれの研究も，薄い崩壊すべり面を想定した研究であった．例えば，既往の研究では実際の表層崩壊に近い形態で土塊をせん断破壊する原位置せん断試験がこれまでも実施され，根による表層崩壊防止機能の定量的評価が試みられてきた（例えば，遠藤ほか 1969；阿部ほか 1996；佐藤ほか 2013）．

図 2.15 に原位置一面せん断試験の模式図を示した．図 2.15 の左図はせん断前で，通直な根が試験供試体から地盤まで伸長している状況を表している．図の右側①は既往の試験方法で，試験供試体と地盤の間に強制的に薄いせん断面を発生させる場合を表している．②はせん断面が①より厚く，せん断面というよりせん断域と呼ぶほうが適切な状態を表している．③はせん断供試体全体がせん断荷重により破壊され，せん断域がより広がった状況を表している．①の場合，根はせん断面付近のごく短い部分に引っ張り変位が集中し，強い引っ張り応力により強い補強強度が発生することになる．③はせん断供試体全体が歪んで破壊される場合を表しており，根には全体的に引っ張り変位が生じるため①の場合より補強強度は弱くなる．②はせん断域の厚さが①と③の中間的な場合を表しており，補強強度も①と③の中間的な大きさになる場合である．

原位置せん断試験を使って実施された既往の研究では，前述したように遠

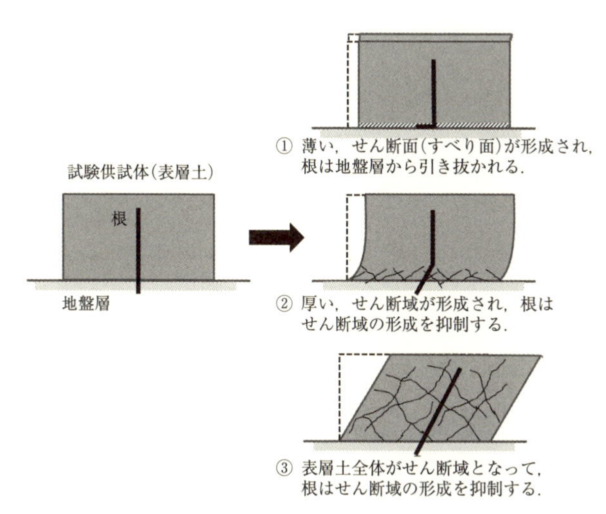

図 2.15　原位置せん断面試験におけるせん断面（せん断域）の状態の違いと根の変形状況の違いを表した模式図

藤・鶴田（1969）は 2〜12 kPa，阿部（1996）は最大で約 7 kPa の補強強度があったことを報告しているが，両者とも薄いすべり面を発生させた試験であるため，補強強度としては過大に評価している可能性がある．掛谷ほか（2014）はせん断域の厚さを 0 cm と 50 cm に設定した原位置一面せん断試験を実施している．せん断域を 0 cm に設定しても実際には 10〜20 cm の厚さのせん断域が形成されたとしている．試験の結果，せん断域 0 cm で，土だけの場合，最大せん断抵抗力は 15 kPa，根を含んだ土の場合，28 kPa，せん断域 50 cm で，土だけの場合，8 kPa，根を含んだ土の場合，10 kPa であった．根を含んだ土のせん断抵抗力と土だけのせん断抵抗力の差を根による補強強度とすると，せん断域が 0 cm の場合は 13 kPa，50 cm の場合には 2 kPa となり，明瞭な差が報告された．

このように，表層崩壊が発生する際のせん断域の厚さが森林の崩壊防止力の大きさに強く影響することが示された．

おわりに

根による表層崩壊防止機能に関して，この機能が発揮される基本的な考え方，

この機能の定量的評価に関する研究の現状，残されている主要な課題等について，これまでの研究成果を引用して解説した．

既往の研究では，表層崩壊防止機能は崩壊側面に生育する水平根によるネット効果，崩壊地底面に生育する鉛直根・斜出根による杭効果に分けて考え，根の引き抜き抵抗力，原位置一面せん断面試験で測定したせん断抵抗力，表層土中の根系分布量等のデータをもとに，根による土の補強強度を定量的に示すことができるようになっている．

しかし，2.5節で述べたように重要な課題も残されており，既往の研究成果が示した根による表層崩壊防止機能の理論的な考え方についても，この機能の力学的な評価についても十分に確立された段階まで到達しているとは言い難い．力学的研究面ではこれまで崩壊地に明瞭なすべり面が形成され，すべり面に存在する根が崩壊防止力を発揮するとして研究が行われてきたが，多くの表層崩壊がそのような形で崩壊しているのであろうか．崩壊の形態に対応して根の崩壊防止機能も異なった形態で表れるのではないだろうか．こうした点を考慮した研究が今後は必要であろう．

また，根系の分布量を把握することは崩壊防止機能を評価する上で必要である．ここでも，林内にトレンチを掘削して断面に現れた根から水平根の分布状態を推定する研究や，根系を丸々掘り出して分布状態を推定する研究を紹介したが，林木の成長や間伐などの施業に伴う根系量の変化・根系分布状態の変化が，表層崩壊防止機能の変化にどのような影響をもたらしているのかを明らかにすることも重要な課題であることを指摘したい．表層土中の根の状態を調査することは大変な作業を強いられることになるが，多くの根系分布データを蓄積して，根系分布状態から根の表層崩壊防止機能を解明する研究も重要と考えている．

引用文献

阿部和時（1996）原位置一面せん断試験によるスギ根系の斜面崩壊防止機能の研究．日本緑化工学会誌，22，95-108．

阿部和時（1997）樹木根系が持つ崩壊防止機能の評価手法に関する研究．森林総合研究所研究報告，373，105-181．

Abe, K. and Iwamoto, M.（1986）An evaluation of tree-root effect on slope stability by tree root strength,

日林誌，68，505–510.
秋谷孝一（1979）豪雨による山地崩壊と森林，地すべり防止斜面安定．総合土木研究所，43–52.
Burroughs, E. R. & Thomas, B. R.（1977）Declining root strength in Douglas-fir after felling as a factor in slope stability, USDA Forest Service Research Paper INT–190.
遠藤泰造・鶴田武雄（1969）樹木の根がせん断強さに与える作用，林試北支年報，168–182.
Gray, D. H. and Leiser, A. T.（1982）*Biotechnical slope protection and erosion control,* pp. 271, Van Nostland Reinhold Company.
岩名 祐・北原 曜・小野 裕（2009）飽和条件下におけるヒノキ根系の引き抜き抵抗力．中部森林研究，57，187–190.
掛谷良太・荒金達彦ほか（2014）原位置せん断試験による森林の崩壊防止機能の考察．関東森林研究，65，173–176.
掛谷亮太・瀧澤英紀ほか（2016）スギ林分の間伐が根系生長と表層崩壊防止機能に与える影響．日本緑化工学会誌，42，299–307.
北原 曜（2010）森林根系の崩壊防止機能．水利科学，53，11–37.
北村嘉一・難波宣士（1968）樹根の抵抗力に関する現地試験（II）．79 回日林論，360–361.
北村嘉一・難波宣士（1981）抜根試験を通して推定した林木根系の崩壊防止機能．林試研報，313，175–208.
小橋澄治（1983）斜面安定に及ぼす根系の影響についての最近の知見．緑化工技術，10，14–19.
沼本晋也・鈴木雅一・太田猛彦（1999）日本における最近 50 年間の土砂災害被害者数の減少傾向．砂防学会誌，51，3–12.
O'Loughlin. C. L.（1974）A study of root strength deterioration following clear-felling, *Can. J. For. Res.,* 4, 107–113.
O'Loughlin, C. L. & Ziemer, R. R.（1982）The importance of root strength and deterioration rates upon edaphic stability in steepland forests, Carbon uptake and allocation in subalpine ecosystem as a key of management, pp. 70–77, *IUFRO.*
太田猛彦（1986）山地災害防止機能について．森林計画研究会会報，298，17–26.
佐藤 創・大谷健一ほか（2013）原位置一面せん断試験による樹木根系の崩壊抵抗力の評価．砂防学会誌，66，15–20.
白井隆之・相馬健人ほか（2006）樹木根系による崩壊防止機能に及ぼす立木密度の影響．中部森林研究，54，187–190.
執印康裕・鶴見和樹ほか（2009）分布型表層崩壊モデルによる樹木根系の崩壊防止機能の定量的評価について．緑化工学会誌，35，9–14.
相馬健人・北原 曜・小野 裕（2006）土壌水分状態がヒノキ根系の引き抜き抵抗力に及ぼす影響．中部森林研究，54，187–190.
塚本良則（1987）森林の崩壊防止機能に関する研究．東京農工大学演習林報告，23，65–124.
塚本良則（2001）森林と表土の荒廃プロセス―小起伏山地におけるハゲ山の形成過程―．砂防学会誌，54，13–23.
薄井五郎・成田俊司ほか（1983）日高地方における海岸段丘斜面の崩壊（V）．32 回日林学会北支講集，294–295.

薄井五郎・成田俊司ほか（1984）北海道日高地方の海岸段丘斜面における広葉樹二次林がもつ根系による土壌緊縛力．95回日林論，597–599.

Waldron, L. J.（1977）The shear resistance of root permeated homogeneous and stratified soil, *Soil Sci. Soc. Am. J.*, **41**, 843–849.

Waldron, L. J. and Dakessian, S.（1981）Soil reinforcement by roots : Calculation of increased soil shear resistance from root properties, *Soil Science*, **132**, 427–435.

Wu, T. H. *et. al.*（1979）Strength of tree roots and landslides on Prince of Wales Island, Alaska., *Canadian Jour. of Geo. Res.*, **16**, 19–33.

第3章 土石流

小山内信智

はじめに

山地・丘陵地などから過度の土砂流出があると，斜面近傍あるいは土砂が流送された下流域で社会・経済活動等に支障を生じさせること（土砂災害）がある．その中でも人命，財産，社会インフラ等に大きな被害を与える危険性が高いものに「土石流」がある．これらの災害を防止・抑制するために行われるのが砂防事業や治山事業である．

「土石流」という言葉は学術用語としては明治時代から用いられてきたが，そのメカニズムについては昭和40年代後半になって初めて流動中の映像取得に成功して以降，急速に解析が進んだ．通常目にすることができる洪水流などとは異なる現象であり，被害を軽減するためには，その実態を十分に理解することが重要である．

森林の公益的機能の一つに「土砂災害防止機能」があるとされており，これは「森林には侵食防止機能がある」ことを主たる拠り所としている．一方で森林（植生）は侵食形式を表面侵食タイプからマスムーブメントタイプに変えているにすぎない（日本学術会議，2001）との見方もでき，森林を整備することで土砂災害を期待通りに防止できるということではないことに留意しなければならない．特に土石流や深層崩壊（基盤岩を崩壊面とする大規模崩壊）などの土砂移動エネルギーが大きな現象に対して，森林・植生の影響を考える場合には，そのプラスとマイナスの効果および限界を十分に理解しておく必要がある．

3.1　土石流の基本

3.1.1　土石流の定義と流動特性

土石流とは，山腹や渓床を構成する土砂や石礫の一部が，水と混然一体となって重力の作用を受けて流れ下る流動現象をいう．ただし，土砂の個々の粒子が水の力を受けて流れる掃流とは異なり，土砂と水が連続体としての流れを示す固・液混相流の状態のものを指す．

その構成材料として，石礫（巨礫）を多量に含むものを石礫型土石流（図3.1），石礫をわずかしか含まず粒径の小さな土砂が主体のものを泥流（乱流）型土石流（図3.2）と呼び，さらに高濃度の粘土スラリーと土砂粒子の混合体の流れを粘性土石流（図3.3）として区別する場合もある（高橋，2004）．また，掃流と土石流の中間の状態で，下層が土石流，上層が掃流状態の２層での流れの掃流状集合流動を土砂流と呼ぶこともある．石礫型土石流は粒子（石礫）の反発等の分散によって抵抗が小さくなるダイラタント流体に，泥流型土石流は粘性の影響を強く受けるビンガム流体に近い挙動をしていると考えられている．

防災を考える上で知っておくべき土石流の特徴としては以下のようなものがある．

①速度が大きく，石礫型で3〜10 m／s 程度，泥流型では 20 m／s に達する場合があり，流下土砂量や渓床勾配などの条件によってはそれ以上となること

図 3.1　石礫型土石流先頭部（国土交通省松本砂防事務所提供）

図 3.2　雲仙普賢岳噴火後の泥流型土石流（1993 年）（国土交通省雲仙復興事務所提供）

図 3.3　粘性土石流による堆積物（中華人民共和国雲南省東川蔣家溝）

もある．

②先端部は段波を形成し，中央部が盛り上がり，停止した際には先頭部がかまぼこ状のローブを呈することがある．堆積した土砂の状況は，層状を呈さず大小の粒径が入り乱れたものとなっている．

③先端部に巨礫や流木が集中する傾向があり，土石流の先頭部の衝撃力が極めて大きい．それに続く後続流は土砂濃度が低下する．

④慣性力が大きいため，微地形に従わず直進したり，流路屈曲部の外湾側に盛り上がって流動する．

⑤土石流の発生誘因は豪雨であることが多いが，累積雨量や降雨強度などとの相関が明瞭ではないため発生タイミングを予測することは難しい．また，斜面の崩壊規模や土石流の規模も降雨量と線形的な関係を示すわけではなく，さらに，土石流のピーク流量は降雨のみによる出水のピーク推定値よりもはるかに大きくなる．

3.1.2　土石流の発生形態

土石流の発生誘因としては，①豪雨によるもの，②融雪によるもの，③豪雨と融雪が同時に影響しているもの，④地震によるもの，⑤火山爆発によるもの，などに分類できるが，大半は豪雨によるものと考えてよい．ただし，火山爆発によるものは大規模な被害を，地震によるものは広域に被害を発生させる可能性があり，危機管理的な対応を想定しておく必要がある．

土石流の主要な発生形態としては図3.4に示す三つのパターンに分類できる．

発生形態1「渓床不安定土砂再移動型土石流」は，長期間のうちに渓床に蓄積

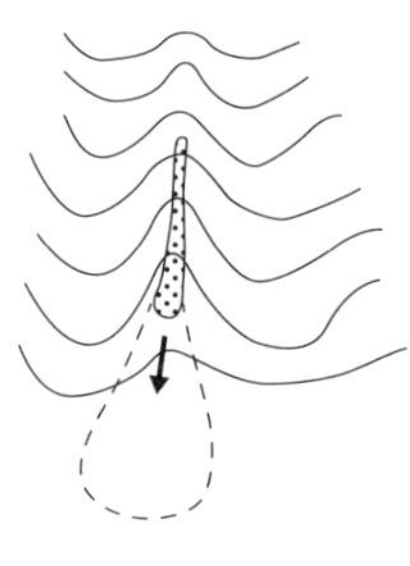

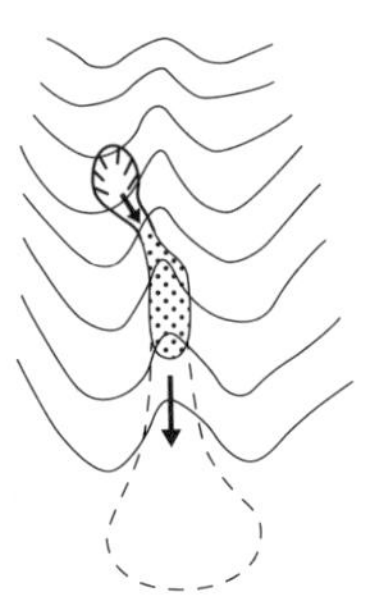

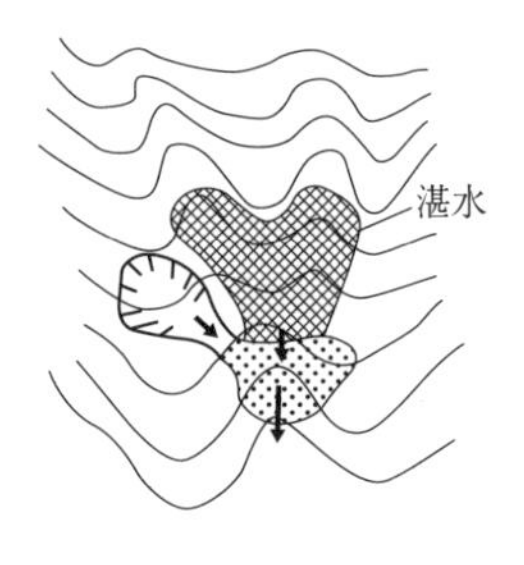

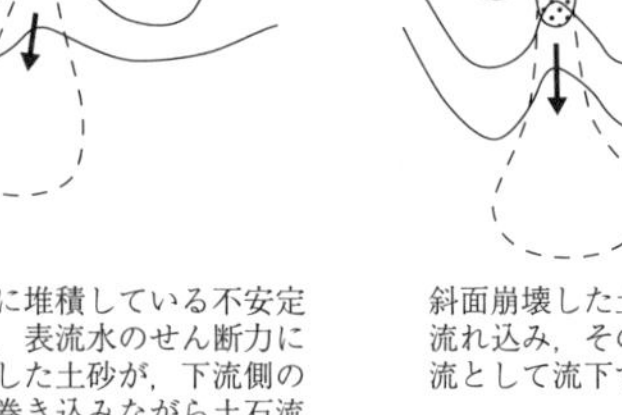

急勾配の渓床に堆積している不安定土砂が飽和し，表流水のせん断力によって動き出した土砂が，下流側の不安定土砂を巻き込みながら土石流の規模を拡大していく．

斜面崩壊した土砂が谷に流れ込み，そのまま土石流として流下する．

大規模な斜面崩壊による崩土等が，一旦谷を閉塞し，流入水によって形成された天然ダムが決壊することで，土石流を発生させる．

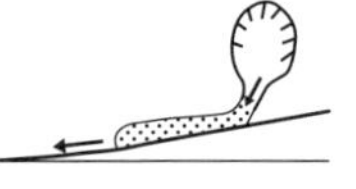

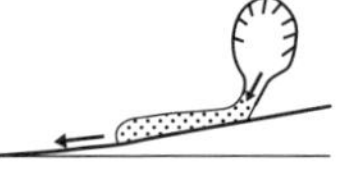

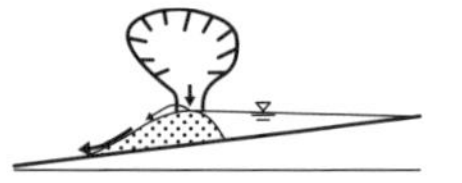

発生形態1　渓床不安定土砂再移動型

発生形態2　斜面崩壊型

発生形態3　天然ダム決壊型

図3.4　土石流発生形態分類図

された土砂礫の堆積層内部の浸透水位が上昇し，やがて発生する表流水による駆動力が堆積層内部の抵抗力を上回ることで土石流が発生するものである．一般的な条件下では，渓床勾配 15° 程度以上の場所で発生する．

発生形態 2「斜面崩壊型土石流」は，急勾配の山腹斜面が崩壊し，その崩壊土砂および水分が拡散せずに土石流の流動条件を満たした状態で斜面下部の渓流に流入することで，そのまま土石流となるものである．なお，渓流に接している場所での小規模な表層崩壊が発生形態 1 の引きがねとなっている場合もある．

発生形態 3「天然ダム決壊型土石流」は，大規模な斜面崩壊・地すべりによる移動土塊や支渓から流入してきた土石流が一旦渓流を閉塞して天然ダムを形成し，上流側の湛水位の上昇により越流やパイピングを起こして決壊することで土石流を発生させるものである．

3.1.3　土砂災害の発生実態

日本列島は急峻な地形と複雑な地質からなり，梅雨や台風の接近時等には多量の降雨がもたらされる気象条件にある．また，四つのプレート境界部に位置するため多くの火山が分布しているほか，地震も多数発生している．このような自然条件のもと，毎年多くの土砂災害が発生している．

2001 年から 2005 年までの 5 箇年平均で，土石流・地すべり・がけ崩れなどを対象とする，土砂災害は約 1000 件／年（うち約 3 割が土石流；国土交通省調べ），山地災害は約 2000 件／年（林野庁調べ）が報告されている．ただし，これらの数値は各省庁が把握している土砂災害危険箇所や山地災害危険地区といった，保全対象を含む地域またはその周辺で発生したもののみについての報告であり，土砂移動現象を網羅的に把握したものではない．また，土砂災害と山地災害の両者に重複計上されている災害もある．

土砂移動現象の全数は統計がないため不明であるが，広域で発生した崩壊等を空中写真の判読などで把握した事例としては以下のようなものがあり，その際の土砂災害報告数（国土交通省所管分）を対比してみる．

2008 年 6 月岩手・宮城内陸地震

〈判読崩壊数　約 3500〉:〈土砂災害報告数　54〉

2011 年 3 月東北地方太平洋沖地震

〈判読崩壊数　約500〉：〈土砂災害報告数　139〉

2011年9月紀伊半島大水害

〈判読崩壊数　約3000〉：〈土砂災害報告数　208〉

海溝型地震である東北地方太平洋沖地震では，強震地域が広域に及ぶ割には崩壊発生数が少ないという一般的な傾向（中村浩之ほか，2000）を示しており，判読数と報告数の差が小さいが，他の事例から類推すると土砂災害・山地災害の報告数の数倍～数十倍の土砂移動現象が発生している可能性がある．

3.2　森林の土砂流出抑制機能

私たちは森林（植生）には土砂流出抑制効果があると認識しており，そのため森林に土砂災害を防止する効果を期待してしまう．しかし現在の日本の山地域の大半は，質の議論は別にして，豊かな緑に覆われていると言ってよい（太田，2012）にも拘らず，毎年多くの土砂災害等を被っている．これは，たとえ森林に土砂流出抑制効果があったとしても，それが災害を引き起こすような土砂移動現象を完全に抑止できるわけではないことを示しており，私たちは森林の効果を理解・活用しながらも，現実に発生する土砂災害による被害を防止・軽減する合理的な方法を考えなければならないことになる．

表3.1は山地周辺の空間分類ごとに，何に対して森林（植生）の土砂流出抑制効果を期待するかを整理したものである．これら全てが期待通りに効果を発揮すれば土砂災害がかなりの程度防止できることになるが，現実にはどのようなことが起こっているのかを見てみよう．

表3.1　植生に期待を掛ける土砂流出抑制効果の対象

空間分類／土砂流出抑制効果の分類	山腹斜面	渓流内・渓畔域	山　麓
土砂生産抑制効果	表面侵食 リル・ガリーの発達 表層崩壊	渓床不安定土砂の再移動 渓岸侵食	――
移動土砂停止促進効果	土砂の流下	土砂流・掃流砂等の移動	土砂の流下 落石

3.2.1　表面侵食抑制効果（山腹斜面）

裸地斜面への植生導入による表面侵食抑制効果については，強風化花崗岩地帯における山腹工施工で侵食土砂量が2～3オーダー減少するという劇的な変化が報告されている（鈴木ほか，1989）．なお，この観測箇所では階段工の施工など土木的処理によって表層土の移動を制限した時点で大きな土砂流出抑制効果が発揮され，その後の植生侵入に応じて更に効果が増大している．このことは表流水の集中が抑制されることでリル・ガリーといった沢状地形の発達が抑えられることも含め，緑化工の実施は渓床への不安定土砂の供給が減少することを意味するので，裸地斜面の緑化対策には渓床不安定土砂再移動型土石流の発生頻度や流出土砂量を低減させる効果があると考えられる．

3.2.2　表層崩壊抑制効果（山腹斜面）

第2章で解説しているように，表層崩壊抑制については，森林を形成する木本の根系の到達深度までの表層土のせん断強度を増加させる効果（阿部，1998）や隣接木の根系が交差するネットワーク効果（塚本，1998）などによって裸地・草地斜面に比べて降雨の早い段階での崩壊を抑制する効果がある．一方，豪雨が継続した場合にも崩壊面積率を低下させる（小山内ほか，2011）が，防災の観点からは崩壊を完全に防止できるとは考えるべきではない．むしろ，崩壊タイミングを遅らせて（すなわち，崩壊頻度を低下させて）はいるものの，1箇所あたりの崩壊規模は大きくなる傾向があり，また崩れた場合には崩土および流動化した土石流の中に必ず流木を含むことになり，被害規模を増大させる可能性があることに留意する必要がある．

3.2.3　渓床不安定土砂の再移動・渓岸侵食抑制効果（渓流内）

渓流内に徐々に蓄積された不安定土砂や渓岸の表層土は土石流の材料となる．これらの上に樹林が成立している場合，不安定な土砂の移動を抑制することを期待してしまいがちであるが，成立基盤の土砂が流水あるいは土石流等によって侵食される局面においては，移動抑制効果はほとんど期待できない（小山内ほか，1999）．渓床不安定土砂上の樹林が一斉林となっている状況はしばしば見られるが，これは，ある時期にその場所の林分が完全に破壊されるような撹乱があったことを示しており，土石流が通過する範囲での樹林の成長は土石流発生時の発生流木量の増大につながる場合もある．

3.2.4　土石流・土砂流等停止促進効果（山腹斜面・渓流内・山麓）

図3.5は土石流が樹林内で停止している状況であり，樹林が土石流等の流下エネルギーを減少させることで停止を促進したようにも見える．しかしながら斜面上部での崩壊や渓床不安定土砂の再移動によって土石流が発生した場合，勾配が十分緩くなるまで立木を巻き込みながら流下を続け，停止の過程で沖積錐（扇状地形）を形成することはごく一般的である（図3.6）．

図3.7は渓床勾配区分による土石流の移動形態の違いの目安であり，勾配が10°程度よりも緩やかになることで減速・停止することを示している．このような緩勾配区間に到達した土石流等が基盤土壌を侵食せず，流体力・衝撃力がその場の立木を転倒させることができないくらいに減衰している条件において初めて樹林帯は粗度あるいは杭として作用して，流入土砂の停止・堆積を促進することになる（本田ほか，2001）．また，流入土砂の中に流・倒木が含まれている場合には，それらが立木の支持を受けてダム状に土砂を堆積させる場合もあるが，これらの作用は安定的に期待できるわけではなく，防災計画に反映させるための定量的な評価は今のところ難しい（木戸脇ほか，2007）．

図3.5　樹林内で停止した土石流（1995年長野県小谷村）

図 3.6　土石流の流下状況（2009 年山口県防府市）（国土交通省中国地方整備局提供）

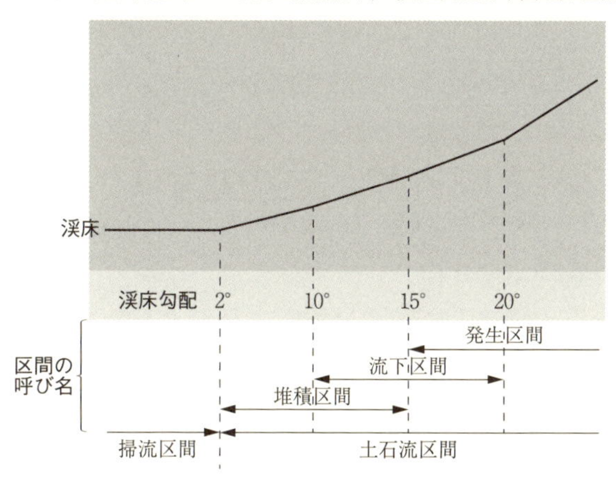

図 3.7　渓床勾配区分による土石流移動形態の目安

なお掃流砂に対しては，樹林密度の高い緩勾配区間においては掃流力が低減される（石川ほか，1998）ことで一定の堆積促進効果が期待できる（竹崎ほか，2000）．

3.2.5　土石流災害の実例

上述のように，森林の存在は土石流の発生頻度を低減する効果はあると考えられるものの，斜面の耐力を超過する規模の豪雨があった場合には土石流現象等が発生するのは当然である．土石流災害の実例から，現象の実態を確認してみる．

A. 2016年8月北海道十勝地方豪雨災害

2016年8月29日から31日までに戸蔦別川（河川）雨量観測所で530 mmを記録するなど，日高山脈東麓では東北地方の太平洋側を北上する台風10号による南東からの湿った風の吹込みにより，この地域での観測史上最大降雨を経験した．この降雨により，北は新得町のパンケ新得川から南は帯広市の戸蔦別川までの約50 km程度の間に源流を持つ主要な9渓流およびその支渓流では多数の土石流が発生した（図3.8）．下流に流送された土砂と流木および下流河川区間で発生した河岸侵食等の局所的侵食現象によって生産された土砂によって，橋梁部で閉塞を起こすなどして甚大な被害が発生した（図3.9）．

図3.10（a),（b）は清水町のペケレベツ川の災害前後の垂直写真を対比したものである．災害前は川の澪筋は渓畔林に覆われていてほとんど確認できないが，災害後には土石流等の侵食作用または土砂堆積に伴う澪筋の蛇行によって渓畔植生が破壊され，渓流幅が数十mに拡幅して白く見える．図3.11は災害前の澪筋幅に対する災害後の渓流幅の拡幅状況を示したものであり，硬質な基岩によって侵食が制限されている区間を除いては5～30倍程度に拡幅していることがわかる（伊倉，2017）．

図3.8　ペケレベツ川上流部の土石流流下状況（2016年北海道清水町）
災害前は数メーター幅の澪筋であったが，複数の土石流の通過によって渓岸と植生が侵食され白く拡幅している．

図 3.9　清水町市街地石山橋での流木・土砂による閉塞状況

(a) 2016 年 8 月 24 日

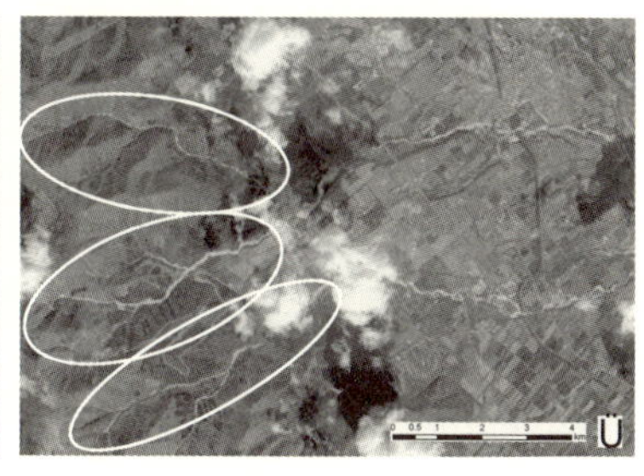

(b) 2016 年 10 月 11 日

図 3.10　出水前後の画像比較（Landsat より）
(b) の楕円内の白い筋が土石流の通過跡.

図 3.12(a), (b), (c) は本川上流端からそれぞれ約 3.4 km, 5.2 km, 8.3 km 地点の (a) 橋梁部, (b) 第 1 砂防堰堤堆砂敷, (c) 第 2 砂防堰堤堆砂敷の状況である（橋梁や堰堤の場所は図 3.11 参照）. (a)地点では, 出水前の渓流幅は 5 m 程度以下であったものが, 巨礫を含む土石流が上流側に停止したことで後続流あるいは第 2 波以降の土石流が橋梁の両側の橋台裏の地盤を侵食して渓流幅を約 15 倍に拡大している. (b)地点では, 砂防堰堤の土砂捕捉容量や掃流力低下等の効果により土石流形態で流下してきた巨礫の大多数を減勢・停止させている. 渓床勾配が 2° 未満となっている区間内の(c)地点では, 上流の第 1 砂防堰堤を通過してきた細粒土砂を大量に捕捉しており, 下流への土砂流出を軽減していることがわかる.

ところで, 第 1 砂防堰堤付近よりも上流側では平均渓床勾配が 5° 程度以上であり, 土石流形態が維持されたままの流れが, 元の渓床・渓岸を侵食したこ

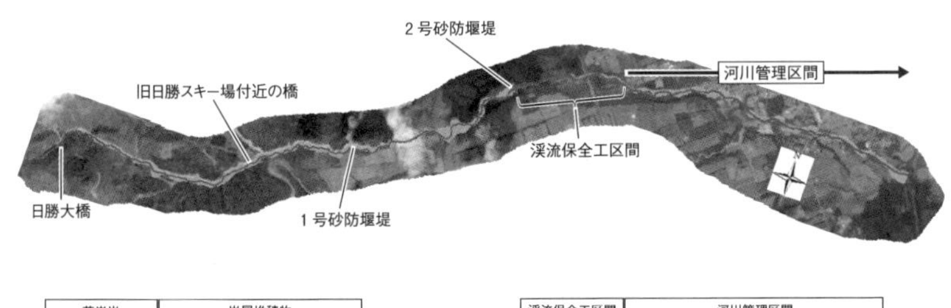

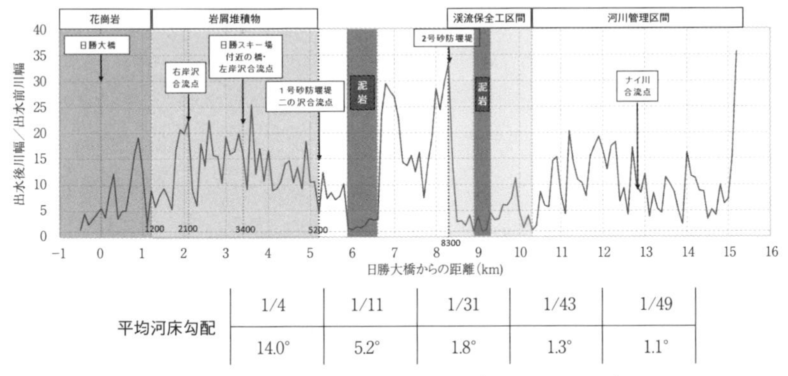

平均河床勾配	1/4	1/11	1/31	1/43	1/49
	14.0°	5.2°	1.8°	1.3°	1.1°

図 3. 11　ペケレベツ川の川幅変化（2016 年災害前後）

(a) 旧日勝スキー場付近

(b) 第 1 砂防堰堤堆砂敷

(c) 第 2 砂防堰堤堆砂敷

図 3. 12　ペケレベツ川河道内の侵食および石礫等堆積状況

とによる渓流幅の拡幅が見られているが，それよりも下流の緩勾配区間での渓流幅の拡幅はメカニズムが異なっている．下流区間での渓床高は概ね上昇しており，大量の土砂堆積が見られる．緩勾配区間での流入土砂の堆積は新たな中洲・寄り洲を形成し，流水は河道全体を薄く流れるのではなく，一定の澪筋の幅をもった蛇行流となり，既往の中洲等の堆積土砂や渓岸およびその上の渓畔林を侵食することで渓流幅を広げている．このように，渓床勾配の違いによって侵食形態は異なるものの，渓畔植生は土石流等が発生するような激しい流れに対しては脆弱なものであることを認識しなければならない．

B. 2014年8月広島県広島市土石流災害

図3.13 (a), (b) は広島市安佐南区における2014年の土石流災害発生前後の斜め写真である．この災害時には広島湾から北東方向に延びる線状降水帯が形成され，8月20日午前1時から4時までの降水量は209 mmに達し（三入雨量観測所），それまでの3時間最大降水量記録の2倍を超す観測史上最大の集中豪雨となっていた．この地域では1960年代以降，広島市への人口集中によって市街地がスプロール化した結果，山麓緩傾斜部や谷あいの段丘上に新興住宅地が形成された．災害前の写真を見ると山腹斜面は緑で覆われ，谷地形も明瞭には認識しにくいが，この地域の谷地形を呈する渓流から軒並み土石流が発生し，扇頂部付近で氾濫して77名の命が奪われた．土石流の発生形態としては，ほとんどが表層崩壊に起因するもの，または渓床不安定土砂再移動型であった．

図3.14に樹木を透過して地形を計測できるレーザ・プロファイラによる災害直後の地形図を示しているが，図3.13と合わせてみると，谷出口の扇状地形上，さらに扇頂部の尾根を削りその土砂で谷埋めして形成した平坦面部に住

(a) 災害前（2013年）

(b) 災害後（2014年）

図3.13　2014年8月広島市安佐南区土石流災害前後比較写真（©Google Earth）

宅が入り込んでいる状況が見える．この谷出口付近の人工平坦面部の道路の縦断勾配は 10° 程度であるが，これは谷地形の中では土石流形態を維持したまま土石・流木が到達する勾配であり（図 3. 15），また沖積錐は土石流が氾濫堆積して形成された地形であるから，本来このような場所に居住することは望ましくない（図 3. 16）．しかしながら現実には全国のいたるところで，すでにこのような危険な場所に集落が形成されている．

広島市周辺では 1999 年 6 月 29 日にも同様の山麓・谷あいの新興住宅地で土石流等により 24 名の死者を出す土砂災害が発生しており，これを契機に「土砂災害警戒区域等における土砂災害防止対策の推進に関する法律」(以下，土砂災害防止法）が制定された．しかしながら，2014 年災害の被災地区の多くでは土砂災害警戒区域の指定が間に合っておらず，また災害の発生時間帯が真夜中で

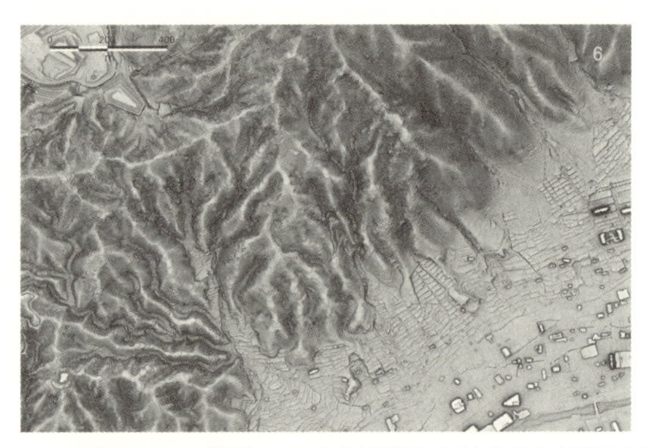

図 3. 14　レーザ・プロファイラ計測による立体地形図（国土交通省中国地方整備局提供）

図 3. 15　土石・流木による家屋の破壊（土木研究所提供）

図 3.16　沖積錐上の住宅街に氾濫する土石流（国際航業株式会社提供）

あったこともあり，警戒避難は十分に機能しなかった．一方で，砂防堰堤が設置されていた渓流では土石流を捕捉し，被害を封じ込め，防災施設の有効性を示す事例も見られた．

3.3　土石流被害のおそれがある区域の把握と対策の考え方

3.3.1　土砂災害防止法

土砂災害防止法は，1999 年 6 月広島土砂災害を契機に 2000 年に制定されたソフト対策（非構造物による対策）を推進するための法律である．

この法律では，都道府県知事が土砂災害の被害が生じるおそれがある区域を，現地踏査を含む基礎調査を踏まえて，現象ごとに図 3.17 のように「土砂災害警戒区域」，「土砂災害特別警戒区域」として指定することができる．市町村防災会議は警戒区域の指定があったときには，市町村地域防災計画において必要な警戒避難体制に関する事項を定め，市町村長は，情報の伝達や避難場所・避難経路に関する事項など警戒避難に必要な事項について住民に周知させるよう努めることとしている．

また都道府県知事は，警戒区域のうち土砂移動現象が発生した場合に建築物の損壊が生じ，住民等の生命又は身体に著しい危害が生ずるおそれがあると認められる土地の区域で，一定の開発行為の制限や建築物の構造規制をすべき区域を「土砂災害特別警戒区域」として指定できる．

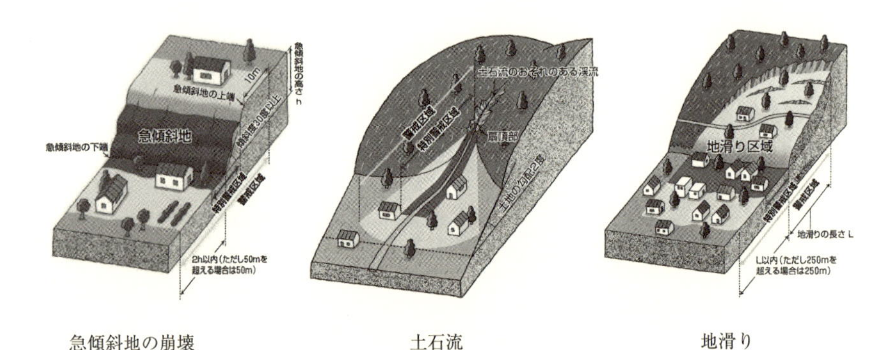

図 3. 17　土砂災害警戒区域の概念図（国土交通省砂防部）
土砂災害警戒区域のうち特に危険な区域を土砂災害特別警戒区域として指定できる．

土砂災害警戒区域の指定基準の概要は以下の通りである．

①急傾斜地の崩壊

- 傾斜度 30° 以上で高さが 5 m 以上の区域
- 上記の急傾斜地の上端から水平距離 10 m 以内の区域，および下端から急傾斜地の高さの 2 倍以内の区域

②土石流

- 土石流の発生のおそれのある渓流において，扇頂部から下流で勾配が 2 度以上の区域

③地滑り

- 地滑り区域（地滑りしている区域または地滑りするおそれのある区域）
- 上記地滑り区域の下端から，地滑り地塊の長さに相当する距離の範囲内の区域

なお，土石流危険渓流の標準的な調査要件としては，一般地域では谷地形出口から下流側の渓床勾配 3° 以上の範囲に保全対象があることで，渓床勾配 15° 以上の発生流域面積が 5 ha 未満の場合は斜面崩壊型土石流の，5 ha 以上の場合はさらに渓床不安定土砂再移動型土石流の危険渓流と見なされる．火山地域の場合は，保全対象の範囲が渓床勾配 2° 以上，発生流域の渓床勾配が 10° 以上と読み替える．

なお土石流に対しては，国土交通省告示第 332 号において，土石流により建築物に作用すると想定される力 F_d（$\mathrm{kN/m^2}$）が通常の建築物の耐力 P

$(\mathrm{kN/m^2})$ を上回る範囲（木造住宅が損壊する可能性が高い範囲）を土砂災害特別警戒区域としている．

$$F_d = \rho_d U^2 \qquad (3.1)$$

$$\rho_d = \rho \tan\phi / (\tan\phi - \tan\theta) \qquad (3.2)$$

$$U = h^{2/3} (\sin\theta)^{1/2} / n \qquad (3.3)$$

ここで，ρ_d：土石流の密度（$\mathrm{t/m^3}$），ρ：土石流に含まれる流水の密度（$\mathrm{t/m^3}$），ϕ：土石流に含まれる土石等の内部摩擦角（°），θ：土石流が流下する土地の勾配（°），U：土石流の流速（m/s），n：粗度係数，h：以下の式により算出した土石流の高さ（m）である．

$$h = \left\{ \frac{0.01\mathrm{n}C_* V(\sigma - \rho)(\tan\varphi - \tan\theta)}{\rho B (\sin\theta)^{1/2} \tan\theta} \right\}^{3/5} \qquad (3.4)$$

ここで，C_*：堆積土砂等の容積濃度，V：土石流により流下する土石等の量（$\mathrm{m^3}$），σ：土石流に含まれる礫の密度（$\mathrm{t/m^3}$），B：土石流が流下する幅（m）である．

$$P = 35.3 / h(5.6 - h) \qquad (3.5)$$

上記で求めた土石流の流体力と建築物の耐力を比較して，$F_d > P$ となる範囲が土砂災害特別警戒区域となる．

土砂災害防止法によるソフト対策の柱は，土砂災害特別警戒区域における土地利用規制と，土砂災害警戒区域における警戒避難体制の整備ということになる．

3.3.2　土砂災害警戒情報

土砂災害警戒区域などへは土砂災害の発生危険度が高まった場合に，警戒避難活動を行うために情報提供を行う必要がある．現在，全国の都道府県の砂防部局と気象台が共同で，市町村長が避難勧告等の災害対応を行う判断を支援するために土砂災害警戒情報の発表を行っている．

ほとんどの都道府県では図 3.18 のようなスネーク曲線図を用いて土砂災害

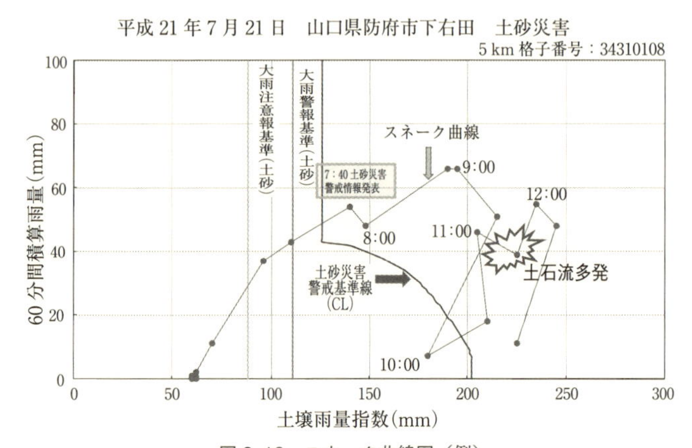

図 3.18　スネーク曲線図（例）
2009年に死者14名を出した山口県防府市土石流災害時の実績.

図 3.19　土砂災害警戒情報を補足する情報例（危険度表示）（北海道提供）

警戒情報発表の判断を行っている（Osanai *et al.*, 2010）．横軸には長期降雨指標として土壌雨量指数（土壌中に含まれる水分量を垂直3段タンクモデルの合計貯留高として指標化したもの）を，縦軸には短期降雨指標として直近の60分間積算雨量を用い，当該エリアの過去の土石流および集中して発生するがけ崩れの実績（地すべりは対象外）を考慮して，判定基準線 CL（critical line）を設定する．土壌雨量指数が小さい段階では土砂災害が発生する可能性が低いと判断できる場合には，土壌雨量指数の発生下限値を設定して CL を縦に伸ばす．

この平面上に，実際に降っている降雨の実績値をプロットしていくと，降雨の強弱に応じて蛇が這うような曲線が描かれる．このスネーク曲線がCLを右上側に超過することが予測される段階で，土砂災害警戒情報が発表されることになる．なお，土砂災害警戒情報の発表以前に，土砂災害に対する大雨注意報・大雨警報を発表するが，これらについては土壌雨量指数によって判断する．スネーク曲線がCLを超過している状況では土石流やがけ崩れが発生する危険性が高いことになるため，避難行動を行うための情報伝達がなされる．CL超過の判定は図3.19のような約5km四方のメッシュごとに行われ，その状況はインターネットなどを通してリアルタイムで配信されているが，土砂災害警戒情報の発表は市町村単位または市町村をいくつかに分割した地域ごとに行われる．

3.3.3　土石流・流木対策

土砂災害は水害とは違い，累積降水量等に対して土砂移動現象の発生タイミングや規模が線形的に決まるわけではなく，突発性の高い「危険度が見えにくい災害」である．また，警戒避難に関しては情報伝達のステップや人の判断が複数介在するため，実効性が必ずしも十分に担保されているわけではない．そのため，土砂災害リスクの高い地区に対してはハード対策（構造物による対策）

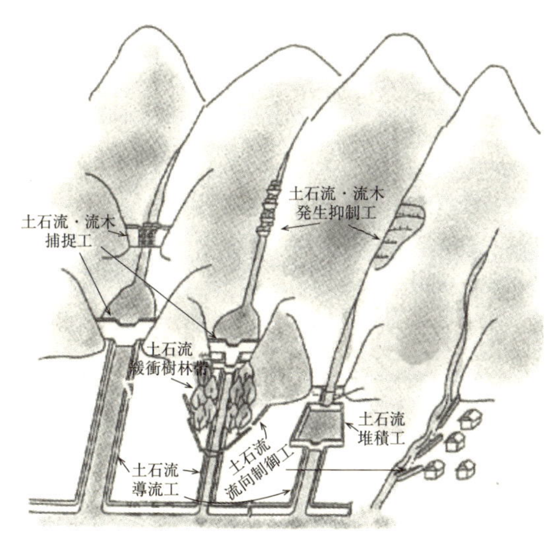

図3.20　土石流・流木対策施設配置概念図

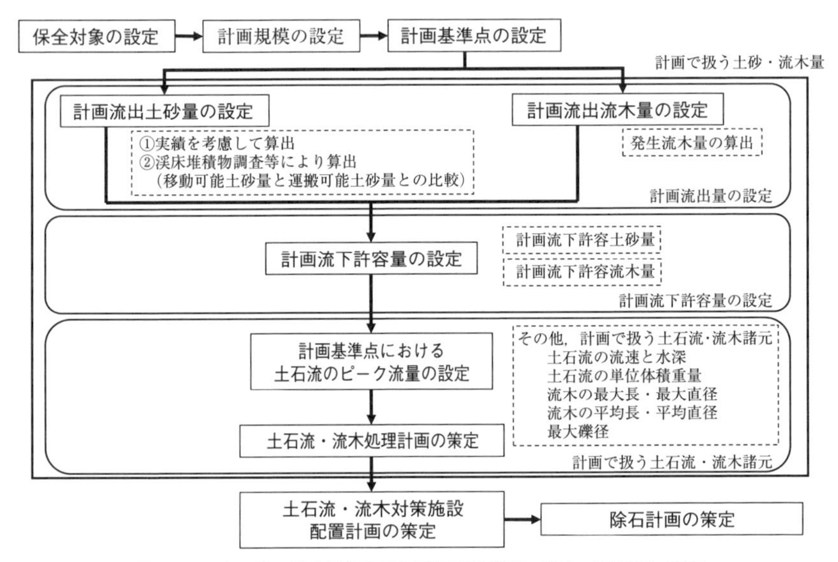

図 3. 21　土石流・流木対策施設配置計画等策定の流れ（NILIM, 2016）

の実施が重要である．

ハード対策の一般的実施方法については「砂防基本計画策定指針（土石流・流木対策編）解説」（国土交通省国土技術政策総合研究所，2016）に詳しいが，その概要を以下に解説する．なお，この指針は大規模山腹崩壊，天然ダムの決壊，融雪火山泥流などの低頻度の大規模現象は対象としていない．一般的な土石流・流木対策施設の機能と配置の概念は図 3. 20 のようなものである．発生抑制工は山腹工や谷止工，捕捉工は砂防堰堤，堆積工は沈砂池，導流工は渓流保全工，流向制御工は導流堤などが充てられる．

施設配置計画等の策定の流れを図 3. 21 に示す．

A. 計画基準点の設定

防災計画を策定する際には，守るべき保全対象に対して外力となる自然現象の規模等を想定する必要がある．そのため，一般的には保全対象とする人家，公共施設，農地等の直上流に計画基準点を設定する．保全対象の分布や土砂移動形態が変わる地点などの状況に応じて，必要な場合には補助基準点を設ける．

計画規模は原則として，100 年超過確率の 24 時間雨量または日雨量に伴って発生する可能性が高いと判断される土石流および土砂とともに流出する流木等

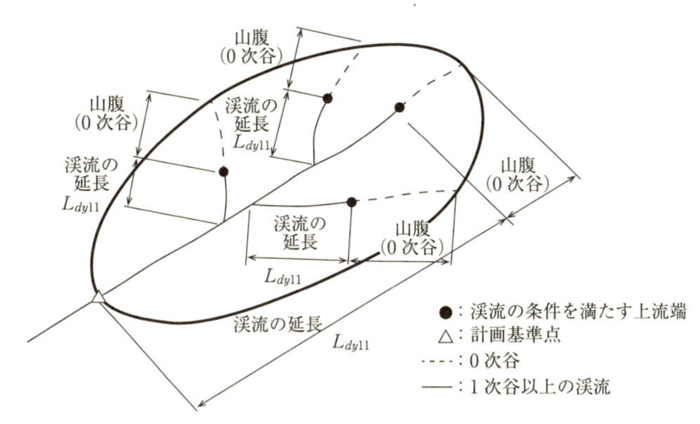

図3.22　移動可能土砂量算定概念図（NILIM, 2016）

の流出量とする．

B．計画流出土砂量

計画流出土砂量 V_d (m^3) は原則として，流域内で発生して土石流の材料となり得る「移動可能土砂量」と，計画規模降雨時の流水規模に応じて土石流形態で運ばれ得る「運搬可能土砂量」の小さい方の値とする．

移動可能土砂量 V_{dy1} は図3.22に示したように，計画基準点等から1次谷以上の渓流の上流端までの区間の移動可能渓床堆積土砂量 V_{dy11} と，崩壊可能土砂量 V_{dy12} を加えたものである．V_{dy11} は対象区間長に土石流発生時に侵食が予測される平均渓床幅と侵食が予測される渓床堆積土砂の平均深さを乗じたものの総和である．V_{dy12} が的確に推定できない場合には，便宜的に0字谷区間における移動可能渓床堆積土砂量の総和とする．

運搬可能土砂量 V_{dy2} は（3.6）式に示すように，計画規模の年超過確率の降雨量 P_p (mm) に流域面積 A (km^2) を乗じて総水量を求め，これに流動中の土石流濃度 C_d (高橋，1978) を考慮し，流出補正率 K_{f2} も乗じる．K_v は空隙率であり，0.4とする．

$$V_{dy2}=\frac{10^3\cdot P_p\cdot A}{1-K_v}\left\{\frac{C_d}{1-C_d}\right\}K_{f2} \qquad (3.6)$$

$$C_d=\frac{\rho\tan\theta}{(\sigma-\rho)(\tan\varphi-\tan\theta)} \qquad (3.7)$$

ここで，σ：礫の密度（2,600 kg/m^3 程度），ρ：水の密度（1,200 kg/m^3 程度），

ϕ：渓床堆積土砂の内部摩擦角度（°）（30〜40° 程度であり，一般に 35° を用いてよい），θ：渓床勾配（°）である．なお C_d は，$0.30 \leqq C_d \leqq 0.9C_*$ の範囲とする．

$$K_{f2} = 0.05(\log A - 2.0)^2 + 0.05 \quad （ただし，0.1 \leqq K_{f2} \leqq 0.5） \qquad (3.8)$$

C. 計画流出流木量

計画流出流木量 V_w (m^3) は，推定された発生流木量 V_{wy} に流木流出率を乗じて算出するが，この流木流出率については，土石流・流木対策施設がない場合には 0.8〜0.9 程度であったとの報告（石川ほか，1989）がある．

近傍に流木発生事例があり，これらの発生流木量に関するデータがある場合には，これから単位流域面積あたりの発生流木量 V_{wy1}(m^3/km^2) を求め，次式で算出することができる．

$$V_{wy} = V_{wy1} \times A \qquad (3.9)$$

ここで，A：渓床勾配が 5° 以上の部分の流域面積（km^2）である．

現況調査法による場合には，現地踏査，空中写真判読，過去の災害実態の把握などを行って，流木の発生原因・発生場所を推定し，それを基に流木の長さ・直径を調査し（サンプリング調査では同様とみなせる地域ごとに 10 m×10 m の範囲を調査する），以下の式で発生流木量を算出する．なお，崩壊および土石流の発生区間・流下区間が複数の林相からなる場合は，林相ごとに発生流木量を求めて合計する．

$$V_{wy} = B_d \cdot L_{dy13} \cdot \sum V_{wy2} / 100 \qquad (3.10)$$

$$V_{wy2} = K_d \cdot H_w \cdot \pi \cdot R_w^2 / 4 \qquad (3.11)$$

ここで，B_d：土石流発生時に侵食が予想される平均渓床幅（m），L_{dy13}：発生流木量を算出する地点から流域の最遠点である分水嶺までの流路に沿って測った距離（m），V_{wy2}：単木材積（m^3），ΣV_{wy2}：サンプリング調査 100 m^2 あたりの樹木材積（$m^3/100\,m^2$），K_d：胸高係数，H_w：樹高（m），R_w：胸高直径（m）である．

なお（3.10）式は，土石流によって侵食される地盤上の立木は全て流木となりうることを意味している．

D. 土石流ピーク流量

土石流ピーク流量は，対策施設の設計等において設計外力を決定する最重要な諸元の一つである．土石流ピーク流量は，流出土砂量に基づいて求めることを基本としているが，同一流域において実測値があるなど，別の方法で推定できる場合はその値を用いてもよい．

平均的なピーク流量と土石流総流量との関係は次式（経験式）で表される．

$$Q_{sp} = 0.01 \cdot V_{dqp} \cdot C_* / C_d \qquad (3.12)$$

ここで，Q_{sp}：土石流ピーク流量（m^3/s），V_{dqp}：1 波の土石流により流出すると想定される土砂量（空隙込み）（m^3），C_*：渓床堆積土砂の容積濃度（0.6 程度），C_d：流動中の土石流濃度（3.7 式参照）である．

V_{dqp} は，施設の計画地点または土石流流下区間の下流端と考えられる地点より上流の範囲において，土石流・流木対策施設のない状態を想定して，渓流長・侵食可能断面積を総合的に判断して最も土砂量の多くなる「想定土石流流出区間」を設定し，この区間における移動可能土砂量と運搬可能土砂量とを比較して小さい方の値とする（流域内の移動可能土砂量 V_{dy1} 全体を土石流ピーク流量の算定対象とするのではない）．

なお，上記経験式で求める以外に，降雨量に基づく理論式による方法もある．

E. 土石流・流木処理計画

土石流・流木処理計画においては，計画規模の土石流によって流出する土砂および流木等の計画流出量（V），計画流下許容量（W），計画捕捉量（X），計画堆積量（Y），計画発生（流出）抑制量（Z）の間に，次式が満足されるようにバランスよく施設の配置を行う（図 3.20）．

$$V - W - (X + Y + Z) = 0 \qquad (3.13)$$

土石流対策においては計画流下許容土砂量を原則 0 としているが，下流において災害を発生させない粒径や量の土砂に対して，土石流導流工により安全に流下させることができる場合には認めている．

図 3.23 は部分透過型砂防堰堤による土石流・流木処理概念を示したものであるが，計画捕捉量および計画堆積量のうち，平常時や中小出水時などに徐々

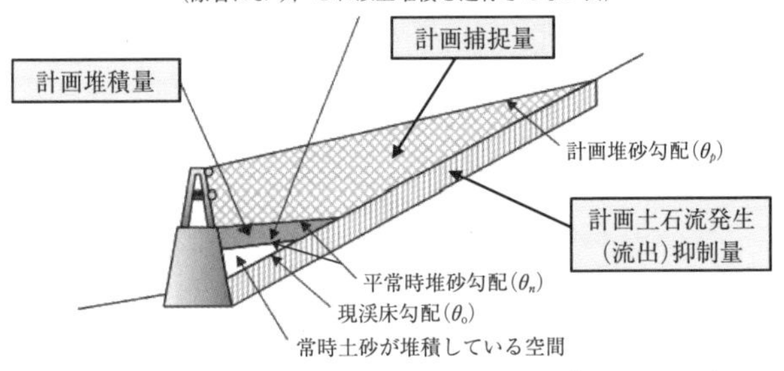

図 3. 23　施設による土石流・流木処理概念図（NILIM, 2016）

(a) 2016 年 8 月 1 日

(b) 2016 年 8 月 24 日

図 3. 24　流木を捕捉した部分透過型鋼製砂防堰堤（国土交通省北海道開発局提供）
2016 年 8 月豪雨時に約 1 万 m^3 の流木を捕捉した美瑛川第 1 堰堤.

に土砂等の堆積が進んで所定の容量が減少した場合には除石を行って施設の機能を維持する必要がある（図 3. 24）.

おわりに

森林と土砂災害，特に土石流・流木災害との関係について概観してきた．現在の日本においては，活火山地域などを除けば広大な禿赭地（とくしゃち）・皆伐地や荒廃地はそれほど多くは残されていない．したがって，表面侵食よりも土石流等のマスムーブメントが問題となっている局面であり，結果的に森林による土砂災害防止機能を増進させられる場面は限定的である．また，渓畔林などの立木が流

木の供給源になりうるというマイナスの効果があるからだけではなく，森林は遷移して行くものであり，根系の状態の把握が困難であるなど，プラスの効果評価に不確実性が伴うことが，現在の日本の防災計画に森林の機能を位置づけにくくしている理由であろう．

それでも，防災事業を実施するにあたっては植生の維持・増進を志向するのは，植生の存在が環境上好ましいからに他ならない．そうであるならば，植生の効果の不安定さを補える土木的対応との組み合わせを考えることが重要である．

例えば，谷地形を呈する渓流内においては，床固工等の横断構造物およびその袖部によって河床低下が防止でき，かつ土石流形態がすでに消失していると考えられる範囲に成立する渓畔林については，土砂の堆積促進効果を見込むことが考えられる．また，堆積区間となる山麓部の樹林帯に対してはその下流端側に，想定流出土砂量を処理できる最低限の規模の，ソイルセメントをコアに使うなどして破壊を回避できる土堤を築くなどして，防災安全度を担保した上でプラス・アルファの計画安全率部分を周辺樹林の土砂堆積促進効果に受け持ってもらうことが考えられる．このように土木的な手法と組み合わせることで積極的な植生の維持・導入を目指せる計画論を整理し，安全度の向上と環境保全を目指すことが望まれる．

引用文献

阿部和時（1998）樹木根系の斜面崩壊防止機能．森林科学，22，23–29．

本田尚正・水山高久（2001）土石流への対応から見たグリーンベルトの設定．砂防学会誌，53，27–36．

伊倉万理（2017）2016 年台風 10 号による十勝川水系での土砂移動と河川地形の変化．北海道大学修士論文

石川芳治・水山高久ほか（1989）土石流に伴う流木の発生及び流下機構．砂防学会誌，42，4–9．

石川芳治・藤田英信ほか（1998）渓畔林をもつ河道における掃流砂量に関する研究．砂防学会誌，51，35–43．

木戸脇季孝・金子正則ほか（2007）樹林帯の崩土減勢効果の評価手法に関する一検討．砂防学会誌，60，32–37．

国土交通省国土技術政策総合研究所（NILIM）(2016）砂防基本計画策定指針（土石流・流木対策編）解説．国総研資料第 904 号，pp. 77．

中村浩之・土屋 智ほか（2000）地震砂防，pp. 114–115，古今書院．

日本学術会議（2001）地球環境・人間生活にかかわる農業及び森林の多面的な機能の評価について（答申）．79–80.
太田猛彦（2012）森林飽和，pp. 119–148，NHK 出版.
小山内信智・桂 真也ほか（2011）森林の崩壊抑制効果を反映した生産土砂量の推定に向けた一考察—豪雨災害時の崩壊面積率の解析—．砂防学会誌，63，22–32.
小山内信智・南 哲行ほか（1999）砂防渓流における渓畔林の成立実態と渓流保全の在り方に関する研究．砂防学会誌，52，10–20.
Osanai, N., Shimizu, T. *et al.*（2010）Japanese early-warning for debris flows and slope failures using rainfall indices with Radial Bases Function Network. *LANDSLIDES,* 7, 325–338.
鈴木雅一・福嶌義宏（1989）風化花崗岩山地における裸地と森林地の土砂生産．水利科学，33，89–100.
高橋 保（1978）土石流の発生と流動の機構．土と基礎，26，46.
高橋 保（2004）土石流の機構と対策，pp. 19–35，近未来社.
竹崎伸司・南 哲行ほか（2000）横工直上流に存在する樹林帯の土砂堆積促進効果についての実験的研究．砂防学会誌，53，52–57.
塚本良則（1998）森林・水・土の保全，pp. 89–102，朝倉書店.

第4章　河川における水害と樹林

渡邊康玄

はじめに

この章では，河川の中流域（扇状地部から自然堤防区間）における，河道内に存在する森林すなわち河畔林と流水や土砂の移動との関係について解説する．

河川の形状は流水の作用によって形成されるとともに，流水は河道の形状によって規定される．また，河道内の樹林生育基盤は流水によって形成され，流水は河道内の樹林に大きな影響を受ける．すなわち，河川における流水と樹林の関係をみようとする場合，河道の移動を引き起こす侵食や堆積に直接関係する土砂の動きについても理解する必要がある．このことから，土砂の動きについても極力説明を付加している．

後段で述べる実際の現象を理解するために，冒頭で流れの中に樹木が存在する場合の力学的な考え方を述べている．できる限り平易になるよう配慮したつもりであるが，どのような力が働いているのかがわかれば，詳細は読み飛ばしていただいても構わない．また，より詳細に知りたい人のためには解説を加えている．

4.1　河道における樹林の働き

河道は，そこを流れる水の流れによって地表面が削られ，その土砂が流れによって輸送・堆積することによって形成される．また，流れは河道の形状によ

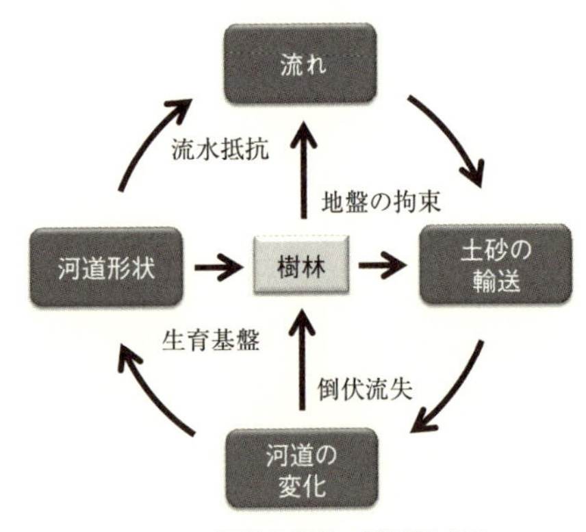

図 4.1　河道と樹林の関係模式図

って規定される．このように河道の形状と流れは，相互に影響しあって決定されている．ここで，河道に樹林等が存在する場合，流れや土砂の移動は樹林の影響を受けることから，河道にも影響を与えることになる．一方，河道地形は樹林の生育基盤であることから，樹林もまた河道からの影響を受けることになる．このように，河道の流れおよび土砂移動と樹林との関係は非常に密接なものがある．図 4.1 は，この関係を示したものである．この節では，これらの関係について物理的な視点から見ることとする．

4.1.1　流れに及ぼす樹林の影響

流れが存在する場に物体が存在する場合，その物体には流速の 2 乗の力が流れの方向に働く．その物体が固定されているなどして位置が変化しない場合，流れは同じ大きさで逆向きの力を受ける．流れが受ける力は，流れへの抵抗として働くことになる．すなわち，樹林は流れにより倒伏等の影響を受け，流れは流速が減じたり流向が変化する影響を受ける．

樹木が受ける力 F は，図 4.2 に示すように水深方向に流速が変化しないとすると，(4.1) 式で表される．

$$F = \frac{1}{2}\rho A C_d {u_0}^2 \qquad (4.1)$$

ここで，ρ：流水の密度，A：流水中の樹木の流水方向への投影面積，C_d：樹木の抗力係数，u_0：平均流速である．樹木一本一本の倒伏を考慮する場合には，

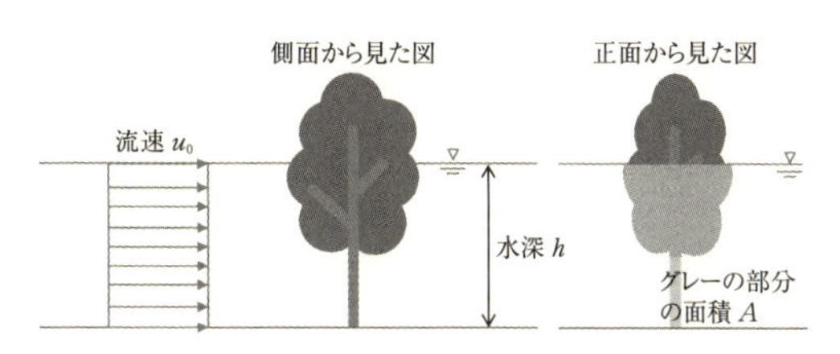

図 4.2　流水中の樹木にかかる力の考え方

この関係を用いて樹木に掛る力を算定することができる．なお，対象とする樹木のすぐ前面に他の樹木が存在する場合には，前面の樹木により流速が減じられているため，この力よりも小さい力が掛ることになる．

樹林の場合に流れへの影響を考える場合には，樹木１本１本に掛る力を考えるのではなく，群として考える場合が多い．この場合，樹木が水面より高い状態すなわち水没していない場合を考えると，単位面積あたりにおける力 f は，(4.2) 式で表現される．

$$f = \frac{1}{2}\rho a h_0 C_d {u_0}^2 \qquad (4.2)$$

ここで，a：流体の単位体積あたりの遮蔽面積，h_0：水深である．いま，図 4.3 のような樹林が存在する場合，a の値は，(4.3) 式で表される．

$$a = \frac{d}{lm} \qquad (4.3)$$

ここで，l, m：対象とする樹林領域（図 4.3 における黒点線で囲われた四角形の領域）の縦横断方向の長さ，d_i：各樹木の流水中の投影幅（投影面積を水深で除した値），d：対象とする樹林領域内における各樹木の投影幅 d_i の総和である．

樹木の下枝高が水面よりも高い場合，樹木を円柱と仮定して C_d を 1.0 程度，d_i を樹木の直径とする場合が多い．下枝高が水面よりも低い場合には，樹冠部が流水中に存在することとなる．この場合，流れの影響により枝が流れ方向にしなり樹冠部の投影面積が縮小するとともに振動するため，樹木の抗力を一義的に決定することは難しい．このため，様々な試みが行われている．林ほか (2003) は流水条件ではないが空気流を用いた風洞実験により，モミジ，ケヤキ，シラカバ，ヒノキについて，無風時の投影面積を使用して算出した C_d と流れの乱れを示すパラメータであるレイノルズ数（$R_e = uH/\nu$，ここで，H：樹高，

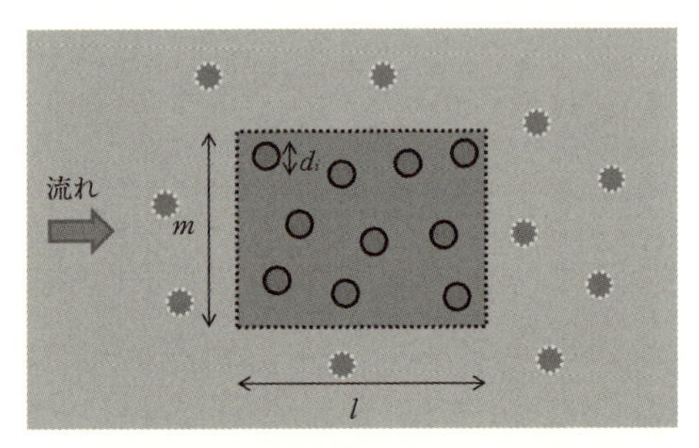

図 4. 3　河道内樹林を真上から見た図

ν：水の粘性係数）に対する変化特性を調べている．その結果，$R_e = 1.0 \times 10^6$ の条件で，上記樹種についてそれぞれ $C_d = 0.38, 0.43, 0.59, 0.80$ という結果を得ている．また，油川ほか（2004）は流水による水路実験を実施し，流れのない状態での投影面積を使用して $R_e = 1.0 \times 10^6$ の条件で，ヤナギの C_d が 0.62 という結果を得ている．

このように，流水中に樹林が存在する場合には，樹林の抵抗が存在するため，流速は小さくなるとともに，水位は上昇する．

Box 4. 1　樹林の有無による流体塊に働く力の違い

流量 Q，勾配 i_b および川幅 B が与えられた場合において，河道内における樹林の有無による力の釣り合いの違いを見ることとする．図に示す非常に単純化した流れの場合について水深 h_0，川幅 B，縦断方向 Δx の水の塊に働く力を考える．なお，底面は水平から角度 θ 傾いており，底面の勾配 $i = \tan\theta$ である．樹林が存在しない場合には，流体塊に重力の斜面方向分力および水塊と底面の間の摩擦力のみが働く．質量 m の物体に働く重力は，重力加速度を g とすると mg となる．水深 h_0，川幅 B，縦断方向 Δx の水の塊の体積は ΔxBh_0 であり，水の密度を ρ で表すと，この水の塊の質量 m は $\rho\Delta xBh_0$ で表され，水の塊に作用する重力は，$\rho\Delta xBh_0g$ となる．重力は鉛直下向きに働く力である．河道底面は，重力の斜面に対して垂直方向の成分 $\rho\Delta xBh_0g\cos\theta$ を抗力として打ち消している．このため，流体塊を移動させる力は，重力の残りの成分すなわち斜面方向の成分 $\rho\Delta xBh_0g\sin\theta$ となる．一方，水塊と河床底面との間に生じる摩擦力は，単位面積あたりの摩擦力を τ_b で表すと底面積が ΔxB でああることより，$\Delta xB\tau_b$ となる．流れが変化しない場合には，この両者が釣り合っている状況であるため，次式が成り立つ．

$$\rho\Delta xBh_0g\sin\theta = \Delta xB\tau_b$$

ここで，一般に河床底面の勾配 i_b は，非常に小さい値であることから $i_b = \tan\theta \approx \sin\theta$ である．また，時間的にも空間的にも変化しない流れである等流を考えると，$i_b = i_w = i_e$ である．ここで，i_w および i_e は，それぞれ水面勾配およびエネルギー勾配である．したがって，上式の左辺は $\rho\Delta xBh_0gi_e$ で表され，次式が得られる．

$$\frac{\tau_b}{\rho} = gh_0i_e = u_*^2$$

ここで，$u_*(=\sqrt{gh_0i_e})$ は摩擦速度である．上式は，水塊の流下方向の速度すなわち，流速を u_0，河床の摩擦係数 $C_{fb}\ (=u_*^2/u_0^2)$ を用いて，次のように表される．

$$\frac{\tau_b}{\rho} = C_{fb}u_0^2$$

一方，樹木が存在する場合には，河床の抵抗のほかに，樹木による抵抗が付加される．流水中の物体が流れから受ける力 F は，樹木が存在する場合の流速 u_t の2乗と物体の流れ方向への投影面積 A に比例し，次式で表される．

$$F = \frac{1}{2}\rho AC_du_t^2$$

流れの方からこの力を見ると，流水中の物体から同じ大きさで逆向きの力を受けていることになる．このため，流れが受ける力は重力と河床の抵抗および樹木から受ける力の三つとなる．底面 ΔxB に1本の樹木が存在する場合の力の釣り合いを式で表現すると次式となる．

$$\rho\Delta xBh_tg\sin\theta = \Delta xB\tau_b + \frac{1}{2}\rho AC_du_t^2$$

$$h_tgi_e = \frac{\tau_b}{\rho} + \frac{1}{2}\frac{A}{B\Delta x}C_du_t^2$$

ここで，

$$\frac{\tau_b}{\rho} = C_{fb}u_t^2$$

で表現すると

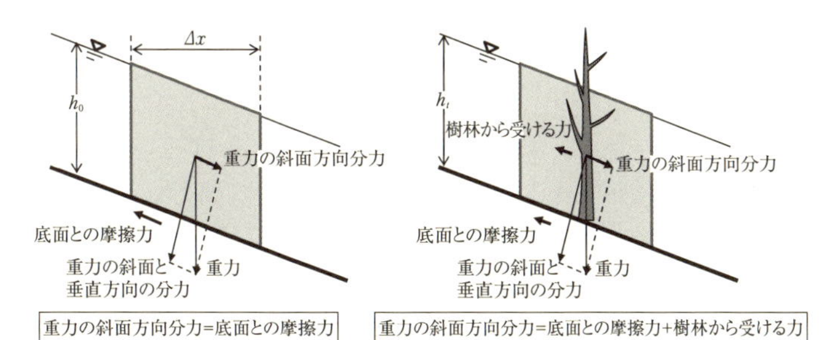

図　流れに働く力の概念図

$$h_t g i = \left(C_{fb} + \frac{1}{2}\frac{A}{B\Delta x}C_d\right)u_t^2$$

ここで，h_t は，樹木が存在する場合の水深である．

樹木が存在する場合と存在しない場合について，上式を用いて考えることとする．両者で水深と河床勾配が違わない場合，左辺は変化しない．一方，右辺については樹木が存在する場合には括弧内の第2項が樹木の存在しない場合に対して付加することとなる．このため，樹木の存在する場合の流速 u_t は，樹木が存在しない場合の流速 u_0 よりも小さくなる．また，樹木の有無で流速と河床勾配が異ならない場合，樹木の存在する場合の水深 h_t は樹木の存在しない場合の水深 h_0 よりも大きくなる．

次に，土砂の動きについて考える．流れと河床の間に働く摩擦力の反力である掃流力によって河床の土砂は移動する．掃流力は，摩擦力と同じ大きさで逆向きの力である．樹木のないときとあるときの掃流力は，それぞれ次式で表される．

$$\frac{\tau_b}{\rho} = C_{fb}u_0^2\text{；樹木がない場合} \qquad \frac{\tau_b}{\rho} = C_{fb}u_t^2\text{；樹木がある場合}$$

樹木がない場合とある場合で河床勾配と水深が同一のときは，流速が樹木のある場合の方がない場合に比べて小さくなることから，掃流力も小さくなる．

4.1.2　土砂の移動に及ぼす樹林の影響

河道における土砂は，流れと河床の間に働く摩擦力の反力すなわち掃流力 τ によって移動する．ここで，河道内に樹林が存在する場合の掃流力は，樹林の抵抗が存在することから，次式のように樹林のない場合に比べて小さくなる．すなわち，土砂の移動は樹林がない場合に比べて抑制されることになり，流掃されてきた土砂は樹林内に堆積する．

図4.4は，永多ほか（2016）が行ったヤナギを中心とした河畔林における表土剝ぎ調査の結果の一例である．このように，樹木は根茎を有しており表面の地盤を緊縛している．このため，前述の掃流力の低下以外にも，土砂が移動しづらくなる効果も存在する．植生地下部の影響に関する研究としては，樹木ではないものの，草本を用いた人工降雨実験（関根ほか，2010）や現地調査（服部ほか，1997）により，根系の土砂緊縛力が斜面の耐侵食性を高めること，侵食抵抗力は地下部の根量に比例することが示されている．また，繊維を土砂に混入した際，土粒子はブロック状に拘束され，各ブロック間には繊維の張力に

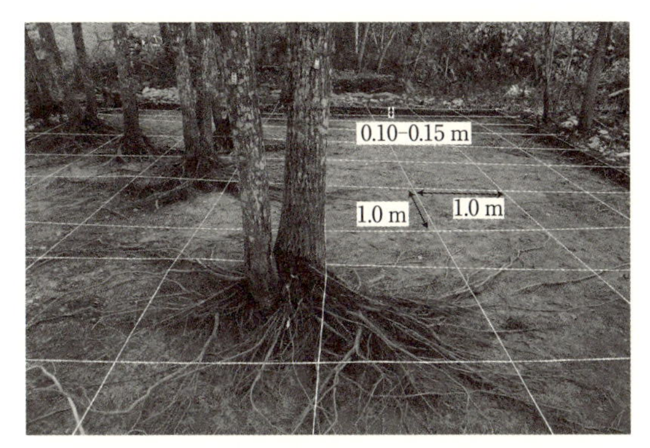

図 4.4　河畔林における表土を取り除いた根の状況（永多ほか，2016）

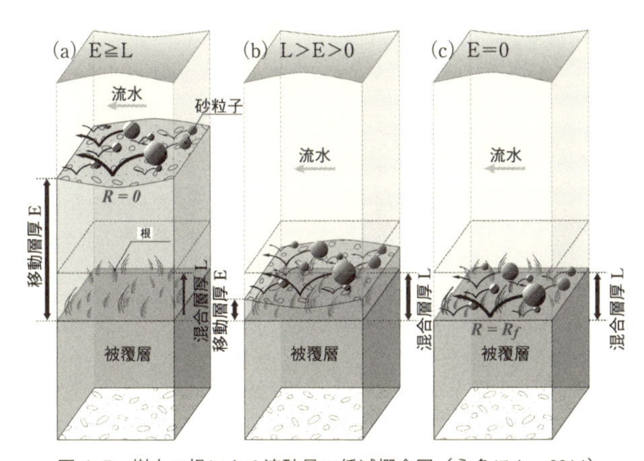

図 4.5　樹木の根による流砂量の低減概念図（永多ほか，2014）

起因した架橋効果が生じ，全体の強度が高まることが確認されている（堀ほか，2010）．これらの知見から永多ほか（2014）は，河畔林の根茎の詳細な調査を実施するとともに，水理実験を行い，樹木の根による単位幅あたりの流砂量 q_b の低減効果を，河床の構成材料を単一粒径とした場合の芦田・道上の掃流砂量式を用いて，次のように求めている．

$$\frac{q_b}{\sqrt{sgd_s}} = 17(1-R)\tau_*^{1.5}\left(1-\frac{\tau_{*c}}{\tau_*}\right)\left(1-\sqrt{\frac{\tau_{*c}}{\tau_*}}\right) \qquad (4.4)$$

ここで，s：砂粒子の水中比重（一般的に 1.65），d_s：砂粒子の径，τ_*：無次元掃流力（$= hi_e/(sd_s)$），τ_{*c}：限界掃流力である．なお，R が流砂量の低減を表すパラメータである．図4.5に示されるように，樹木の根が存在し土砂移動が抑制された被覆層と，砂粒子のみで構成された移動層を想定し，被覆層の鉛直上方には被覆層からの影響を強く受けた混合層が存在するものと仮定して，移動層厚Eと混合層厚Lの大小関係でRを3パターンに分けて，次式で表現している．すなわち，河床表面が，そこに存在する砂粒子の移動に関して根の影響を全く受けない場合（図4.5左），根は存在しないが根の影響を受ける範囲にある場合（図4.5中央）および根の存在する層にある場合（図4.5右）の3ケースに分けて定式化している．

$$R = \begin{cases} 0 & ; E \geq L \\ R_f \exp\left(-\phi \dfrac{E}{L}\right) & ; L > E > 0 \\ R_f & ; E = L \end{cases} \qquad (4.5)$$

ここで，R_fは根の影響を直接受けて流砂量が低減する割合（移動抑制効果）であり，ϕは，砂粒子の移動抑制効果が被覆層からの距離に応じて混合層内でどのように減衰するのかを表す係数である（永多ほか（2014）によると，$\phi = 0.5$とした場合水理実験結果の再現性が最も高い）．

4.1.3　河道の移動に及ぼす樹林の影響

樹林が河道内に存在することによって，前述のとおり流れや土砂の移動に大きな変化がもたらされる．このため，土砂の移動によってもたらされる河道の形状や移動も影響を受けることになる．

一般に扇状地河川では，出水時に形成される中規模河床波（砂州）が発達・移動し，礫河原を撹乱更新させるとともに平常時の水みちを移動させている．平常時に冠水していない砂州上には，樹木が生育可能であることから，砂州の撹乱が生じない期間が継続すると，河畔林が形成される．樹齢の若い時期に出水が生じた場合には，樹木サイズや根系が発達していないため，流れや土砂へ与える影響は少ないことから，生育基盤である砂州は容易に撹乱が生じ，河道の変化に与える影響も小さい．しかしながら，樹木サイズや根系が大きくなり，流れや土砂の移動に大きな影響を及ぼす場合には，砂州の撹乱を抑止することになる．また，このような状況では，樹林内に土砂を捕捉することになり，生育基盤の平常時の水面に対する比高が高くなるため，より撹乱を受けづらくなる．撹乱が生じないと，樹木はそのまま生育し樹木サイズや根系がより大きくなることから，さらに撹乱の可能性が低くなる．このようにして，ひとたび砂州上に樹林が形成されると，河道の固定化が進行し，治水や河川環境の観点で問題が生じることとなる．一級水系十勝川の一次支川である札内川では，図4.6の左の写真のように，かつては複列流路と広い礫河原が特徴の河川であった．しかしながら，砂利採取や上流ダムによる洪水流量の低減，2006～2010年の年最大流量の大幅な減少，2006年以降に顕著となった融雪出水規模の縮小，水制工の設置等が影響し，図4.6の右の写真にみられるように，河道内が著しく樹林化し，流下能力の減少や河川環境の大きな変化をもたらした．

以上のように，地表面の撹乱は樹木の影響で抑制されるが，図4.7にみられるような，根が存在する範囲よりも下層が側方侵食されるような場合には，侵食の抑制効果は小さいと考えられる．しかしながら，この点での研究は進んでおらず，今後の課題となっている．また，図4.8に見られるような河岸の樹木の倒伏によって，河岸近傍の流速を低下させ，河岸侵食を抑制することも考え

図4.6　札内川KP29付近の1987年（左）と2010年（右）の状況（北海道開発局）

図4.7　河岸に生育する樹木の状況

図4.8　河岸での樹木の倒伏状況

られる．

4.1.4　樹木の倒伏・流失

河道内に生育した樹木は，洪水時に流体力を受けて倒伏したり，基盤の洗掘や侵食によって流失する．ここでは，その機構が大きく異なることから，流体力によるものと，洗掘あるいは侵食によるものとに区分して述べることとする．

A．流れによる倒伏

河道内に樹木が存在する場合，流れは 4.1.1 の項で述べたとおりであるが，その反作用として樹木は流れから力を受ける．いま簡単のため，樹木の直径 d が高さ方向に一様でかつ樹幹部のみ水没しており，流速の水深方向分布が一様と仮定すると，根元にかかるモーメント M は，次式で表される．

$$M = \frac{1}{4}\rho C_d d h^2 u^2 \qquad (4.6)$$

樹木には根系が存在し単純ではないが，樹木を強制的に倒伏させ，その時の根元にかかる最大のモーメント M_c（倒伏限界モーメント）を調べることにより，どの程度の流れまで倒伏しないかが概略推定できる．従来より様々な地点で樹木の倒伏限界モーメントを知るための調査が行われてきている．その多くは，倒伏限界モーメントが胸高直径の 2 乗に比例する形で整理されている．その結果の一例を図 4.9 に示す．いま倒伏限界モーメントが図 4.9 の下限値である $M_{Nc}=7.8d_{cm}{}^2$（M_{Nc} の単位；Nm，d_{cm}；樹木の直径で単位は cm，d；樹木の直径で単位は m）であるとすると，倒伏する最小の流速 u_c が算出できる．

$$\frac{1}{4}\rho C_d d h^2 u_c{}^2 = 7.8(100\,d)^2 \qquad (4.7)$$

$$u_c = \frac{559}{h}\sqrt{\frac{d}{\rho C_d}} \qquad (4.8)$$

図 4.10 は，上式において $C_d = 1.2$，$\rho = 1000\,\mathrm{kg/m^3}$ の値を用いて水深をパラメータとして樹木の直径と倒伏限界流速との関係を見たものである．このようにして，樹木の流れによる倒伏を議論することが可能である．しかしながら実際の現象では，樹木の存在する場の地盤条件や流水による地盤の侵食，樹木へのごみの付着等による断面の増加など不確定要素が多いため，あくまでの目安

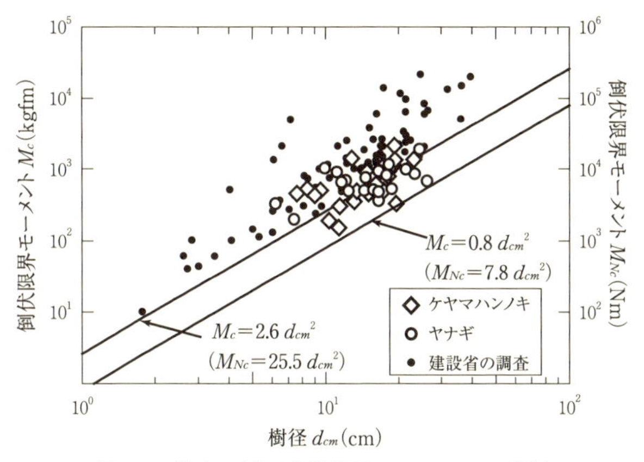

図 4.9　樹木の直径と倒伏限界モーメントとの関係

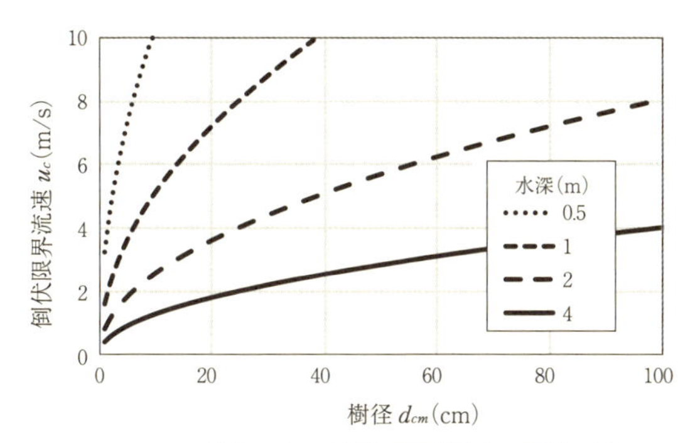

図 4.10　樹木の直径と倒伏限界流速との関係の例

として考える必要がある．

B.　基礎地盤の洗掘等よる倒伏

樹木の生育する地盤が洗掘を受けると，根系による支持力が失われることからその樹木は倒伏し流木化する．一般に，河道内の砂州の地下水位はそれほど深くないため，出水時の砂州の移動等により流木化する樹木は多数存在する．この場合，流体力による倒伏と大きく異なる点は，根系による支持力の喪失であり，そのまま流出し流木化することである．一方，樹木の存在する地盤表面が洗掘を受けなくても，側方からの侵食によっても倒伏する．また，この場合，根系部よりも水位が低くこの部分が侵食を受けなくても，その下の部分が侵食されることによっても，根系の存在する上層の地盤が支持力を失って樹木とと

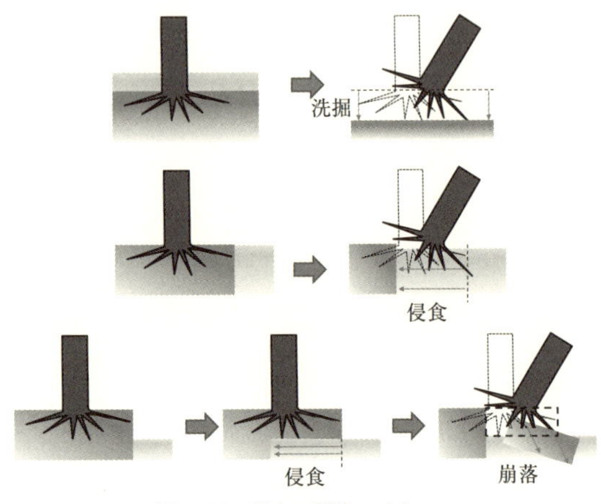

図 4. 11　樹木の倒伏のパターン

もに崩落することもある．これらの概念図を図 4. 11 にまとめている．

4. 2　河道の樹林化の現状と課題

この節では，現在我が国の河川で課題となっている河道の樹林化について，どのような原因で樹林化が進み，どのような問題を引き起こしているかについて述べることとする．

4. 2. 1　樹林化の現状

図 4. 6 にすでに示したように，北海道の十勝川支川である札内川では，かつて礫河原が広く分布し網状の流路が形成されていたが，近年の流況の変化により礫河原に樹木が侵入し，礫河原が大きく減少するとともに網状であった流路が 1 本の蛇行流路に変化してきている．図 4. 12 は，十勝川合流点より 32 km 上流付近から 37 km 上流付近までの約 5 km の区間の河道状況の変化である．また，図 4. 13 は，札内川の十勝川合流点から 24 km 上流地点付近から 48 km 上流付近までの区間の河道内における地目の変遷を見たものである．近年急激に河道内が樹林化して礫河原と水面の面積が減少していることが確認できる．2011 年には確率年が 20 年，2016 年には計画規模に匹敵する出水がそれぞれ生

起したため，樹木が倒伏流出し樹林面積が減少している．しかしながら，規模の大きな出水を経験しても，かつての樹林の面積にまでは減少していない．このように，樹林化が一度進行すると，たとえ計画規模の出水が生じたとしても元の河道の状況には容易に戻らないことが示されている．

札内川でみられるような河道の樹林化は，全国の様々な河川で生じている．国土交通省では，1991 年からほぼ 5 年毎に 1 級河川において河川水辺の国勢調査を実施しており，河道内の陸域を木本群落，草本群落，自然裸地，その他の四つに区分し，それぞれの面積の割合の変遷について整理している（国土交通省河川環境データベース，http://mizukoku.nilim.go.jp/ksnkankyo/（参照 2017 年 1 月 14 日））．その結果をまとめた一例を図 4.14 に示す．欠測や規模の大

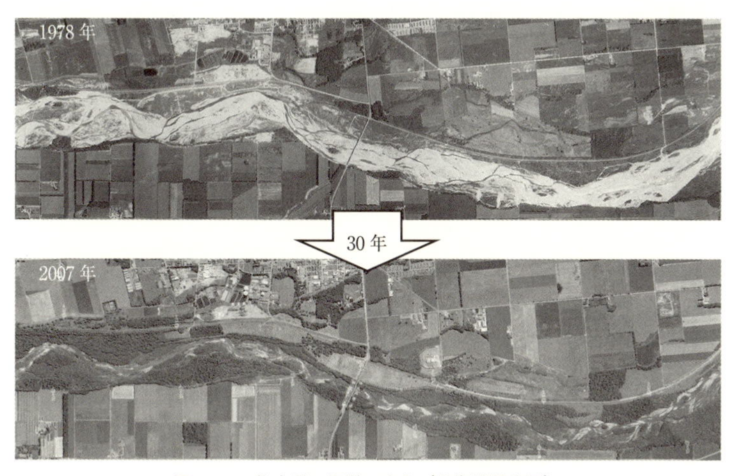

図 4.12　札内川の河道の変化（北海道開発局）

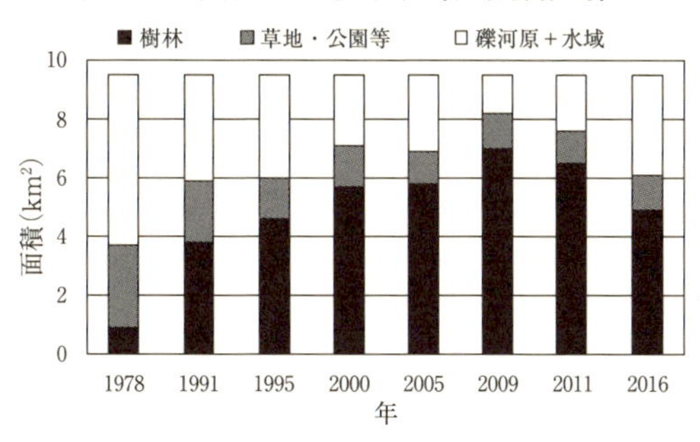

図 4.13　札内川の河道内における地目の変遷

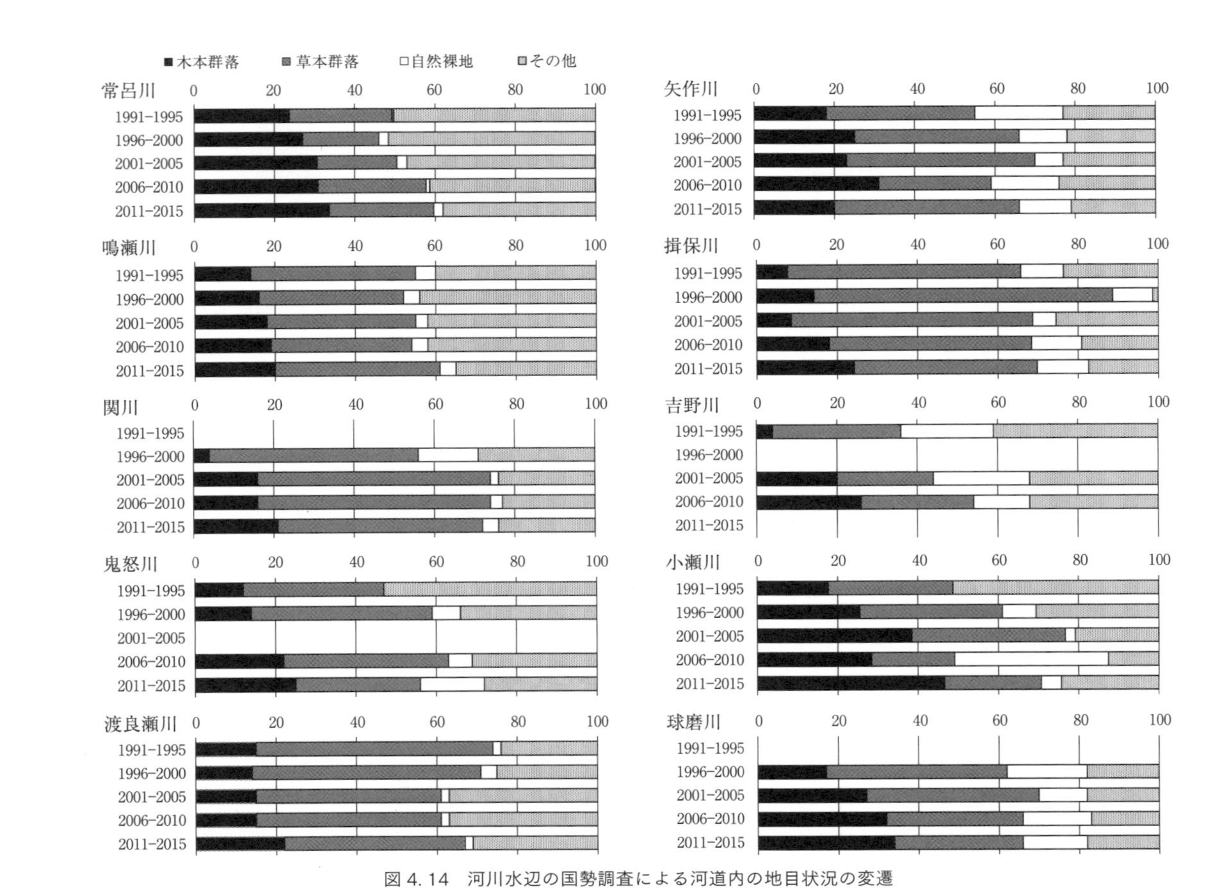

図 4.14　河川水辺の国勢調査による河道内の地目状況の変遷

きな出水等により木本群落の面積の多少の減少はあるものの，日本全国で樹林化が進行している状況が定量的に把握できる．

4.2.2　樹林化の要因

図 4.15 は，北海道東部に位置する標津川における蛇行復元試験地（中村，2011 年）の湾曲内岸側の固定砂州上に樹木が侵入する過程を撮影した写真と，試験地の約 3 km 下流に位置する合流点観測所における水位の変化を見たものである．蛇行復元試験地では，2002 年から 2009 年の期間において，2004 年，2005 年および 2008 年は，合流点観測所における水位が 4 m 以上となるような

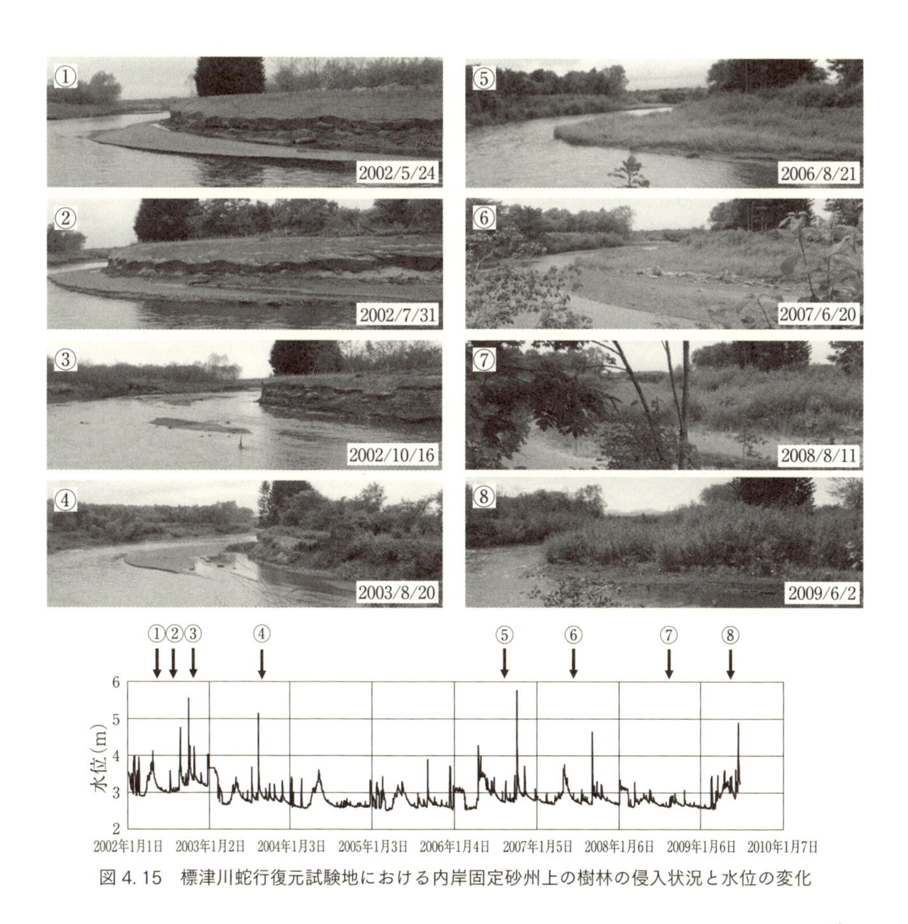

図 4.15　標津川蛇行復元試験地における内岸固定砂州上の樹林の侵入状況と水位の変化

大きな出水は生じなかった．このため，2002年の初夏に散布された種子は夏に発芽しているものの，2002年および2003年における秋季の出水の影響を受けて，2003年夏には流失している．一方，2004年初夏に散布された種子は，2年間規模の比較的大きな出水を受けずに生育し，この期間での最大水位を記録した2007年の出水時にも流失せず，生育を続けている．

このように，河道内に樹木が多数生育して樹林化するためには，種子の発芽後，根系の発達に必要な一定期間，出水の影響を受けないことが必要であると考えられる．

河道の撹乱の頻度が低下する要因として，流量の平滑化や河床横断面内の比高差の拡大などが挙げられる．李ほか（1999）は，多摩川の河口から約52 km上流に位置する永田橋付近における樹林化を詳細に調査して，樹林化のプロセスを次のように説明している．すなわち，調査地点では，平坦な礫床において澪筋部の低下に伴い，それまで河床であった澪筋以外の部分が取り残されて澪筋部よりも相対的に高い状態となり高水敷化した箇所に細粒土が堆積するとともに澪筋部のさらなる低下で顕著な複断面化が進み，安定した植生域が形成された．そのシナリオを簡略化したものが図4.16（李ほか，1999）である．

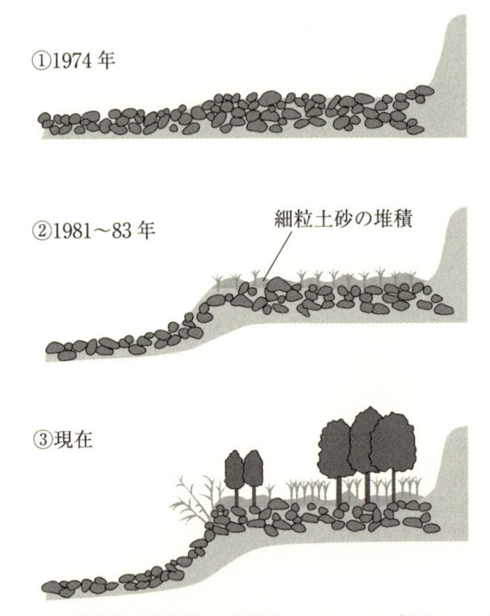

図4.16　多摩川永田橋付近の樹林化のシナリオ（李ほか，1999）

4.2.3　樹林化の課題

河道内に樹木が増えると，前節および前項で述べたように，流れを阻害するとともに，樹林内に土砂が堆積して，河道の流下断面を小さくする．この結果，出水時の水位上昇や流れの偏向による水衝部の形成など，治水上負の影響を与える．

また，樹木が流出し流木となる場合，その流木が橋梁などの構造物や河道内の樹林に引っかかることで流れに対して大きな抵抗となり，氾濫を誘発させたり構造物の破壊を招く場合もある．

2003年に生じた北海道日高豪雨における沙流川では，大量の流木が山地斜面や渓畔林，河畔林から流出し，図4.17にみられるように，中流部に位置する二風谷ダム貯水池へ大量に流入した．このとき，ダムの上流域では，図4.18，19にみられるように，橋梁に大量の流木が引っ掛かり，橋梁の破壊や氾濫等甚大な被害を生じさせた．

図4.17　2003年日高豪雨時に二風谷ダム貯水池に集積した流木（北海道開発局）

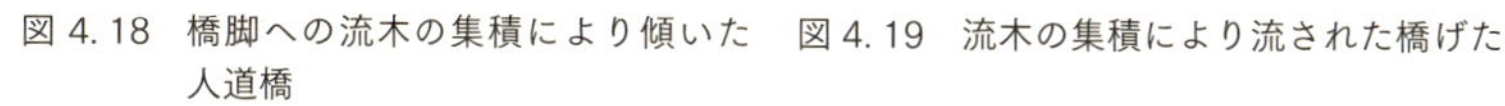

図4.18　橋脚への流木の集積により傾いた人道橋

図4.19　流木の集積により流された橋げた

4.3　河道内からの樹林の排除の試み

前節で述べたように，河道内の樹林化が進むと，様々な問題が生じる．このため，樹林化の進行した河川では，様々な方法を用いて河道内からの樹林の排除を試みている．ここでは，従来から行われている方法と，自然の営力を利用した方法について触れることとする．

4.3.1　伐採

伐採は河道に繁茂した樹木を除去する方法として，従来から様々な個所で実施されてきている方法である．直接樹木を除去するため，伐採直後の流水の阻害に対する効果は極めて高い．しかしながら，河道内に生育するヤナギや外来種でもあるハリエンジュなどは，伐採しても幹や根系などが残っている場合には，切った個所から萌芽するため，その効果は数年でなくなってしまう．また，切断面 1 か所から多数の萌芽枝が出現するため，その後の生育によりかえって伐採前よりも悪化する場合も存在する．その一例として，図 4.20 に 1995 年 3 月に地上から 1.5 m の高さで伐採されたヤナギを主体とした河道内樹木のその後の状況を示す．この例では，伐採後 3 年でほぼ伐採前の状況に戻っている．このため，伐採後に萌芽の発生源である休眠芽を取り除くため樹皮を剝がしたり，土壌中に存在する根系を除去するなど，再萌芽をできる限り抑制した伐採手法が検討されている．土木研究所河川生態チーム（田屋ほか，2012）では，抑制策に対する追跡調査を実施し，ヤナギの萌芽再生抑制には環状剝皮が有効であるものの，ハリエンジュに対しては伐採後の萌芽再生抑制は困難であると

図 4.20　河道内樹木の伐採後の状況

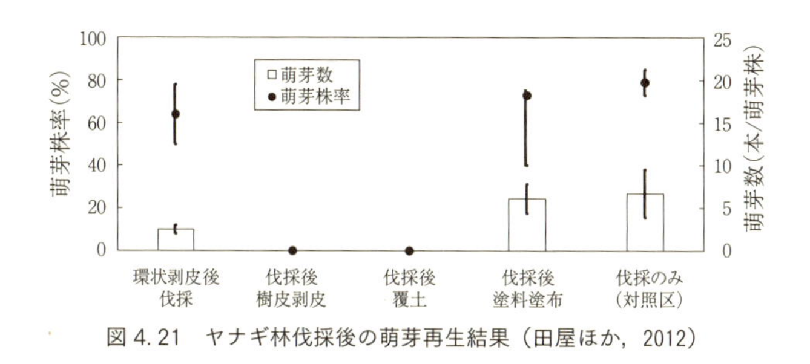

図 4.21　ヤナギ林伐採後の萌芽再生結果（田屋ほか，2012）

の知見を得ている．図 4.21 はその結果の一部である．

4.3.2　比高差の解消を目的とした河道掘削

樹林化のきっかけである河床の比高差を解消するとともに河床の撹乱を目的に，比高が高くなった箇所の切り下げによる対策が試験的に実施されている．4.2.2 項で例示した，多摩川の永田地区でも河道形状の複断面化による礫河原への樹木をはじめとする植物の侵入対策として，2001 年 3 月から 2002 年 3 月にかけて高水敷化した河岸の掘削が行われている．掘削は，冠水頻度の違いによる効果を検討するため，高さを変えて行われている．2007 年に掘削箇所が冠水する規模の出水があり，図 4.22 に示すように掘削箇所への礫の堆積による礫河原の創出が認められている（福島ほか，2008；小川ほか，2011）．また，掘削面の高さにより図 4.23 のように植生の破壊の程度に差が生じている（小川ほか，2011）．

4.3.3　渡良瀬川における樹林内水路の形成

河道内の樹林化対策として行われる伐採や河道掘削は，その原因の直接的な解決方法ではなく，対処療法として行われているため，継続的な維持管理が必要となる．継続的な維持管理にかける労力や費用を極力おさえて大きな効果が生じる方法が種々検討されている．その一つに，自然の営力を利用して樹林化を抑制する手法がある．

利根川の支川である渡良瀬川では，砂州や澪筋の固定化に伴うハリエンジュの繁茂が問題となっている．利根川合流点より約 50 km 上流の桐生大橋近傍では，維持管理頻度の軽減を目指して，樹林化の抑制が試みられている（松田

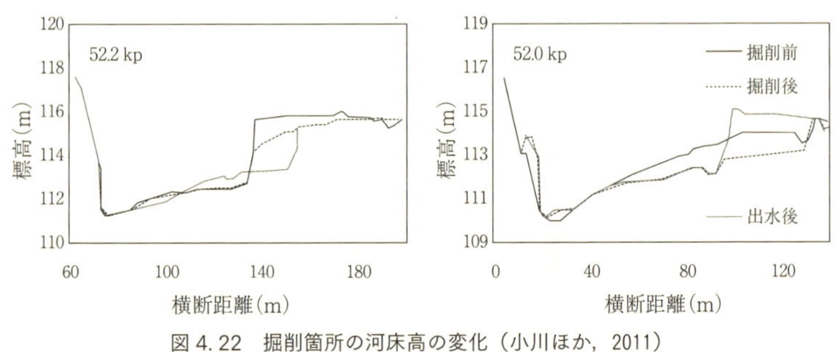

図 4.22　掘削箇所の河床高の変化（小川ほか，2011）

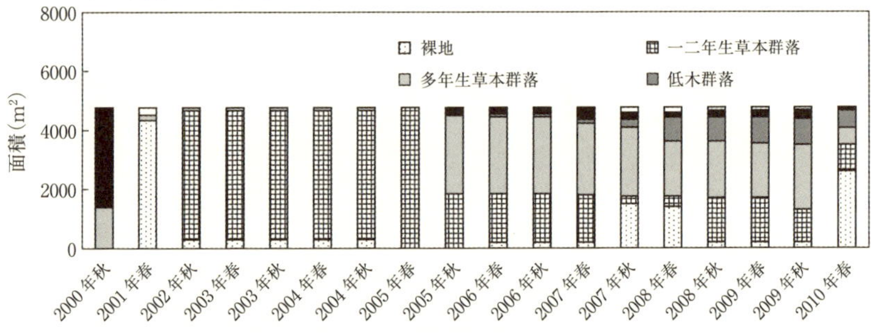

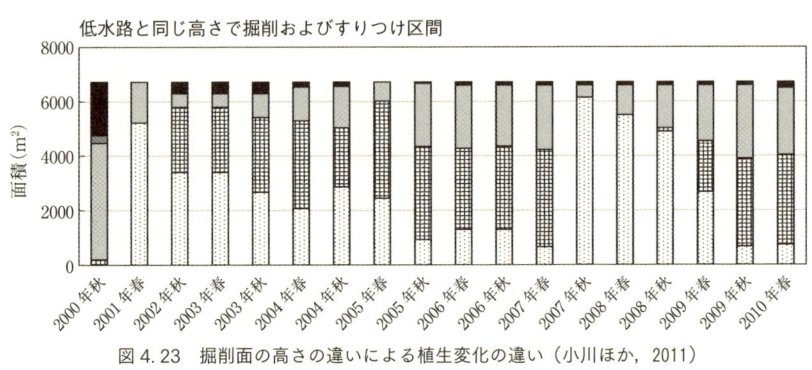

図 4.23　掘削面の高さの違いによる植生変化の違い（小川ほか，2011）

ほか, 2010). これは，冠水頻度が小さく樹林化している中州状の固定砂州内に縦断方向に幅5m程度（低水路幅の3%）の小規模な水路を掘削し，中小洪水でも固定砂州内の自然撹乱の誘発を起こさせようとするものである．この方法では，大規模に河道を掘削せず，平均年最大流量程度の中小規模の出水という比較的頻度が高く生じる自然の営力で，樹林化の抑制を行うものである．図

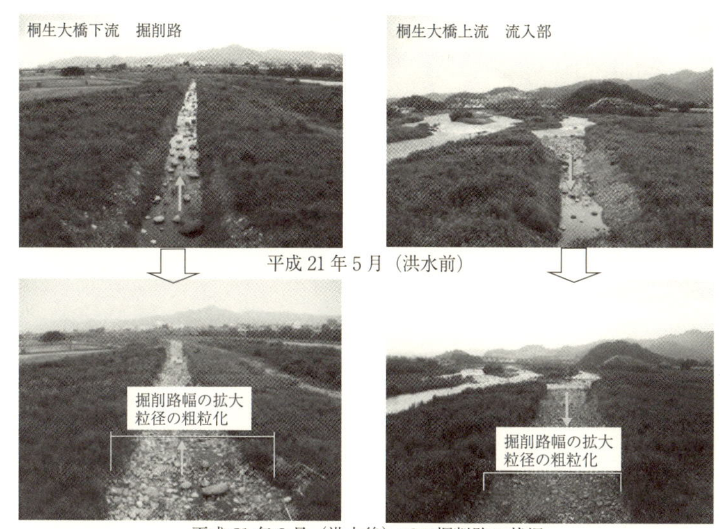

図4.24　渡良瀬川における中州に設けられた水路の出水前後の状況（町井，2015）

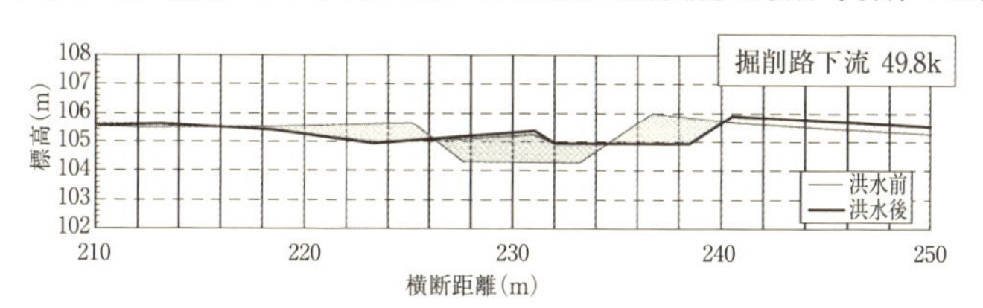

図4.25　掘削された水路の横断面の変化（町井，2015）

4.24は，2009年3月に掘削された水路が2009年8月の平均年最大流量よりもやや小さい出水でどのように変化したかを撮影したものである（町井，2015）．また，図4.25は，掘削された水路の出水前後の横断面の変化である．水路上幅の2倍程度の範囲で河道の変化が見られている．今後の追跡調査を待つ必要はあるものの，直接的ではなく撹乱を誘発させる工夫をすることによって，自然の営力により樹林化を抑制することができる可能性を示している．

4.3.4　札内川における中規模フラッシュ放流

扇状地河川では，流入部に土砂が堆積して大規模な出水でないと水が流れない旧流路が多数存在する．この旧流路を利用して河道撹乱を誘発し，河道の樹林化を抑制する手法の検討も行われている．

かつて礫河原が広く存在していた十勝川の支川札内川では，砂利採取や上流ダムによる洪水流量の低減，2006〜2010 年の年最大流量の大幅な減少，2006 年以降に顕著となった融雪出水規模の縮小，水制工の設置等複合的な要因によって，図 4.26 に示されるようにヤナギ類による樹林化が進行してきている．また，札内川は氷河期の遺存種で隔離分布で知られるケショウヤナギの生育地であるが，他のヤナギ類の侵入により発芽床である礫河原の衰退が懸念されてきた．そのような中，2011 年 9 月に生起確率 1/20 の出水により旧流路が主流路に転じて礫河原を形成した箇所が多数存在した．図 4.27 にその一例を示す．しかしながら，ほとんど変化を受けなかった旧流路も多く存在した．北海道開発局では，旧流路を多く維持することにより出水時により広く河道撹乱が期待

図 4.26　札内川中流部（十勝川合流点から 31 km 上流〜38 km 上流）における 1987 年と 2007 年の航空写真
（札内川技術検討会資料；北海道開発局帯広開発建設部を基に一部修正加筆）

2011 年出水前

2011 年出水後

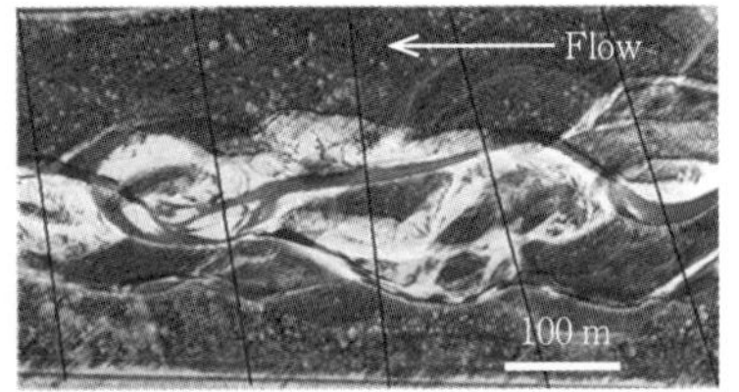

図 4.27　2011 年出水前後の河道の変化
（札内川技術検討会資料；北海道開発局帯広開発建設部を基に一部修正加筆）

できるものとして，上流に建設されている札内川ダムを利用して6月末に中規模フラッシュ放流による河道攪乱と旧流路の維持を試みている．この放流は，平均年最大出水規模よりも小さく河道攪乱への効果は大きく期待できないものの，ヤナギの種子散布後に実施されるため，新たな樹林の形成の抑制には寄与することとなる．

A. フラッシュ放流の概要

多目的ダムである札内川ダムは，図4.28に示されるように出水期に制限水位を下げる運用を行っており，出水期が始まる直前の6月下旬に貯水位を8m低下させる放流が行われている．従来は，下流河道の急激な水位の上昇が生じないように徐々に放流していたが，放流方法を変更してゲート全開で人工的に出水を生じさせ，河道の攪乱を引き起すことが北海道海発局で計画された．しかしながらゲートの大きさや貯水容量の制約により，最大放流量は，平均年最大流量200 m^3/s（1998年～2005年）の6割に当たる120 m^3/sであるとともに，継続時間は24時間程度である．このことから，河道全体の攪乱を生じさせることは不可能であり，旧流路の維持を中心に検討が進められた．2011年9月の出水時においてほとんど変化を受けなかった旧流路では，土砂堆積により流入部が閉塞していたことが確認されたため，流入部の土砂を取り除いて，中規模フラッシュ放流による旧流路の維持の可能性を把握することとされた．

B. フラッシュ放流による旧流路の維持

中規模フラッシュ放流により旧流路を維持することを目的として，流入部の土砂を取り除くことが計画された．計画が実施された旧流路は，2012年以降2016年までに9か所である．これらの旧流路では，流路内の河床材料の細粒分

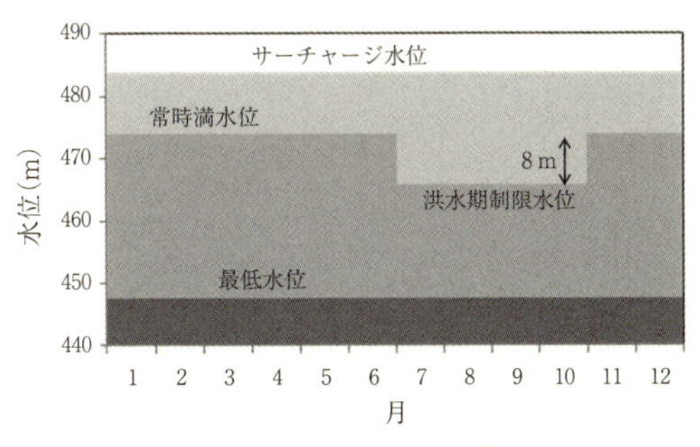

図4.28　札内川ダムの貯水位運用

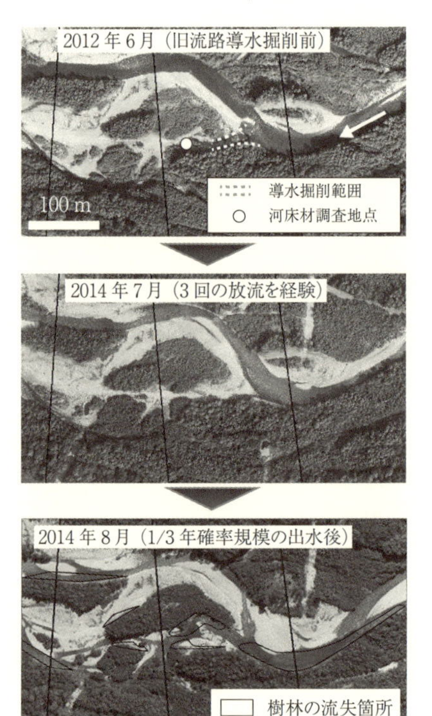

図 4.29　旧流路への引き込み掘削による流路の維持の実際
（札内川技術検討会資料；北海道開発局帯広開発建設部を基に一部修正加筆）

が流失し粗粒化ならびに旧流路の維持が確認されている．図 4.29 にその一例を示す．この個所は，2012 年 3 月に旧流路の流入部が掘削され，2012 年，2013 年および 2014 年の放流で旧流路への流入が維持されていることが確認された箇所である．また，2011 年 9 月に生起した 1／20 年確率規模の出水でも河道の撹乱が生じなかった箇所であるが，旧流路流入部の掘削後である 2014 年 8 月に生じた 1／3 年確率規模の出水では，旧流路周辺で大きな流路変動が生じ樹林が流失した．

このように，旧流路をフラッシュ放流で維持することにより，数年に 1 回程度の出水でも広い範囲で河道撹乱が生じることが確認された．

C.　旧流路による大規模洪水時の撹乱

2016 年 8 月，計画を上回る出水が生起し，札内川では全川にわたって撹乱が

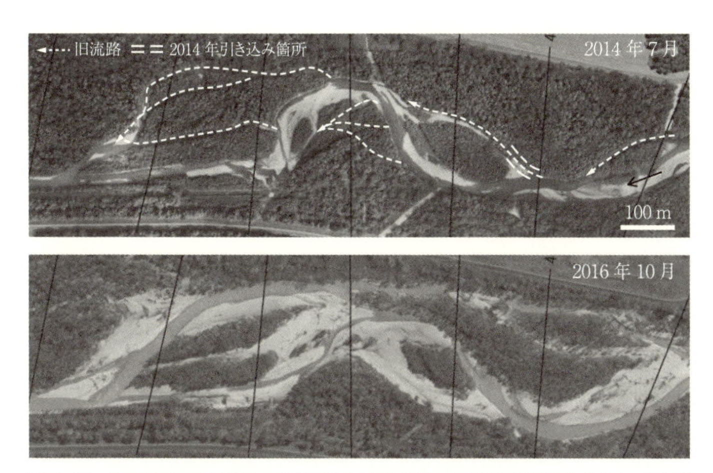

図 4.30　計画を上回る規模の 2016 年 8 月出水時に旧流路周辺を中心として大規模に河道撹乱した状況
（札内川技術検討会資料；北海道開発局帯広開発建設部を基に一部修正加筆）

生じた．旧流路を維持していた箇所では，そのほとんどで旧流路が主流路に変化して大規模な撹乱が生じていた．図 4.30 は 2014 年 3 月に旧流路にフラッシュ放流時の流れが流入しやすいように旧流路の流入部の土砂を取り除く引き込み掘削が行われた箇所である．2016 年 10 月には，旧流路周辺を中心に樹林地が礫河原に変化している．このように，旧流路を維持することによって，規模の大きな出水時に大規模な撹乱を誘発することが可能であることが実証されている．

4.4　水害防備林としての機能と効果

河道内に樹木が存在していると，前節までに述べてきたように，流水への抵抗や流木化による災害の発生等，治水を考える上で問題が生じる．しかしながら一方で，堤防付近に群として存在する場合などは，堤防近傍の流速を低減させることから，堤防の侵食などを防ぐ機能も併せ持つことになる．また，堤内に樹林帯が存在する場合には，氾濫流の流速を抑えるとともに河川からの土砂をそこで堆積させて被害を軽減させたり，堤防を越流する流れによる堤脚の洗掘を軽減することも指摘されている．このような特性を持つことから，過去には霞堤と組み合わされたりして，積極的に利用されていた．さらに，土石流などの扞止効果を持たせる土石流緩衝樹林帯（緑の砂防ゾーン）のように，積極的に河道内に樹林を導入する場合も存在する．ここでは，樹林の持つ機能を利用した河川に関する防災・減災効果について述べる．

4.4.1　水害防備林の機能

A. 堤防近傍の流速低減

樹林には流速の低減効果があるが，流下能力が十分に確保されている場合などは，このことを積極的に利用して堤防際の樹林を維持管理して堤防の侵食を抑制することもある．

図 4.31 に示す調査測線で，出水時における流速観測が行われている．測定は，水面から音波を出し，そのドップラー効果を利用して流速の鉛直分布を3次元で測定できる ADCP が用いられている．その結果を用いて流下方向の水深平均流速の横断分布を示したものが図 4.32 である（阿部ほか，2006）．樹木

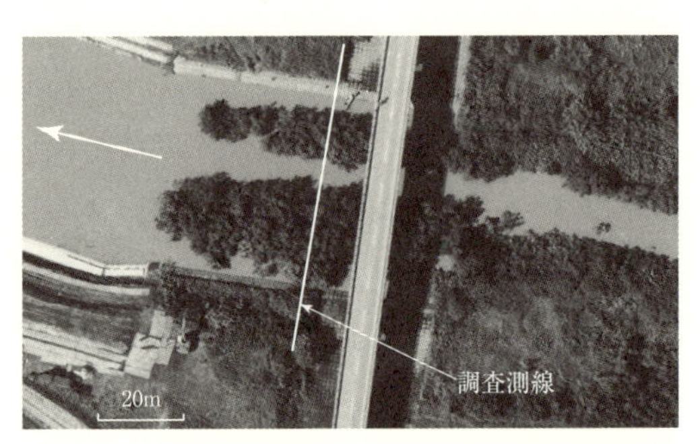

図 4.31　ADCP による樹木群を含む横断面の流速観測位置

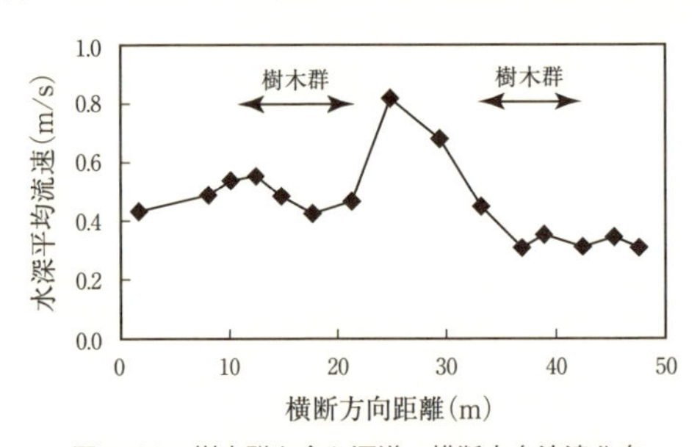

図 4.32　樹木群を含む河道の横断方向流速分布

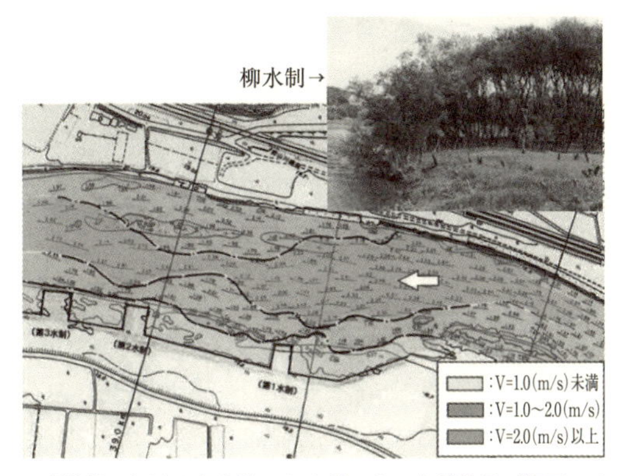

図 4.33　米代川における出水時のヤナギによる水制効果（福岡ほか，1998）

群内での流速の低減が確認できる．米代川や最上川では，突起状に樹木群を残して水制の機能を樹林に持たせる試みが行われた．これは，流れの向きを強く変化させる不透過水制とは異なり，流れに抵抗を与えて流勢を弱める透過水制として機能させようとするものである．米代川の 1997 年の出水時に，図 4.33 に示されるように，水制状に伐採された樹林により河岸近傍の流速が他の箇所に比較して抑制され，河岸侵食防止効果が認められている（福岡ほか，1998）．

しかしながら，樹林部が堤防から離れて存在する場合には，樹林部の存在により阻害された流水が樹林部外に集中して流速が上昇し，堤防の侵食を招く場合もある．このため，樹林により流れの低減を図る場合には，樹林の存在する箇所の上流側も含めて流況を予測する必要がある．

B.　堤脚周辺の洗掘抑制

堤防の被災原因の 8 割は，越水によるものである．破堤すると，堤内地盤高よりも高い水面を持つ流れが氾濫するため，被害は甚大なものとなる．なお，堤内とは堤防によって洪水氾濫等から守られている住居や農地のある側であり，

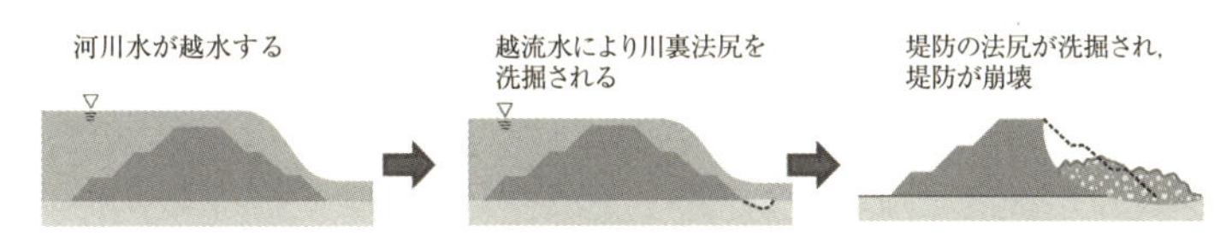

図 4.34　越水による破堤の機構
（北海道開発局網走開発建設部，常呂川堤防調査委員会資料；
http://www.hkd.mlit.go.jp/ab/tisui/v6dkjr00000006el.html）

堤防から川のある側を堤外という．この越水による破堤の機構は，図 4.34 に示されるように，河川からの越流水が堤内側の堤脚部を浸食することにより生じる．洗掘を受ける堤内側堤脚近傍に樹林帯がある場合には，堤脚部の流速を減じるとともに根の存在により，浸食を抑制させる．

C. 氾濫流の流速抑制と土砂の捕捉

堤防周辺の樹林帯には流速低減の効果があるため，氾濫流の流速を低下させる機能も存在する．このことから，樹林帯には土砂を樹林帯内に捕捉し氾濫域への流出を抑制する効果も存在する．また，河川水や土砂とともに氾濫域へ流出する流木を，引っかかり等により集積させる．これは，流木被害の低減につながる．また，流木の集積によって流れを阻害し，氾濫流速を低減させることにもつながる．

D. 霞堤との組み合わせ

霞堤とは，急流河川において，堤防を連続させず一部分が重なるようになっている堤防で，下流側の堤防が上流側の堤防を包み込むようになっているものである．このため，図 4.35 に示されるように，増水時には上下流の堤防の間に河川水が貯留され，減水時に貯留された河川水が徐々に下流へと流送されるため，下流河道への出水時の負担が減少する．貯留される際には，流速が減じているため，そこには細粒土砂が堆積することになる．しかしながら，出水の規模が大きく下流堤防を越えて河川水が氾濫する場合も存在し，このような場合には大量の土砂が河川水とともに堤内地へ流入することになる．そこで，このような場合にもできる限り堤防間で土砂を堆積させ，氾濫流の勢いも減じさせるために，竹や樹木を水害防備林として上下流の堤防間に植栽する場合もある．また，霞堤は上流で氾濫して河道に沿って流下してきた氾濫流を河川に戻す機能もある．

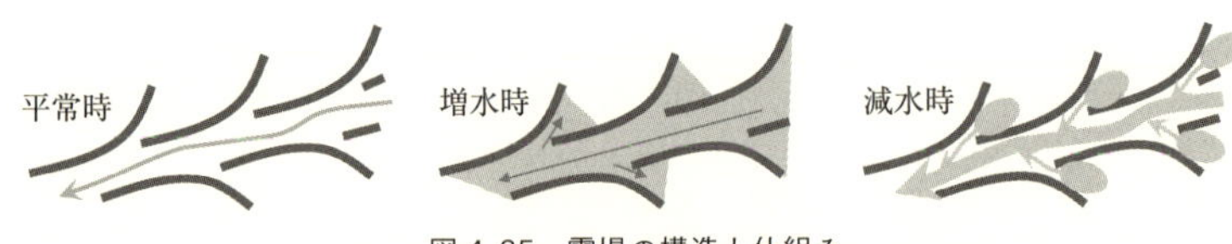

図 4.35　霞堤の構造と仕組み

4.4.2　水害防備林の現状

出水時に流水を堤防間で速やかに流下させる築堤を中心とした近代以降の治水事業では，堤内の樹林は治水から切り離され，河道内の樹林は流水の疎通能力を低下させるものとして認識されてきた．このような背景から，水害防備林は治水に関する伝統工法として認識されてきているものの，その面積を減少させてきている．図4.36は，総務省統計局の日本統計年鑑によって集計されている水害防備林の1940年以降の面積の推移である．高度成長の始まった1960年頃から急激に減少していることがわかる．このような時代背景ではあっても，水害防備林の機能は地域の防災・減災にとって重要であるとの認識から，少数ではあるが水害防備林は存続している．

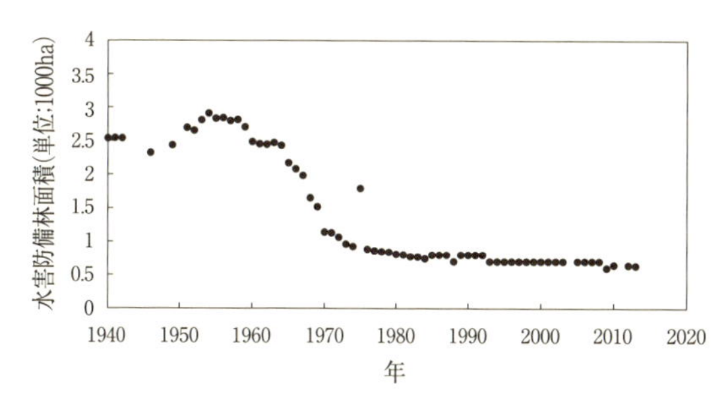

図4.36　1940年以降の水害防備林の面積の推移
（総務省統計局，日本統計年鑑；http://www.stat.go.jp/data/chouki/07.htm）

4.4.3　荒川における水害防備林

阿武隈川の1次支川である急流河川の荒川では，水害防備林と霞堤が組み合わされて地域の水害対策として利用されている．図4.37は，阿武隈川合流点から約8 km上流にかかる日之倉橋から見た霞堤と水害防備林の状況である．

荒川における水害防備林と霞堤の歴史は古く，沿川に「大松林」が存在することが1777年の古文書に記述されている（選奨土木遺産選考委員会；荒川流域治水・砂防事業の解説シート，土木学会ホームページ）．現在の水害防備林内にかつて作られた古い霞堤が図4.38に見られる状態で残っており，土木遺産として選定されている．この水害防備林は，周辺の農地や宅地開発，病害虫の発

図 4. 37　荒川の霞堤と水害防備林

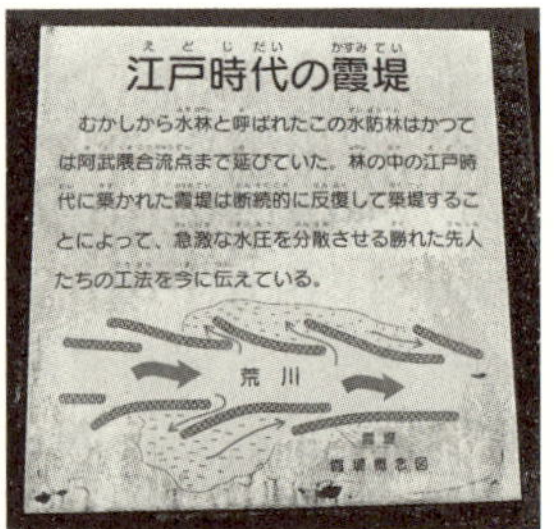

図 4. 38　荒川の水害防備林内に残っている江戸時代の霞堤

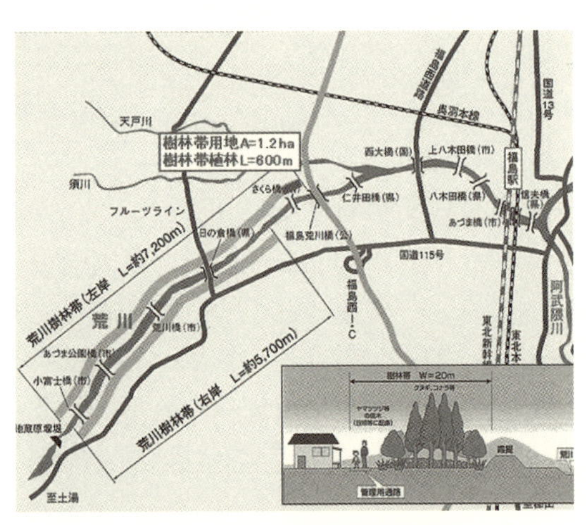

図 4. 39　荒川の樹林帯の整備概要
（福島河川国道事務所ホームページ　平成 17 年度　概算要求の概要について；
http://www.thr.mlit.go.jp/fukushima/press/2004/20040826_02/20040826_05.html）

生にともなう伐採が行われ，年々減少してきていた．国土交通省では，この地域の堤防を連続堤とはせずに霞堤として整備を進めるとともに，この水害防備林の機能強化を図るため，図 4.39 に示されるように，堤防の法尻より堤内側 20 m 程度を樹林帯として整備してきている．この樹林帯による土砂や流水の氾濫抑止効果を期待したものである．しかしながら，霞堤や水害防備林ならびに両者を組み合わせたものの定量的な評価は十分に行われていない状況である．近年の気候変動に伴う洪水危険度の上昇に対し，流水を河道部において貯留させる機能や氾濫した場合の減災効果を持つ霞堤や水害防備林が再評価されてきている．このため，霞堤を含め水害防備林の定量的な評価を早急に進める必要がある．

4.4.4　戸蔦別川での試み

北海道の十勝川の 2 次支川である戸蔦別川では，上流斜面の崩壊や河道内の土砂移動によって，過去に度重なる土砂災害および水害が発生してきていた．このため，中流域において流出土砂を制御する事業が 1988 年から進められてきた．この事業では，樹林帯による土砂移動の抑制を積極的に取り込んだものとなっている．

事業計画が策定される際，戸蔦別川の 1947 年から 1984 年までの河道変遷状況が調べられ，図 4.40 に見られるように平面的に河道が移動する拡幅部である“腹”と河道が横方向には変化しない“節”の部分が存在することが明らかとなった．このため，河道の狭窄部である“節”の部分に縦侵食を規制するための基幹的，準基幹的な床固工を設けるとともに，流路変動の激しい“腹”に床固工や帯工を設けて平面的な河道の動きを規制する方針が立てられた．この“腹”には，大量に堆積している土砂の流出抑制効果と河道の拡幅部に流送土砂を氾濫させ，樹林帯により土砂を堆積させる調節効果（緑の砂防ゾーン効果）を合わせもつこととされた．戸蔦別川中流部における床固工および緑の砂防ゾーンの配置の概要を図 4.41 に示す．

2016 年 8 月に既往最大の出水が生じたが，この区間では大規模な災害は生じておらず，土砂流出の抑制および流木の捕捉等の効果が現れている．図 4.42 は，この区間の流木の発生および堆積量の縦断的な変化を見たものであり，図

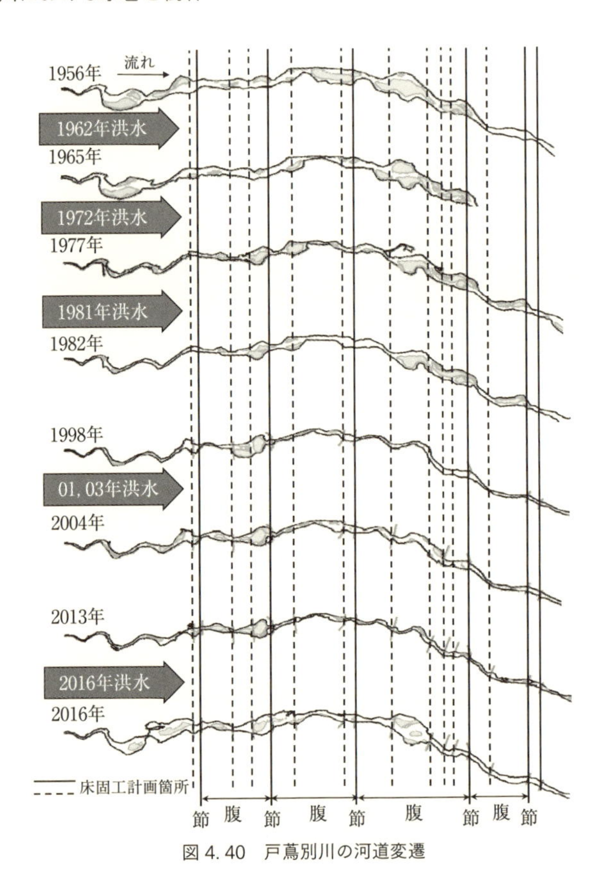

図 4. 40　戸蔦別川の河道変遷

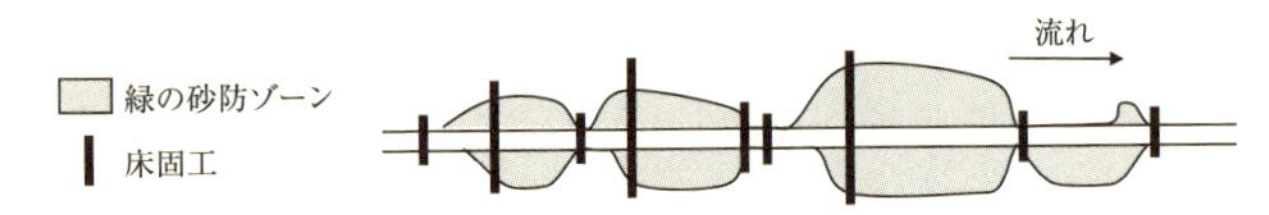

図 4. 41　戸蔦別川中流部における床固工および緑の砂防ゾーンの配置

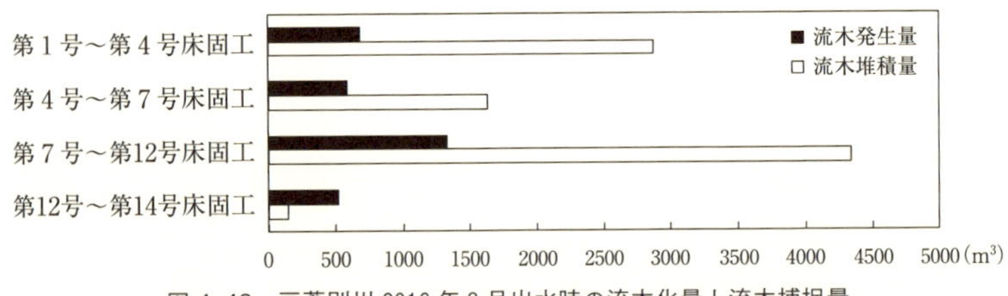

図 4. 42　戸蔦別川 2016 年 8 月出水時の流木化量と流木捕捉量

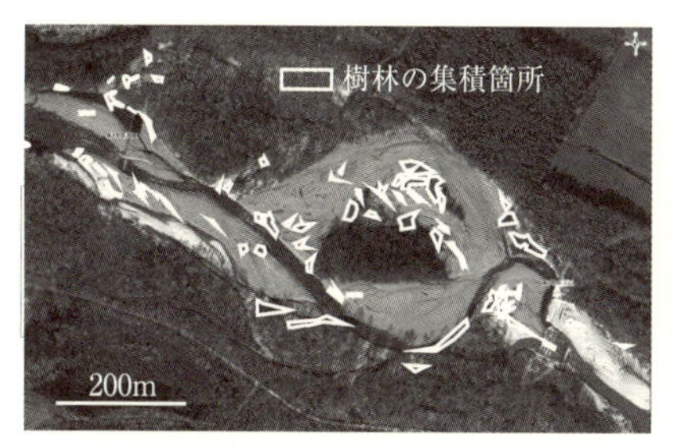

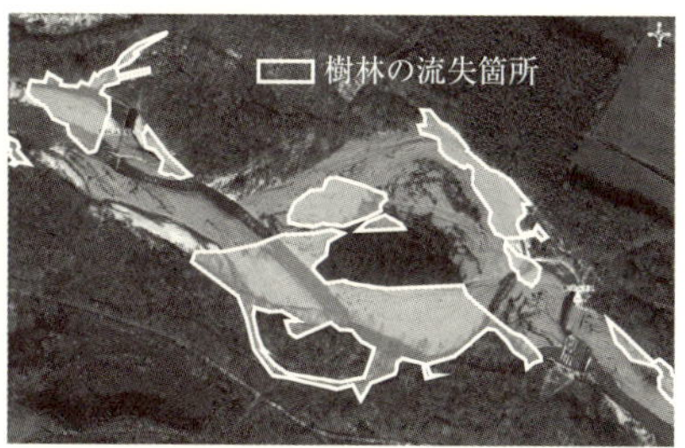

図 4.43　戸蔦別川 2016 年 8 月出水時の樹林の集積箇所（左図）と流失箇所（右図）（帯広開発建設部資料）

4.43 は，その一例として出水後の航空写真に流木が集積した箇所（左図）と樹林が流失した箇所（右図）を示したものである．

おわりに

河道内の樹林は，流速を減じる機能を有することから，氾濫流の流速を減じるための対策や土砂の氾濫対策のため，積極的に活用されることがある．一方で，水位の上昇に伴う洪水氾濫の危険性が増す場合や，流木化により下流域の被害が増大することもある．このため，積極的に河道に樹林を残すあるいは生育させる場合には，広い視点でその効果と影響を把握しておく必要がある．一方，数多くの河川では河道内の樹林化により，生態系や河道形状等，河川環境の大きな変化が問題となっている．この対策として，伐採や人工的な河道の撹乱等による対策が試行錯誤的に模索されてきており，徐々にその成果が積み重ねられてきている．しかしながら河道内の樹林化対策は一般化されるには至っていない．治水や自然環境の保全のために，河道内の樹林の機能と影響についてさらに理解が進められることを望む．

引用文献

阿部修也・渡邊康玄ほか（2005）美唄川出水の樹木群落を含む流速鉛直分布の観測．土木学会水工学論文集，50，1147-1152.

油川曜佑・渡邊康玄ほか（2004）下草を伴う実際のヤナギの流水抵抗に関する水理実験．土木学会北海道支部平成 15 年度論文報告集，60，382-385.

福岡捷二・樺澤孝人ほか（1998）柳水制の試験施工とその機能の現地調査．水工学論文集，42，445-450.

福島雅紀・武内慶了ほか（2008）2007年9月出水に伴う多摩川永田地区の地形変化．土木学会第63回年次学術講演会公演概要集.

畠瀬頼子・星野義延（2010）礫河原造成地の植生遷移と出水の及ぼす影響．第13回河川生態学術研究会合同研究発表会　発表資料（学会未発表）.

服部　敦・望月達也ほか（1997）年2回の草刈りを行っている堤防のり面の耐侵食性の評価．水工論文集，41，367-372.

林建二郎・辰野正和ほか（2003）単独樹木に作用する風力計測．流体力の評価とその応用に関する研究論文集2（土木学会水理委員会基礎水理部会），96-103.

堀　智之・山口智世ほか（2010）短繊維補強斜面の流動抑制効果．地盤工学研究発表会発表講演集，45，511-512.

李　参煕・藤田光一ほか（1999）礫床河道における安定植生域拡大のシナリオ—多摩川上流部を対象にした事例分析より—．水工学論文集，43，977-982.

町井　悟（2015）河道内樹林化の抑制と水衝部対策について．リバーフロント研究所　第13回　川の自然再生セミナー資料.

松田浩一・内堀寿美男ほか（2010）固定化砂州での掘削路開削による洪水撹乱の誘発と樹林化抑制対策に関する研究．河川技術論文集，16，235-240.

永多朋紀・渡邊康玄ほか（2014）河道内植生の根系がもたらす土砂緊縛効果に関する基礎的研究，土木学会論文集B1（水工学），70，I_973-978.

永多朋紀・渡邊康玄ほか（2016）礫床河川における河道変化と植生動態に関する研究．土木学会論文集B1（水工学），72，I_1081-1086.

中村太士　編（2011）川の蛇行復元，技報堂出版.

小川豪司・内藤正彦ほか（2011）多摩川の礫河原再生事業　実施詳細計画の検討．リバーフロント研究所報告，22，86-95.

札内川技術検討会資料；北海道開発局帯広開発建設部を基に一部修正加筆.

関根正人・鍋島康大（2010）植生の根系と葉系が降雨による斜面浸食過程に及ぼす影響．水工論文集，54，655-660.

田屋祐樹・増本みどりほか（2012）河道内樹林における萌芽再生抑制方法の検討．河川技術論文集，18，59-64．9，362-369.

第5章 海岸林の津波被害と津波被害軽減機能[1)]

坂本知己

はじめに

平成23年3月11日14時46分，三陸沖を震源とする大地震が発生した．この地震によって巨大な津波（以下，3.11大津波）が発生し，青森県から千葉県にかけての広い範囲の海岸林が影響を受けた．なかでも岩手県から福島県にかけての海岸林の被害は甚大で，それまで果たしてきた防風や防潮，飛砂防備などの防災的な機能（坂本，2013），景観や保健休養の場の提供など，その多面的

図5.1　防潮堤の背後の洗掘（2011.3.23，宮城県岩沼市）
左下から右上につながる凹地は防潮堤を乗り越えた津波で洗掘されたもの．左上に見える海岸林には破壊された防潮堤の構成材料が洗掘された砂と一緒に入り込み，林帯の海側部分はなぎ倒された．

1）　本章は，坂本（2012）を下敷きにその後の知見等を加えたものである．

な働きはことごとく失われた．その一方で，海岸林が津波被害を軽減したことも確認されている．

本章では，海岸林が持つ各種防災機能，環境保全機能のうち，とくに津波被害軽減機能に焦点を当て，3.11大津波における事例を軸に海岸林が果たした働きを振り返りながら，津波被害軽減に関して海岸林に何を期待してよいのか，海岸林をどうするのがよいのかについて考える材料を提供したい．

5.1　海岸林の津波被害

5.1.1　巨大な津波

今回の津波をもたらした平成23年東北地方太平洋沖地震は，三陸沖を震源とするマグニチュード9.0の巨大地震であり，東北地方の沿岸を襲った津波は人々の想像をはるかに超えた巨大なものであった．リアス海岸が発達する宮城県北部から岩手県沿岸での波高はとくに高く，巨大な津波に襲われた海岸では，防潮堤が破壊され，海岸林も壊滅した．例えば，浸水高が15 mを超えた陸前高田市では，高田松原の多くは地盤沈下の影響もあって樹木だけではなく地面まで流失し海となった．仙台平野での波高は，リアス海岸ほどではなかったが，それでも10 mを超える浸水高も記録されている[2)]．仙台平野の多くの箇所においては，防潮堤を越えた津波が堤の内陸側を洗掘し堀のような凹地を出現させた（図5.1）．また，その洗掘によるところが大きいと考えられるが，防潮堤自体も激しく損壊した．

5.1.2　海岸林の津波被害の種類

海岸林の被害形態・程度は多様であった．これは，津波の到達が広範囲にわたったので，場所によって津波の規模，地形条件，それらの影響を受ける引き波の状況，海岸林の規模や林相（樹種[3)]，樹高，胸高直径，枝下高，立木密度な

2)　浸水高は，いずれも東北地方太平洋沖地震津波合同調査グループによる速報値による（http://www.coastal.jp/ttjt/:20121229版参照）．

3)　被災した海岸林は，一部にアカマツも混じっており，広葉樹の侵入もみられたが，基本的にクロマツ林であった．以下の記述では，とくに断りがないかぎり，クロマツを対象としている．

ど），表土条件，防潮堤などの防災施設が異なったためと考える．3.11大津波による海岸林の被害調査[4)]では，樹木の被害を幹折れ，根返り，傾きに分けた．本章では巨大な津波が海岸林を構成する樹木にどのような被害をもたらしたかを振り返る．

A. 幹折れ・根返り・傾き

「幹折れ」は，文字通り幹が折れたものをいう（図5.2）．完全に折れるまではいたらず，表面上は曲がっただけの個体もあった．幹が折れた場合，折れた幹が根株から分かれていた場合と，樹皮などによって根株とつながっている場合とがあった．幹が根株から分かれて根株だけが残っている場合，上部（幹）は流木化したことになる．

「根返り」とは幹が傾き，根鉢が持ち上がった状態をいうが，その程度は，完全にひっくり返った倒伏状態のものから，根の一部が地表に現れた程度のものや，表土が浮き上がったものまで，様々であった．

根返り・流失の典型的な例は，仙台平野の貞山堀の内陸側や福島県の松川浦などの低地で見られた（佐藤ほか，2012；田村，2012；渡部ほか，2014）．根返りした個体の多くには直根・垂下根の発達が見られず，根が薄い盤状になっていたこと（図5.3），根返りの発生地の多くが低湿地状になっていたこと（図5.4）から，地下水位が高いために根が浅く，津波に引き抜かれたというより，押し倒されたと考えられた．地震の揺れによる根の破断，液状化による根の緊縛力の喪失も根返りを助長したと考えられた（東日本大震災に係る海岸防災林の再生に関する検討会，2012）．

「傾き」とは，津波に押された幹が傾いて直立していない状態である（図5.5）．傾いた原因は，根元付近での幹折れであったり，根返りであったりする．原因が特定できた場合は，上述のどちらかに分類したが，根元が津波によって運ばれてきた砂や津波以前からの飛砂で埋まっていて，折れたのか根返りしたのかが確認できなかった場合があり，その場合に「傾き」とした．なお，根返りと幹折れとの両方が生じている個体もあった．

樹木が，根返りするか幹折れするかは，津波から受けた力に対する幹の強度

4）　林野庁平成23年度震災復旧対策緊急調査「海岸防災林による津波被害軽減効果検討調査」

図5.2　幹折れ（2011. 6. 29，福島県相馬市）
折れた幹が根株とつながっているもの，幹が流失したものがある．折れ口の状態も一様でない．

図5.3　流木の根系（2011. 6. 29，福島県相馬市）
根付きの流木の多くは根系が盤状を呈し，直根・垂下根が発達していなかった．

図5.4　(a) 根返り（2011. 3. 24，仙台市），(b) a の周辺の海岸林被害の様子（©Google Earth, 2012. 8）
根返りが海側から陸側に連続して生じ，列状伐採をしたかのように，林帯が帯状に残った．津波後13日経つのに水が溜まり湿地状になっていた（a）．ピンマーク（b）は，おおよその撮影位置．

図 5.5　なぎ倒された海岸林（2011.6.1，仙台市）
幹が根元で折れたもの，根返りしたものが混じっている．壊滅的な被害であるが，その場に残り流失（流木化）してはいない．

と根の強度（根返りに対する耐性）との関係で決まる．津波から受けた力に対して，幹に比べて根が弱ければ根返りを起こし，根の耐性が高ければ幹が折れることになる．根の耐性が根の張り方やそれに影響を与える地盤によって変わることと，幹の強度が樹体内の腐れや死に節（枯れ枝が幹に巻き込まれたもの）の存在で変わることから，幹折れするか根返りするかは予想しにくいが，根系が浅い場合は，根返りしやすい．

3.11 大津波後の仙台平野における調査（渡部ほか，2014）では，クロマツの被害の種類を胸高直径と地下水深度（地表から地下水面までの距離）との関係で整理したところ，胸高直径が概ね 20 cm を超えると幹折れや根返りは少なくなった．ただし，地下水深度が概ね 1.0 m 未満のところでは，胸高直径が 20 cm を超えても流失が生じていた（図 5.6）．田村（2012）も同様の報告をしている[5)]．

根系が盤状になった個体に比べて，直根・垂下根が発達した個体が根付きの流木となった事例は明らかに少なかった．これに対して，比較的大径木が根株を残して幹折れした姿はまとまって見られた（図 5.7）．直根・垂下根が発達した一定以上の大きさの個体では，地盤が洗掘されない限り，根返りする前に幹

5）　根系の状況と 3.11 大津波による樹木被害の関係については，国土交通省都市局公園緑地・景観課（2012）63～65 にも同様の報告がある．

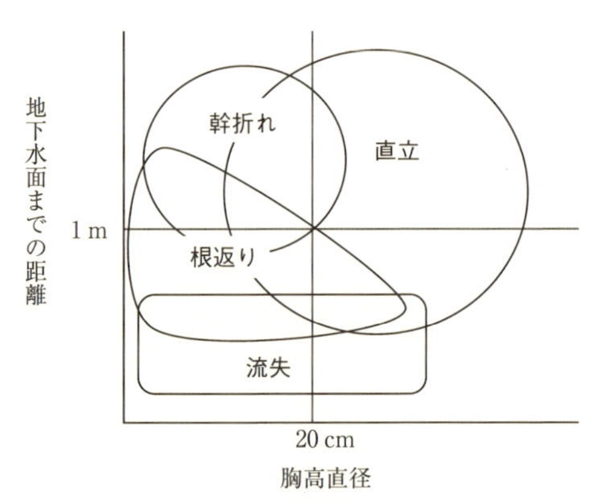

図 5.6　クロマツの被害と要因（渡部ほか（2014）を一部改変）

図 5.7　引き波のある場所での幹折れ（2011. 5. 31，岩手県陸前高田市）
高田松原では，地面ごと失われた海岸林が多かったが，地盤が残った箇所では幹折れが目立った．寄せ波と引き波の繰り返しによって倒れた幹の方向は一定ではなく，また，幹がねじ切られたような根株も見られた．洗い出された根を見ると，垂下根が発達していた．

折れしたと考えられた．

一般に，大径木ほど波力に耐えるが，老齢木に対しては幹の太さに応じた強度は期待できない．これは，幹内部の腐朽が無視できなくなるからである[6)]．すなわち，津波に対する海岸林の耐性を保つためには，海岸林を更新させることも必要である．逆に稚樹・幼齢木は，幹の太さによらない耐性を示すことがある．3.11 大津波の際にも，仙台平野の砂浜では，林帯前縁で幼齢のクロマツ

6）昭和 9 年 9 月に高知，徳島，大阪，和歌山の各府県を襲った暴風津浪についての報告（農林省山林局，1935）でも，クロマツ被害が最も少ないのは直径 30〜60 cm で，それ以上になると折損，倒潰木が増えることを記している．

図 5.8　倒れなかったクロマツ（2011. 3. 24，仙台市）
何事もなかったかのように生育していたクロマツ．場所によっては比較的良好な状態で立っている．枝振りから判断すると実生のクロマツかもしれない．中央左のクロマツは，樹高：2.5 m，胸高直径：3.6 cm．

図 5.9　実生の生存（2011. 9. 5，仙台市）
壊滅的な被害を受けた海岸林の中に生存する実生クロマツ．

が何事もなかったかのように立っているのが確認できた（図 5.8）．その後方のより壮齢のクロマツが壊滅的な被害を受けたのとは対照的であった．また，被害木の間に実生が生存しているのも認められた（図 5.9）．柔軟性が高く，波力を受けて幹がしなることで幹折れを免れ，幹をしならせたことで樹体が受ける力を減らして根返りも免れたと考えられた．

なお，根返り，幹折れは，津波そのものの力だけで生じたのではなく，漂流物の影響も受けている．例えば，損壊した防潮堤の一部であるコンクリート塊

図 5.10　林内に入り込んだ防潮堤の構成材料と洗掘された砂（2011.3.24，宮城県名取市）

図 5.11　海岸林に流入した漂流物（青森県八戸市）
漁船だけでなく鋼管などいろいろなものが漂流したが，海岸林はこれらを捕捉し，背後の住宅地に突っ込むことを防いだ．（八戸市森林組合提供）

などは，洗掘された砂と一緒に海岸林に入り込んだ．これらは，海岸林を直撃することとなり，樹木は押し倒されたり，傷つけられたりした（図 5.10）．八戸市市川町（青森県）では，漁船などが林内に入り込こんだことで，海岸林がなぎ倒されたと考えられた（坂本ほか，2012；図 5.11）．

B．生存・枯損（立ち枯れ）

多くの海岸林が甚大な被害に遭う中で，津波に襲われながらも生存した海岸林もあった．例えば，宮城県石巻市長浜の海岸林である．この海岸林の背後では４m 程度浸水し，海岸林周辺では多くの家屋が流失する甚大な被害となったが，海岸林の当初の被害は防潮堤の構成材料などが飛び込んだ前縁部に限定的に見られただけであった．この海岸林が生存した理由として，比較的大径木

（平均胸高直径が 29 cm[7]）から構成されていたことに加えて，林内の浸水深 4 m に比べて，枝下高が平均で 13 m と高かったために，津波は幹の間を抜け，樹冠（枝葉層）には津波が当たらず，幹・根系の耐性に比べて樹体が受けた波の力が弱かったためと考えられた．

津波直後は生存したと考えられた石巻市長浜の海岸林であったが，その後，葉を褐変させるものが見られるようになった．そのような個体は，根元付近が洗掘されていた場所や，相対的な低みで滞水時間が長かった可能性がある場所にあった．

生存木の衰弱は，仙台平野の海岸部でも見られた．被災後 2 週間を経ていない仙台平野の海岸部では，立ち枯れている個体は単木的にごく稀に見られたが，まとまって立ち枯れている箇所は目立たなかった．しかしながら，2 箇月以上経ってから再び仙台平野を訪れてみると，葉が褐変した立ち枯れた個体が見られるようになった．この現象は，赤枯れと呼ばれた（小野・平井，2013）．原因は，津波として入り込んだ海水による塩害であった（小野ほか，2014）．赤枯れは，青森県でまとまって認められた（木村，2014）．青森県を襲った津波は福島・宮城・岩手の三県に比べれば大きくなく，幹折れ，根返り・流失を免れた海岸林が多かったからである．

赤枯れは，海水が入り込んだ箇所全てで生じたわけではなく，また，海側ほど発生しやすかったわけでもなかった．その発生には海水が停滞しやすい微地形が関係していた．すなわち，凸地状の箇所や水路に隣接する箇所で特異的に軽微な被害ですんだことが確認されている（木村，2014）．なお，月舘（1984）は，昭和 58 年（1983 年）日本海中部地震の津波の際に，砂丘間の凹地に海水が停滞したところでは，排水路を掘削して 48 時間後には排水できたものの，クロマツは枯死したことを報告している．

なお，石川ほか（1983）は，高橋・堀江（1965），堀江（1965）の実験結果を整理して砂土中の塩分は，積算雨量 50〜70 mm の降雨で実際上問題にならない程度まで減少していることを図示した．3.11 大津波後においても，自然に塩分濃度の低下が進むことが確認されている（小野・平井，2013a；小野ほか，

7）　樹高上位 20% の木に限れば，36 cm．

2014b)．また，久保田（2017）は，津波によるクロマツの塩害の原因について，海水に浸水した時間の長短より，凹地では地下水位が高いために除塩が進まなかった可能性と，地下水位が高いと根系が浅いために過湿や乾燥などの水ストレスに弱かった可能性があると考察した．

5.2　津波に対する海岸林の機能

2004年のインド洋大津波の際には，海岸林の津波被害軽減機能が注目された（Forbes and Broadhead, 2007)．我が国でも，海岸林が津波被害を軽減することはこれまでにも評価されていた（例えば，青森林友會，1933；農林省山林局，1934)．しかしながら，定量的に評価されていたわけではなく，また，海岸林は津波の浸入を止めるわけではないので，高度な土地利用が進み防潮堤が整備される中で，海岸林は津波に対する防災施設として積極的には位置づけられなくなっていた[8)]．そんな海岸林であったが，3.11大津波を契機に，津波被害軽減のための多重防御の一翼を担うものとして再び注目されるようになった[9)]．それは，3.11大津波で甚大な被害に見舞われた一方で，海岸林が各所で津波による被害を軽減したことが認められたことに加えて，3.11大津波の規模に対応できる防潮堤を造成することは費用や，あるいは景観や日常生活等に及ぼす副作用の面で現実的ではなく，そして，防潮堤だけに頼ることの危険性が広く認識されたからである．すなわち，土地利用のあり方や避難の仕組みづくりをも含めた総合的な津波対策の中で，海岸林に対して津波被害軽減機能が期待されるようになった[10)]．

8)　国土庁ほか（1998）の「地域防災計画における津波対策強化の手引き」では，過去の災害経験から，海岸林に一定の効果は認めているが，津波の陸域への侵入を前提にしていることや，その定量的効果の判断が難しいこと，整備にあたってまちづくりの観点が必要であることなどから，参考として示すにとどまっている．平成20年2月に出された中央防災会議（2008）の防災基本計画には，山地災害の発生防止や雪崩による災害の防止のために森林造成を図ることが記されていたが，津波対策の中に海岸林は入っていなかった．

9)　3.11大津波前から，仙台平野の一部では海岸林の津波被害軽減機能を定量的に評価したうえでの海岸林造成が始まっていた（今井ほか 2009)．

10)　国の東日本大震災復興対策本部（2011）の「東日本大震災からの復興の基本方針」には，復興施策の中の災害に強い地域づくりの中で「沿岸部の復興にあたり防災林も活用する」ことが記されている．http://www.reconstruction.go.jp/topics/110811kaitei.pdf

海岸林があることで津波被害が軽減されることについては，前述のように古くから指摘されており，①漂流物の捕捉，②波力の減殺，③津波から逃れる手段[11)]，と整理されている（首藤，1985；石川，1992）．本節では，3.11 大津波においてこのような機能が発揮された事例を確認する．なお，総合的な津波対策の中では，他の防災施設の効果と海岸林の効果を合わせて評価することが求められるので，海岸林の効果を定量的に示す必要がある．そのことに関連した研究については次節で触れる．

5.2.1　漂流物の捕捉

海岸林の漂流物捕捉機能とは，津波による漂流物の移動を止める機能である．船舶や瓦礫などの漂流物が家屋などの保全対象に衝突することを防ぐ機能と，家屋などが漂流物となって津波被害を拡大することを防ぐ機能，家屋などが引き波で海に流出することを防ぐ機能である[12)]．捕捉された漂流物が現地に残るのでわかりやすい．3.11 大津波の際にも，船舶が海岸林で止められていた事例や，防潮堤を構成していたコンクリート塊などが海岸林をなぎ倒しながらも林内に残った事例が見られた（図 5.1，図 5.11）．また，流木化した樹木が，生存木に捕捉されている事例もあった．

樹木の間を漂流物が通過することもあるため不確実な部分はあるが，林帯が倒伏したり流失したりしない限り期待できる機能である．林帯幅が広いほど漂流物が通り抜けにくくなるが，単木であっても機能すること（Sakamoto *et al.*, 2008）が報告されており，樹木があるとないとでは大きな違いがある．また，水理実験では，ある程度まとまった数の漂流物の場合，樹木間隔より小さい漂

11）　首藤（1985），石川（1992）ともに，海岸林があることによる高い地形が津波に対する自然の障壁となることもあげているが，海岸林が飛砂を止め地盤が高くなることは確かに認められるものの，止めた飛砂によって海岸林自体が埋まってしまうこともあるので，ここでは記さなかった．なお，海岸林は砂丘の移動を止めることによって，高い地盤高を保っていることは評価できる．

12）　この機能に対しては，林帯で捕捉された瓦礫が引き波によって再移動し被害を拡大させる可能性も指摘されている（Bayas *et al.*, 2011）．しかしながら，漂流物となって被害を拡大する瓦礫が発生するような規模の大きな津波の場合，引き波に伴う瓦礫に襲われるような箇所は押し波の時点で甚大な被害となっているはずなので，引き波で戻される瓦礫によって拡大する被害と，瓦礫が捕捉されたことによって軽減された被害を比較すれば後者の方が大きいと考えられる．したがって，海岸林で捕捉された瓦礫が引き波で再移動するおそれがあるとしても，海岸林による漂流物の捕捉機能を評価しないことにはならないと考える．

流物に対しても有効に働くことが確認されている（今井ほか，2012）．

5.2.2　波力の減殺

海岸林の波力減殺機能とは，流水に対して樹木が抵抗体として働き，津波の流速や波力を弱める働きである．津波による家屋被害が軽減されることや津波到達時刻を遅らせ避難のための時間が得られることが期待できる．避難時には間一髪で助かることもあるので，ぎりぎりの場面では数秒の差でも重みがある．

海岸林が波力を減殺したことを示すよく知られた例に，昭和三陸津波（1933年）の際の高田松原（岩手県陸前高田市）での報告がある．林内に100 mほど離れて建てられていた旅館（浩養館）と県営松濱荘および附属施設との比較である．前者は眺望のために海側のマツ林が約20 mの幅（沿岸方向）で伐採されていたが，後者の海側には浜までの30 mほどの間に下層が疎開されたマツ林があった．津波によって前者は流失し3人が犠牲になったが，後者は一部にわずかな被害が出ただけで済んだと報告されている（青森林友會[13]，1933；農林省山林局，1934[14]）．3.11大津波においても，海岸林が波力を弱め家屋被害を軽減させたとする報告が出されている（後藤ほか，2013；後藤ほか，2014）[15]．

このような報告はあるが，現地で波力減殺効果の明瞭な事例を示すことは厳密には簡単ではない[16]．なぜなら，津波被害には，海岸林の有無以外に，津波の状況（規模，流速，引き波の有無など），地形条件，防潮堤等の防災施設，保全対象の質の違いなど，複数の要因が関係するため，津波被害の違いから海岸

13）同報告には，屋敷林があったことで家屋の流失が免れたと判断される複数の例も記されている．

14）同報告書には，野田村（岩手県）の海岸林の例も記されており，家屋が破壊された範囲が，海岸林の側方では内陸800 mに及んだが，海岸林の後方では600 mで止まったとしている．

15）その中で，後藤ほか（2013）は，現地調査に基づいて家屋が浸水被害にとどまる目安として最大浸水深1.0～3.5 mを示し，首藤（1985）の整理（5.3.1参照）による木造家屋が漂流物化する基準を概ね妥当とした．また，家屋の漂流物化のしやすさは家屋の耐震性能の影響を受け，1981年の耐震性能の見直しで分けると，新旧家屋の差は，浸水深0.5～1.0 mに相当するとした．

16）四手井・渡辺（1948）は，防潮林の漂流物の阻止を評価しているが，防潮林が浸水高を減じ，破壊力を減ずる効果ははっきりしない，としている．とくに現在の我が国では防潮堤の整備が進んでいるので，海岸林の波力減殺の効果を実例で示すことは難しくなっている．2004年のインド洋大津波の際にも，海岸林による波力減殺の事例が報告された（Kathiresan & Rajendran, 2005）が，示されたデータが不十分であるという反論（Kerr *et al.*, 2006）が出された．反論に対する回答（Kathiresan & Rajendran 2006）も出されたが，必ずしも十分な回答とはなっていない（坂本・野口，2009）．

図 5.12　海岸林の傾きが林内で止まった例（2011.8.16，青森県三沢市）
海岸林は内陸に向かって傾いたが，それも海岸林の途中までで，その境は明瞭であった．

林の効果だけを取り出すことが難しいからである．とくに，犠牲者数には，避難の仕方が大きく関係する．また，波力自体は測定されておらず，被害状況や痕跡等から推定したり映像から流速を求めて算定されたりしている．

なお，3.11 大津波の際，岩手県～福島県に比べて津波の規模が小さかった青森県では，津波による樹木の傾きが海岸林の途中で止まったことが明瞭に確認できた箇所があり（図 5.12），津波が海岸林を通過する中で波力が減殺されたことを示していると考えられた（佐藤ほか，2012；野口ほか，2012）．

その効果を明瞭な実例で示すことが難しい波力減殺機能については，数値シミュレーションや水理実験を用いた解析が有効である．数値シミュレーションは，パプアニューギニア地震の津波（1998 年）やインド洋大津波（2004 年）を一つの契機として行われてきた（原田ほか，2000；平石ほか，2001；谷本ほか，2007；柳澤ほか，2007；平石，2008；飯村ほか，2010；Thuy *et al.*, 2011；原田ほか，2012）．

これらの一連の研究の中で，例えば，今井ほか（2009）は，実際の海岸林（宮城県岩沼・名取海岸）をモデルにした数値シミュレーションを行い，海岸林の効果を評価するとともに人工砂丘の嵩上げなどの効果も評価している[17]．また，田中（2013）は，3.11 大津波で防潮堤が流失しなかった区域（仙台平野，林帯幅：640 m）を対象として流体力の減少に及ぼした海岸林と防潮堤の働きを分離して示している．それによれば，汀線での浸水深が 10 m になる津波の場合，

17）海岸林に比べて地形要素の効果が大きいことについては，久保田ほか（2013）も水理実験で示している．

対象地では海岸林は家屋の流失区域を防潮堤だけの場合に比べて 120～160 m 減少させ，同じく防潮堤は海岸林だけの場合に比べて 640 m 減少させたと算定している．そして，海岸林の効果は防潮堤ほど大きくないものの津波が防潮堤を越えた場合のその働きを評価している．他にも田中（2012）は堤防破壊のタイミングや家屋の流失限界を組み込んで数値シミュレーションを行って，海岸林の波力減殺効果の分離を試み，最終的には破壊された海岸林であっても，主に破壊されるまでの間に果たした働きによって家屋流失範囲を 110 m 狭めたと算定している．

波力が，波力に対する樹木の耐性を上回れば，樹木は折れ・根返りを免れないが，それでもその場に残れば，無立木地と比べて津波に対して抵抗として働き，波力減殺機能を果たしていると考えられる．田中（2013）は，数値シミュレーションにおいて，傾いた樹木に対して直立状態の 20% の効果を見積もっている．同様に，Thuy *et al.*（2011）は，アダン（*Pandanus odoratissimus*）は幹が折れても気根部分が残り津波に対して抵抗として働くことを評価している．

5. 2. 3　津波から逃れる手段

津波に対する海岸林の機能には，よじ登り，すがりつき，ソフトランディングといった，人が津波から逃れるためのものがある（佐々木，2013a）．すなわち，浸水深より高い樹木に登って津波をやり過ごしたり，津波に襲われた人が流されないように樹木にすがりついたり，津波に流された人がひっかかったりすることができるという機能である．機能というにはいささか原始的ではあるが，2004 年のインド洋大津波の際には，樹木があったことによって多くの命が救われたことは事実である（例えば，平石，2008；坂本・野口，2009）．ただし，3. 11 大津波の被災地は，インド洋大津波の被災地と比べてずっと気温・水温が低く，この機能が発揮されても体温が奪われ生存には結びつかなかった場面が多かったと想像される．

5. 2. 4　土地利用の規制

上述の３機能ほど認識されていないが，海岸林には海岸域の一定の範囲を林地にすることで，土地利用を規制し，保全対象を危険から遠ざける働きをして

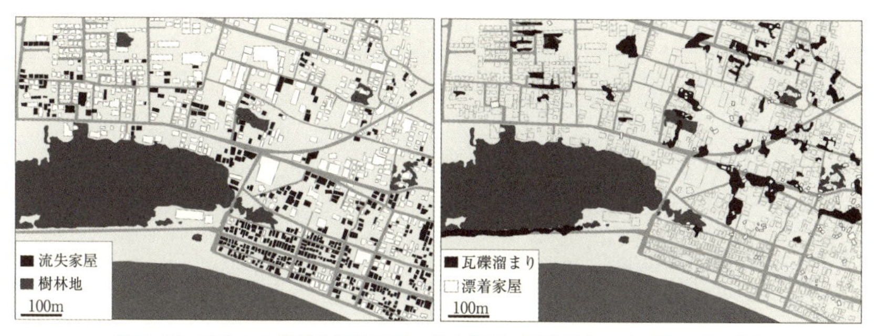

図 5.13　流失した家屋と流失家屋の停止位置，瓦礫溜まり（原図：岡田穣）

いる．例えば，防潮堤のコンクリート塊が海岸林内に散乱したが（図 5.10），そこに建物が建っていたら，これらのコンクリート塊はそれらの建物を直撃したことになる．

岡田ほか（2012）は，石巻市長浜地区の 3.11 大津波の被害状況を調査し，海岸林があったことで宅地開発が抑えられ，海岸林がなければ津波被害に遭ったであろう家屋の建築を未然に防いだことに加えて，それら流失家屋が瓦礫となって内陸側に漂流して被害が拡大することを未然に防いだと考察した（図 5.13）[18]．

海岸林のこの機能は，海岸林が津波に対して直接的にはたらくわけではないが，住宅地の高台移転ほどではないにしても防災効果は確実で高いので，今後の総合的な津波対策の中で積極的に評価したい．

5.3　海岸林の限界

海岸林の機能には当然限界がある．この限界は，海岸林が波力に耐えられないことで機能を発揮できなくなるという限界と，波力に耐えられた場合であっても発揮できる効果には限度があるという意味の限界である．後者については限界というより海岸林の特徴として次節で整理し，本節では，海岸林が津波被

18）　海岸林の東側で海側から住宅地が広がっている箇所にも，かつては海岸林があったようである．1963 年発行の地形図（測量年：1952 年）では針葉樹林であった箇所が 1971 年発行の地形図（測量年：1969 年）では住宅地になっている．米軍撮影の空中写真（1947 年 4 月 17 日撮影，1949 年 5 月 17 日撮影）と比べても，海岸林面積が減ったことがわかる．

図5.14　ねじれた幹折れ木（2011.7.13，岩手県陸前高田市）
押し波と引き波が繰り返し，折れた幹がねじられたと考えられる．

害軽減機能を発揮するための前提となる海岸林の耐性について述べる．

海岸林を防災施設として位置づけた場合，被害拡大につながる流木の発生はできるだけ避けたい．すなわち，津波の規模が大きく樹木が波力に耐えられない場合も，流木化することなくその場に残ってほしい．そういう意味では，図5.5の状況は，直立状態では波力に耐えられなくなって幹折れしたり根返りしたりしたが流木にならずその場に残り，傾いた状態で抵抗として働き続けたことから，海岸林としては理想的な形で津波被害軽減機能を発揮した林帯と評価できる．しかしながら，海岸林の仕立て方によって，幹折れや根返りしながらもその場に残るように導く方法を得るための知見は揃っていない．そこで，本節では，津波に対する海岸林の耐性に関して，幹折れ・根返りしない限界という視点から整理したい．

なお，幹折れしたり根返りしたりしながら流木化しないことは，引き波の強いリアス海岸では難しい．内陸側に倒れた幹が，引き波によって海側に運ばれるからである．さらに，押し波と引き波の繰り返しによって，幹や根がねじ切れ，流木化しやすくなるからである（図5.14）[19]．

5.3.1　実例に基づく整理

首藤（1985）は，5回の津波[20]における43地点での調査結果に基づいて津波

19)　そうであっても，第1波に対しては機能することは重要である．

の規模と海岸林の限界との関係を体系的に整理している．すなわち，樹木被害(根返り，幹折れ)[21]の出現を最大浸水深と胸高直径との関係で，樹木が耐えられない範囲（Ⅰ）と，樹木被害が生じない範囲（Ⅱ）とを次のように整理した(図 5.15)[22]．

Ⅰ：$D_{BH} \leqq 10$ cm　のとき　$H \geqq 4.65$

　　$D_{BH} \geqq 10$ cm　のとき　$D_{BH} \leqq 0.1H^3$

Ⅱ：$D_{BH} \geqq 0.37H^3$

ここで，D_{BH}：胸高直径（cm），H：浸水深（m）である．

すなわち，胸高直径が 10 cm 以下の樹木に，4.65 m 以上の浸水深の津波に耐えることは期待できない[23]．胸高直径が 10 cm を超える樹木の場合でも胸高直径（cm）が浸水深（m）の 3 乗の 10% 以下であれば耐えられない（Ⅰ）．逆に，胸高直径（cm）が浸水深（m）の 3 乗の 37% 以上であれば耐えられること（Ⅱ）を示している．ⅠとⅡの間に挟まれる部分は，浸水深だけでは樹木被害を判別できない範囲である．逆にそれ以外の範囲は，浸水深だけから漂流物の影響もある程度含んだ波力に対する樹木の耐性を判別できるとした．3.11 大津波後に行われた被害木調査では，首藤の基準の有効性が認められている[24]．

首藤（1985）は，また，海岸林の残り方を浸水深と林帯幅との関係で整理しているが，これは，海岸林の耐性を考慮して海岸林の津波被害軽減効果を評価したことを意味する．首藤は，樹木の残り方を，林帯幅と浸水深との関係で，大きく 3 領域に分けた (図 5.16)．

20）明治三陸大津波 (1896 年)，昭和三陸大津波 (1933 年)，南海地震津波 (1946 年)，チリ津波 (1960 年)，日本海中部地震津波（1983 年）

21）首藤の表現では，それぞれ，「倒木，切損」となっているが，ここでは，本章で使われている用語に読み替えた．

22）首藤は，浸水深と胸高直径の記録が幅を持っている場合には，被害木については上限の胸高直径と下限の浸水深の組み合わせを，無被害木については上限の浸水深と下限の胸高直径の組み合わせを採用している．すなわち，それ（Ⅰ）以上津波が高いか樹木が細ければ被害を受け，それ（Ⅱ）より津波が低いか幹が太ければ耐えられたと考えられる安全側の境界値で整理されている．

23）より細く柔軟な場合には生存することがある（5.1.2 項の A，図 5.8 参照）．

24）後藤ほか (2012) は，石巻市渡波海岸での調査結果に基づいて，首藤の基準は概ね妥当としている．なお，首藤の基準は安全側になっているとしているが，元々，そのように作られたものである．原田ほか（2012）は，いわき市新舞子海岸での被害調査結果に基づいて，首藤の判定基準を概ね良好としている．坂本ほか（2012）は，八戸市市川海岸での調査結果について，首藤の基準の「悪条件でないかぎり切断も倒伏もされない」領域で，船舶のような大型の漂流物という悪条件によって根返りや幹折れが発生したと考察している．

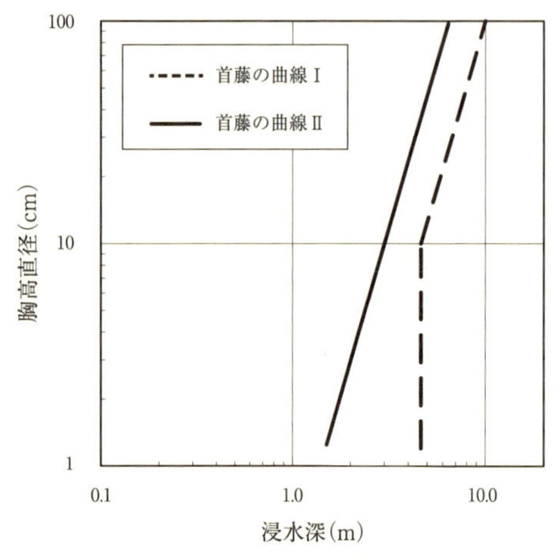

図 5. 15　浸水深と胸高直径に基づいて主林木の被害を分けるライン（首藤の整理による）
曲線Ⅰの右側では，樹木は津波に対して全く無効果．曲線Ⅱの左側では，悪条件でもないかぎり幹折れも倒伏も起きない．林縁部や疎開部で津波が集中し激しい洗掘を受けた場合のみ倒伏が生じる．

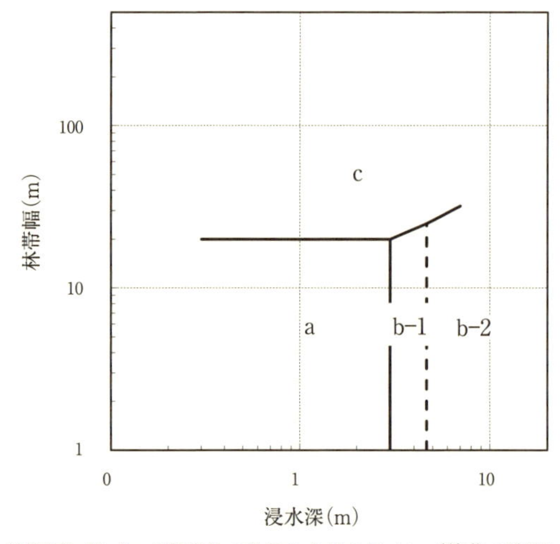

図 5. 16　浸水深と林帯幅に基づいて海岸林の効果を分けるライン（首藤の整理による）
a 領域：主林木が幹折れ，倒伏することはないので，漂流物捕捉機能が期待できる．林帯幅が狭いので波力減災機能は発揮できない．b-1 領域：倒伏が生じるが，漂流物捕捉効果を発揮することもある．b-2 領域：海岸林は無効果．c 領域：漂流物捕捉効果に加えて，波力減災効果も期待できる．

a：$H \leqq 3.0$ m，$W \leqq 20$ m

b-1：3.0 m $< H \leqq 4.65$ m，$W < 10.81\ H$^0.5542[25)]

b-2：$H \geqq 4.65$ m，$W \leqq 10.81\ H$^0.5542[25)]

c：$H \leqq 3.0$ m，$W > 20$ m

$H > 3.0$ m，$W > 10.81\ H$^0.5542[25)]

ここで，H：浸水深（m），W：林帯幅（m）である．

a 領域は，浸水深が 3 m 以下で林帯幅が 20 m 以下の範囲である．林帯幅が 20 m 以下と狭く，波力減災効果は期待できないが，樹木が残るので，漂流物捕捉効果は期待できる，としている．

b-1 領域では，樹木被害が発生するが，漂流物捕捉効果が発揮されることもある．これに対して b-2 領域では，樹木被害のため，津波被害軽減効果は期待できない，としている．

c 領域は林帯幅が 20 m 以上あり，浸水深が 3 m 程度であれば，波力減殺効果が十分に期待でき，林帯幅が 30 m 以上の領域では浸水深が 5 m でも波力減殺効果が期待できる，としている．

3. 11 大津波後に行われた調査で，首藤によって効果が期待できるとされた領域を否定するような例を筆者は確認していない．

5. 3. 2　樹木強度と波力との関係に基づく整理

上述の首藤の整理に代表される津波被害木の実態調査に基づいて海岸林の耐性限界を明らかにする研究とは別に，津波氾濫流の数値シミュレーションによって津波に対する樹木の耐性を明らかにする研究が進められてきた．これらの研究では，対象とした海岸林がどの程度の津波に対して耐えられ，どの程度の効果を発揮できるかを示すことができる．

数値シミュレーションでは，海岸林の効果は樹木が水流から受ける流体力（波力）として運動方程式に組み込まれることが一般的である（野口ほか，2014）．流速に応じた流体力を算定し，その流体力に樹木が耐えられるかを判定することになる．樹木は水流に対する抵抗として流速に影響を与えるので，

25）　首藤（1985）の図から算出．

流速は抵抗体の量に関係する立木密度の影響を受ける．流速から流体力を求め，それと樹木の耐性を比較することになる．

数値シミュレーションの信頼度を高めるためには，津波によって樹木に働く抗力[26)]と，抗力と樹木が耐えられる限界モーメントとの関係を明らかにする必要がある．ここでは，その状況について簡単に述べる．

樹木は，防潮堤などの構造物と比べるとはるかに複雑な形をしており，また，流水によって変形するため，抗力係数を求めることが難しい．抗力係数を求めるために樹木の実物を用いた水理実験（例えば，野口ほか，2014）が行われているが，供試木の大きさや測定数が限られ，樹木が津波から受ける抗力に関する知見は，後述の耐性モーメントに関する知見に比べて不足している．

樹木の耐性を明らかにするために，津波によって樹木に働く抗力によるモーメントと樹木の根返り耐性モーメントあるいは幹折れ耐性モーメントとの関係が研究されている．根返り耐性には根系ならびに地盤の状況が強く関係すると考えられるが，必ずしも根系が根返り耐性をもたらす仕組みが解明されているわけではなく[27)]，また，複雑な形状の根系の諸元を把握することが困難なため，測定しやすい樹木の地上部の諸元と根返り耐性との関係が議論されている．

それらの研究では，実際の立木を対象とした引き倒し試験[28)]を行い，樹木地上部の諸元と根返り発生時のモーメントとの関係式を求めている．地上部の諸元としては，胸高直径，根元直径，樹高×胸高直径^{2}がよく使われている．

引き倒し試験の結果に基づいて，倒伏あるいは幹折れに対する耐性の限界モーメント M は，次のような回帰式で示されている．

---

26)　樹木が津波氾濫流から受ける流体力は，主に抗力と慣性力で構成されるが，氾濫流の先端部が衝突するわずかな時間を除けば抗力が支配的であることから，抗力のみを対象とすることが一般的である．

27)　高橋（2016）は，樹木の引き倒しに関する模型実験を行い，水平根の引き抜け抵抗力（根の周面摩擦力）だけでは小さ過ぎて根返り耐性を全く説明できず，水平根にかかる土壌重量が寄与していることと，根返り耐性には直根の存在が寄与していることを示し，後者は直根によって回転中心点が深くなることによってもたらされると考察した．これは，今井ほか（2013）が，根元に堆砂することによってクロマツの倒伏抵抗が増すとしたことに通じる．

28)　引き倒し試験は破壊試験になるため，保安林であることが一般的な海岸林での実施機会は少ない．また，津波被害地での引き倒し試験の場合，津波によって根系が傷んでいることが考えられ，耐性が過少に評価される可能性が否定できない．根返り耐性に関する知見は今後の充実が求められる．

$$M = a \cdot D_{BH}{}^{b} \qquad (5.1)$$

ここで，D_{BH}：胸高直径（cm），a, b：係数である．

実測値を対象とした回帰式から b の値を求める方法と，根返り時の地盤反力を円弧すべりによるせん断力と考えた場合に，すべり面の面積が D_{BH} の2乗に，円弧の半径が D_{BH} に比例すると考えられることから，モーメントは D_{BH} の3乗に依存するとして b を3に固定して回帰式を求める方法が提案されている（松冨ほか，2011）．また，建設省河川局治水課（1994）は b の値として2を採用し，a を引き倒し試験の結果から求めるか，2.5を用いることとしている．いずれの回帰式でも胸高直径の測定範囲であれば，限界モーメントの再現性は高く，実用上の差はないと考えられる．

より現実に即した数値シミュレーションを行い，その信頼性を高めるためには，今後は，波力による根元の洗掘や漂流物の影響を考慮することも必要である．まだ限られているが，漂流物となった家屋の影響を考慮した数値シミュレーションも行われている（田中ほか，2012）．

5.4 津波に対する防災施設としての海岸林の特徴

先述（5.2節）のように，3.11大津波を契機に，今後，海岸林は，土地利用のあり方も含めた総合的な津波対策の中で，津波被害軽減機能も担う多面的な空間として積極的に位置づけられるものと考えられる．そこで，津波に対する防災施設としての海岸林の特徴を述べる．

5.4.1 低い自由度

海岸林は，防潮堤に比べると自由度が低い．例えば，5mの高さの津波を想定した防潮堤では，想定する津波の高さが8mに見直された場合，嵩上げなどで対応することも考えられるが，海岸林の場合，樹高は対象地の自然条件の制限を受け随意に高くすることはできない．また，波力に対する抵抗性を高めるために立木密度を高めようとすると，胸高直径を一定以上にすることはできず，大径木の海岸林を目指すのであれば，立木密度は樹高成長に応じて減らさなければならない．樹高，立木密度，胸高直径，枝下高は，相互に関係するからである．また，生育できる樹種も対象地の条件に左右されるので，海岸林を造成する場所が決まれば海岸林の姿はある程度限定される．

したがって，想定する津波の規模に応じて海岸林の効果・耐性を高めるための選択肢は，林帯幅を広げたり地盤を高くしたりすることになる．実際，3.11大津波後の海岸林の再生事業では生育基盤としての盛土の造成が広く行われ，海岸林の拡幅も行われている[29]．

5.4.2　不完全さ

防潮堤は津波が防潮堤を越えるまでは海水の侵入を完全に抑えるが，海岸林の場合，浸水深が樹高を超えなくても津波は林帯を通過するため，林帯幅にもよるが，背後地の浸水を防ぐ機能はほとんど期待できない．

しかしながら，海岸林は流れ込む水に対する抵抗として働き，浸水深や波力を減らし，到達時刻を遅らせる．これは，波力が樹木の耐性を上回って，海岸林が倒されるまでの間，期待できる．海岸林が倒れた後も，程度は低下するが，それでもなお流水に対して抵抗として働きつづける．津波の規模が大きくなれば，相対的にその働きは目立たないものとなるが，流木化しない限り，前述（5.3節）のように波力減殺機能は果たしている．

一方，防潮堤は，津波が防潮堤を越えるとその働きは激減する[30]．津波の侵入に対して，海岸林と防潮堤とは異なる視点での評価が必要である．

5.4.3　不確かさ

海岸林の漂流物阻止機能やよじ登り・すがりつき・ソフトランディングの機能については，少なくない実例があるが，どこまで期待できるかとなると，不確定な部分が多い．漂流物捕捉機能については，仮に津波の規模が同じであっ

29)　低湿地における盛土の必要性は，昭和35年のチリ地震津波の際にも指摘されている（和泉ほか，1961）．また，福島県の海岸防災林の再生事業では，用地買収を伴う林帯幅の見直し（拡幅）が行われている．

30)　激減するが無効果になるわけではなく，数値シミュレーションでも評価されている（例えば，田中，2013）．また，防潮堤の有無によってその後方の海岸林の被害に差が生じることも報告されている（山中ほか，2012）．ねばり強い構造の防潮堤（海岸堤防）はこの働きを期待するものである．

ても，どのような漂流物が流れてくるかによって，漂流物が幹の間をすり抜けたり，あるいは漂流物の衝撃で樹木が折れたり倒されたりするからである．よじ登り・すがりつき・ソフトランディングは，個人の資質に負う部分が多く，また運次第の部分も大きい．

5.4.4　長い時間スケール

海岸林は，すぐに出来上がるわけではない．防潮堤の造成に比べて長い時間を必要とする．3.11 大津波後の復興事業が進められている仙台平野の海岸で見ることのできる，植栽されたばかりのクロマツや植栽されるのを待つ生育基盤盛土とその海側に完成した防潮堤との対照的な姿がそのことを示している（図 5.17）．

生育条件にもよるが，ある程度の機能が期待できる大きさに育つまでには，20 年程度はみておきたい．逆に，経年劣化する防潮堤と比べると，海岸林には防災施設として長い寿命を期待できる．ただし，植えただけで終わりではなく，マツ材線虫病（松くい虫）対策や密度管理などの手入れは欠かせない．

なお，海岸林の成長に応じて波力減殺効果が変化することについての検討も行われている（浅野ほか，2007；佐々木，2013b；浅野ほか，2014）[31]．

図 5.17　完成した防潮堤の内陸側に広がる海岸林再生地（2015. 4. 3，宮城県名取市）
深く根を張れるように地下水位の高いところでは盛土がされている．

31）それらによれば，波力減殺機能は，植栽後，比較的早い段階（20 年程度）で最大になり，その後は頭打ちか，低減する．ただし，波力減殺効果の経時変化について結論を出すのはまだ早いと考える．これは，数値シミュレーションに使われる係数の信頼性や想定されている仮定について検討の余地があるからである．また，海岸林は津波被害軽減機能にだけ特化して管理することにはならないので，それらの知見を密度管理に反映する段階にはないと考えている．

5.4.5　多面的な有用性

海岸林の津波被害軽減機能には，防潮堤に比べて不完全で不確かな部分があり，造成にも時間がかかる．しかしながら，海岸林は，日常の多面的な有用性の点で優れている．例えば，飛砂害軽減機能や防風機能，潮害軽減機能，散策の場の提供，白砂青松に代表される景観の提供である．津波に対する防災施設として機能する機会よりはるかに長い期間，有用な空間として機能することは大きな特徴であり積極的に評価してよいだろう．

5.5　今後に向けて：求める海岸林

海岸林の津波被害軽減機能の研究は，海岸林を活かして津波被害を軽減することを最終的な目的としている．海岸林に何をどの程度期待できるのかということと，どのような海岸林がよいのか，あるいは今ある海岸林をどうすればよいのかということとが焦点となる．ここまで前者を軸に述べてきたが，本章を閉じるにあたって，後者の視点から改めて述べておきたい．

新たに海岸林を造成する場合，まずはこれまで通り実績のあるクロマツ海岸林を仕立てることが現実的な選択になると考えている．ただし，マツ材線虫病の防除は必須で，それが保証されないようであれば，クロマツの使用は適当ではない[32]．

波力に対して個々のクロマツの耐性を高めるためには幹を太くすることが有利であり[33]，そのためには適切な密度管理（本数調整）が欠かせない（森林総合研究所, 2011）．すなわち，海岸林の津波被害軽減効果の点からも，健全な海岸林[34]を仕立てること，今ある海岸林を健全に維持することを優先させるのが今のところ現実的な対応で，今われわれのできる限界であろう．

32)　その場合には，広葉樹を利用することが考えられる．ただし，潮風に対する耐性を持つ樹種と樹高が高くなる樹種が異なるので，条件の厳しい海側と条件が緩和される陸側とでは樹種を変える必要がある（森林総合研究所多摩森林科学園, 2014）．また，樹高はクロマツ海岸林より低くなると考えられる．なお，マツ材線虫病被害地で，侵入広葉樹によって広葉樹林化したクロマツ海岸林はあるが，広葉樹による海岸林造成技術は確立しているわけではない．マツ材線虫病対策の負担を考えると，必ずしもクロマツでなくもよい場所においては，まずはクロマツ林として仕立て，いずれ広葉樹林化することは一つの選択肢と考える．

個々のクロマツの耐性を高めたとしても津波の規模次第で波力はクロマツの耐性を上回り，幹折れ・根返りは避けられない．内陸側の被害を拡大させるおそれのある海岸林の流木化は避けたいので，波力に耐えられなくなった樹木は幹折れしても根株と分かれずに，あるいは，根返りしても根が抜けたり切れたりせずにその場に倒伏することが理想である．根返り・流失による流木化を避けるためには，根返りしても根が抜けきらないように発達した根系が必要である[35]．したがって，地下水位が高い箇所に林帯を仕立てる場合には，根を深く張らせるための盛土が必要になる．

林帯幅はどの程度必要かということが問われることがある．これは，想定する津波の規模と許容する被害による．想定する津波の規模が大きいほど，また，許容する被害が軽微であるほど，必要となる林帯幅は広くなる．具体的な数値と精度は今後の課題であるが，数値シミュレーションで一応の目安を示すことができる段階にある．なお，林帯幅を広げることは他の土地利用と競合するので，一方的には決められない．現実的な対応は，現在ある海岸林に，あるいは，現在造成中の海岸林の何年後かに，どのような効果を期待できるかを数値シミュレーションを用いて予測して，その結果を総合的な土地利用の中で活かすことと考える．

例えば，仙台平野で樹高 12 m，幅 200 m の健全なクロマツ海岸林に対して，海岸での波高をいくつか想定した場合，数値シミュレーションに基づいて津波の破壊力の低減率と耐えられる波高が推定されている（図 5.18；坂本ほか，2016）．比較のために，密度管理を行わずに過密状態で仕立てた林分の効果と限界も示されているが，それによれば，海岸林が持ちこたえられる波高の範囲

33） 浅野ほか（2014）は，最多密度曲線を前提とした数値シミュレーションを行い，40 年生は幹が太くなり耐性が上がるが，20 年生と比べて立木密度が低いことから流速が高いために流体力が高くなり，流体力が樹木の耐性を上回る林帯幅には差がない，としている．本数調整で密度を下げることで直径を大きくすることと，林分としての流体力の増加との兼ね合いが指摘されているわけであるが，林分としての流速低減効果が発揮されない最前縁木の耐性を考えると，個体の耐性を上げることが林分としての耐性を低下させることには必ずしもならないと考える．

34） ここでは適切に密度管理を行い，形状比を 60〜70，樹冠長率を 50% 以上に保ったクロマツ林を想定．マツ材線虫病対策は前提条件．

35） 幹内で腐朽が進んでいると折れやすいだけでなく，折れたときに根株と分かれて流木化しやすくなるので，理想をいえば，死に節が生じないように，自然落枝に委ねずに適切な枝打ちを行いところであるが，手間の点で現実的ではなく，行うにしても，内陸側林縁近くなどの要所に限られる．

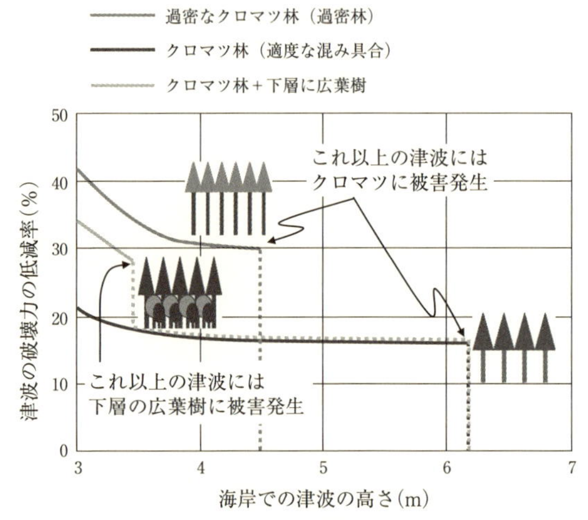

図 5. 18　林型による波力減殺効果の違い（原図：野口宏典）
海岸線から 100〜300 m の位置に幅 200 m の海岸林を想定した場合.

であれば，過密林の方が効果が高い[36]ことになる．いわば，これは海岸林の耐性と効果の面からの限界を示した例である．

なお，波高が高いときほど効果を発揮することが求められるので，波力減殺機能に特化したとしても耐性が低い過密林を目指すことにはならない．また，健全なクロマツ林の下層には広葉樹を導入することが可能であり（森林総合研究所東北支所，2015），そのことによって，波力減殺効果を高めることができる．下層植生の効果については，首藤（1985）も言及している．また，簡易な水理実験でも確認されている（仲座・稲垣，2014；稲垣・仲座，2014）．

おわりに

3. 11 大津波後の海岸林の再生事業には，単に造り直すだけでなく，津波に対してより強い海岸林であることが求められている．そのため，植栽木が根系を深く張ることができるように，地下水位の高い場所では盛土が行われている

36)　波力減殺機能に特化するのであれば，計算上は想定される波力に耐えられる最小直径の樹木を密に仕立てるのが最も効果的ということになる．ただし，海岸林に期待されるその他の機能や，樹木が成長すること，想定される津波の規模の信頼性を考えるとこれは非現実的である．

(図 5.17). 今後, この盛土にねらい通り深く根を張らせられるかが海岸林再生の一つの技術上の焦点となる. また, この盛土は, 海岸林再生地の元々の表土を覆い, 微地形を大きく変えることとなった. このことが海浜や後背湿地などの生態系の保全の点から問題にされた. 海岸林に限らず, 防災空間の確保と生態系保全との調整は手さぐりのところがあるが, 津波で破壊された海岸林の再生にあたっては, 単なるゾーニングの問題ではなく, 被災直後の瓦礫置き場・瓦礫処理場の設置を含めた時間軸を持った土地利用から考える必要があることが明らかになった.

津波被害軽減機能は, 必ずしも海岸林の主たる機能ではないかもしれない. しかしながら, 海岸林があるとないとでは, 津波被害に差が出る場面は多い. 具体的な差, あるいは個々の海岸林にどこまで期待してよいのかについては, 今後の数値シミュレーションの信頼度が上がることによって, より正しく算定できるようになると考える.

海岸林に期待される他の機能が対象とする現象と比べると津波はその発生頻度が極めて低く, 海岸林の持つ津波被害軽減機能に関する実態調査の機会は限られる. その意味で平成 23 年東北地方太平洋沖地震津波は貴重な調査機会であった. 多くの犠牲者を出したこの機会を果たしてどこまで活かすことができたか自問することがある. 本章で述べたことが, いつとは言えなくても必ず訪れる次の機会に備えて少しでも活かされればと思う.

本章は, 本文で引用した文献のほか, 津波後行った現地調査, 学会・各種委員会での議論が下敷きになっている. とくに, 震災直後に行われた林野庁・県の緊急調査に同行できたことと, (独) 森林総合研究所 (当時) が, 日本海岸林学会会員の協力を得て実施した, 林野庁からの委託事業「平成 23 年度震災復旧対策緊急調査 (海岸防災林による津波被害軽減効果検討調査)」に参加できたことに負うところが大きい. 一連の調査結果は, 林野庁に提出した報告書のほか, 何度か機会をいただいて発表してきた. 本章の内容は, それらを改めて見直し, 海岸林の津波被害軽減機能の効果とその限界について整理したものである.

一連の調査を行うにあたっては, 林野庁治山課, 東北森林管理局, 関東森林管理局と関係森林管理署, 青森県, 岩手県, 宮城県, 福島県, 茨城県, 千葉県,株式会社森林テクニクス，国土防災技術株式会社，日本海岸林学会，（独）森林総合研究所（当時）をはじめとする多くの機関，方々からいろいろとお世話・ご協力いただいた．厚く御礼申し上げる．

3.11大津波では多くの海岸林が失われた．その海岸林の再生は，単なる海岸林の再造成ではなく，これまでの海岸林が抱えていた課題を解消する機会である．すなわち，本数調整，ならびにマツ材線虫病対策を適切に行い，健全な海岸林を作り上げる機会となることを願う．

引用文献

青森林友會（1933）海嘯と海岸林．青森林友，217，20-28．

浅野敏之・三谷敏博ほか（2007）海岸林の幹直径の分布特性と津波による樹木倒伏率．海岸工学論文集，54，1376-1380．

浅野敏之・永山裕也ほか（2014）海岸林の時間的生長を考慮した津波減衰効果に関する数値解析．土木学会論文集 B2（海岸工学），70，1206-1210．

Bayas, J. C. L., Marohn, C. *et al.*（2011）Influence of coastal vegetation on the 2004tsunami wave impact in west Aceh. Proceedings of the National Academy of Sciences of the United States of America Early Edition, 108, 18612-18617.

中央防災会議（2008）防災基本計画．
http://www.bousai.go.jp/keikaku/090218_basic_plan.pdf（2011年11月28日確認）

Forbes, K. and Broadhead, J.（2007）The role of coastal forests in the mitigation of tsunami impacts. RAP publication 2007/1Food and Agriculture Organization of the United Nations Regional Office for Asia and the Pacific.

後藤　浩・有馬勇人ほか（2012）東北地方太平洋沖地震津波に対する海岸保安林の効果および被災に関する現地調査．土木学会論文集 B2（海岸工学），68，1366-1370．

後藤　浩・祖父江一馬ほか（2013）仙台平野沿岸に植栽された海岸保安林の歴史と東北地方太平洋沖地震津波に対する効果．土木学会論文集 B2（海岸工学），69，1386-1390．

後藤　浩・祖父江一馬ほか（2014）わが国に来襲する津波に対する海岸保安林の減災効果に関する予測調査．土木学会論文集 B2（海岸工学），40，1401-1405．

原田賢治・油屋貴子ほか（2000）防潮林の津波に対する減衰効果の検討．海岸工学論文集，47，366-370．

原田賢治・松冨英夫ほか（2012）倒伏を考慮した海岸林の津波減衰効果の Indonesia 現地条件による検討．土木学会論文集 B2（海岸工学），68，1426-1430．

原田賢治・永澤　豪ほか（2012）東北地方太平洋沖地震津波による福島県いわき市の海岸林の被災実態．土木学会論文集 B2（海岸工学），68，1301-1305．

東日本大震災復興対策本部（2011）東日本大震災からの復興の基本方針．

http://www.reconstruction.go.jp/topics/110811kaitei.pdf（2016 年 11 月 11 日確認）
東日本大震災に係る海岸防災林の再生に関する検討会（2012）今後における海岸防災林の再生について.
平石哲也（2008）植栽による津波力減殺効果に関する検討. 港湾空港技術研究所資料, 1171, 28.
平石哲也・竹村慎治ほか（2001）南太平洋地域における植林による津波対策法の適用性. 海岸工学論文集, 48, 1411-1415.
堀江保夫（1965）植物の耐塩水性（2）—防潮林構成植物選定のための実験—. 林業試験場研究報告, 186, 113-133.
飯村耕介・田中規夫ほか（2010）樹林密度の異なる植生帯を組み合わせたときの津波軽減効果に関する研究. 土木学会論文集 B2（海岸工学）, 66, 281-285.
今井健太郎・原田賢治ほか（2009）実地形における海岸林を利用した津波減勢策—仙台湾岩沼・名取海岸を例として—. 土木学会論文集 B2（海岸工学）, 65, 326-330.
今井健太郎・原田賢治ほか（2013）海岸樹木の津波耐力評価手法の高度化. 土木学会論文集 B2（海岸工学）, 69, 361-365.
今井健太郎・林 晃大ほか（2012）並木の津波漂流物捕捉機能に関する基礎的検討. 土木学会論文集 B2（海岸工学）, 68, 401-405.
稲垣賢人・仲座栄三（2014）海岸丘と海岸林による津波防災対策の実験的検討. 土木学会論文集 B2（海岸工学）, 70, 296-300.
石川政幸（1992）海岸林の防潮機能と効果. 日本の海岸林（村井 宏ほか 編）, pp. 289-298, ソフトサイエンス社.
石川政幸・工藤哲也ほか（1983）日本海中部地震津波時の海岸防災林の効果と被害. 治山, 28, 4-10.
和泉 健・安部倫次ほか（1961）チリ地震津波における防潮林の効果に関する考察. 宮城県立農業試験場臨時報告, 5.
Kathiresan, K. and Rajendran, N.（2005）Coastal mangrove forests mitigated tsunami. *Estuarine, Coastal and Shelf Sci.*, 65, 601-606.
Kathiresan, K. and Rajendran, N.（2006） Reply to ‘Comments for Kerr et al. on “Coastal mangrove forests mitigated tsunami”’［*Estuar. Coast. Shelf Sci.*, 65（2005）601-606］. *Estuarine, Coastal and Shelf Sci.*, 67, 542-542.
建設省河川局治水課 監修・リバーフロント整備センター 編（1994）河道内の樹木のための伐採・植樹のためのガイドライン（案）. 山海堂, pp. 144.
Kerr, A. M., Baird, A. H., and Campbell, S. J.（2006）Comments on “Coastal mangrove forests mitigated tsunami” by K. Kathiresan and N. Rajendran［*Estuar. Coast. Shelf Sci.*, 65（2005）601-606］. *Estuarine, Coastal and Shelf Science*, 67, 539-541.
木村公樹（2014）青森県太平洋沿岸の海岸クロマツ林の枯死被害ついて. 森林立地, 56, 27-36.
国土交通省都市局公園緑地・景観課（2012）津波災害に強いまちづくりにおける公園緑地の整備関連資料. http://www.mlit.go.jp/report/press/toshi10_hh_000097.html（2016. 12. 16 確認）.
国土庁・農林水産省構造改善局ほか（1998）地域防災計画における津波対策強化の手引き.
http://dl.ndl.go.jp/view/download/digidepo_6016471_po_sub3.pdf?contentNo=10&alternativeNo=（2016. 12. 01 確認）

久保田多余子（2017）海岸林内の排水状態とクロマツの塩害との関係．東北森林科学会誌，22，9–14.
久保田徹・仲座栄三ほか（2013）海岸丘と海岸林の複合作用が津波に及ぼす影響に関する研究．土木学会論文集B2（海岸工学），69，301–305.
松冨英夫・原田賢治ほか（2014）力の作用高さ，生存・枯死，生育場所からみた三陸海岸黒松の被害条件．土木学会論文集B2（海岸工学），70，366–370.
仲座栄三・稲垣賢人ほか（2014）海岸林に残される津波痕跡過程と減災効果に関する研究．土木学会論文集B2（海岸工学），70，271–275.
野口宏典・佐藤　創ほか（2012）2011年東北地方太平洋沖地震津波によるクロマツ海岸林被害の数値シミュレーションを用いた検討―青森県三沢市の事例―．海岸林学会誌，11，47–51.
野口宏典・鈴木　覚ほか（2014）実物樹木を対象とした水理実験によるクロマツの水力学的抵抗特性の評価．海岸林学会誌，13，45–50.
農林省山林局（1934）三陸地方防潮林造成調査報告書.
農林省山林局 編（1935）津浪災害豫防林（防潮林）造成に關する技術的考察.
岡田　穣・野口宏典ほか（2012）平成23年東北地方太平洋沖地震津波における家屋破損程度からみた海岸林の評価―宮城県石巻市長浜の事例―．海岸林学会誌，11，59–64.
小野賢二・平井敬三（2013a）東北地方太平洋沖地震による大津波を受けた三陸沿岸のスギ林土壌における塩害とその後の土壌環境の変化　―降雨に伴う自然排水がもたらす除塩の効果―．森林総合研究所研究報告，12，41–47.
小野賢二・平井敬三（2013b）未曾有の大津波に耐えた樹々が枯れていった原因を探る．季刊森林総研，22，14–15.
小野賢二・中村克典ほか（2014a）東北地方太平洋沖地震に伴う大津波が沿岸の海岸林土壌にもたらした影響．森林立地，56，37–48.
小野賢二・中村克典・平井敬三（2014b）津波被災海岸防災林未熟土における土壌化学性の経時変化．日本森林学会誌，96，301–307.
坂本知己（2012）津波によって被災した海岸林の再生に向けて．水利科学，56，39–61.
坂本知己（2013）海岸林に期待される防災機能．津波と海岸林―バイオシールドの減災効果―（佐々木寧ほか 編），pp. 26–28，共立出版.
Sakamoto, T., Inoue, S. *et al.* (2008) The collision mitigation function of coconut palm trees against marine debris transported by tsunami-A case study of Tangalla on the southern Sri Lanka coast-. *J. Jpn. Soc. Coast. For.*, 7, 1–6.
坂本知己・中村克典ほか（2016）津波で失われた海岸林を再生するために．森林総合研究所　第3期中期計画成果集，60–61.
坂本知己・新山　馨ほか（2012）東北地方太平洋沖地震津波における海岸林の漂流物捕捉効果―青森県八戸市市川町の事例―．海岸林学会誌，11，65–70.
坂本知己・野口宏典（2009）津波防災に海岸林を活用するために．第21回海洋工学シンポジウム OES21–137（CD-ROM）.
佐々木寧（2013a）東北地方太平洋沖地震津波を踏まえた海岸林の必要幅．津波と海岸林―バイオシールドの減災効果―（佐々木寧ほか 編），pp. 85–87，共立出版.
佐々木寧（2013b）バイオシールドの救命効果．津波と海岸林―バイオシールドの減災効果―（佐々木

寧ほか 編），pp. 168–169，共立出版．
佐藤亜貴夫・田中三郎ほか（2012）津波による海岸林被害と植生基盤盛土との関係．日本森林学会大会学術講演集，**123**，pp. D09–.
佐藤　創・鳥田宏行ほか（2012）東北太平洋沖地震津波によるクロマツ海岸林被害と林分構造の関係―青森県三沢市の例―．海岸林学会誌，11，41–45.
四手井綱英・渡辺隆司（1948）昭和21年南海地震に於ける和歌山県防潮林効果調査．林業試験集報，**57**，97–133.
森林総合研究所（2011）クロマツ海岸林の管理の手引きとその考え方―本数調整と侵入広葉樹の活用―．森林総合研究所　第2期中期計画成果 24.
森林総合研究所多摩森林科学園（2014）クロマツ海岸林に自然侵入した広葉樹の活用法―松枯れから防災機能を守るための広葉樹林化―．森林総合研究所　第3期中期計画成果 17.
森林総合研究所東北支所（2015）広葉樹を活用した二段林造成手法．津波被害軽減機能を考慮した海岸林造成の手引き―海岸林を造成・管理する実務者のために―，pp. 27–30，森林総合研究所東北支所．
首藤伸夫（1985）防潮林の津波に対する効果と限界．第32回海岸工学講演会論文集，465–469.
高橋啓二・堀江保夫（1965）植物の耐塩水性（1）―防潮林構成植物選定のための実験―．林業試験場研究報告，**183**，133–151.
高橋悠介（2016）樹木の引き倒し試験と模型実験による根返りメカニズムの解明．信州大学大学院修士論文．
高橋悠介・北原　曜ほか（2015）模型実験による樹木の根返りメカニズムの解明．中部森林研究，**63**，123–126.
田村浩喜（2012）仙台平野の海岸林における根返り被害．森林科学，**66**，3–6.
田中則夫（2013）海岸林の減衰効果―数値計算による検証―．津波と海岸林―バイオシールドの減災効果―（佐々木寧ほか 編），pp. 113–134，共立出版．
田中規夫・八木澤順治ほか（2012）津波による海岸林および流失家屋が家屋被害に与える影響．土木学会論文集 B2（海岸工学），**68**，301–305.
谷本勝利・田中規夫ほか（2007）種々の熱帯性海岸樹の組合せによる津波防御効果に関する数値計算．海岸工学論文集，**54**，1381–1385.
Thuy, N. B., Tanaka, N. *et al.*（2011）Tsunami mitigation by coastal vegetation considering the effect of tree breaking. *Journal of Coastal Conservation Published online*, 111–121.
月舘　健（1984）能代の海岸砂防林にみる津波被害―くい止めた松林・日本海中部地震津波―．グリーン・エージ，**125**，41–45.
渡部公一・海老名寛ほか（2014）2011年東北地方太平洋沖地震津波による仙台平野の海岸林被害と地下水深度及び立木サイズとの関係．海岸林学会誌，**13**，7–14.
山中啓介・藤原道郎ほか（2012）平成23年（2011年）東北地方太平洋沖地震で発生した津波が仙台市井土地区の海岸林に及ぼした影響―防潮堤と海岸クロマツ林の被害との関係―．海岸林学会誌，11，19–25.
柳澤英明・越村俊一ほか（2007）2004年インド洋大津波におけるインドネシア・バンダアチェでのマングローブ林の潜在的減災効果．海岸工学論文集，**54**，246–250.

原子力災害がもたらす森林–渓流生態系の放射性セシウム汚染

五味高志・戸田浩人・境 優

はじめに

2011年3月の東日本大震災にともなう福島第一原子力発電所の事故によって多量の放射性物質が放出された．その結果，福島県や北関東辺縁などの様々な地域から高い放射能汚染が報告されるようになった．放出された放射性物質のうち最も主要なものの一つは放射性セシウムである．放射性セシウムは，セシウム137 (^{137}Cs) とセシウム134 (^{134}Cs) によって構成され，大気中に放出されたセシウム137は9〜37 PBqに達すると推定されている（中島ほか，2014）．セシウム137の半減期は30.2年とセシウム134の2.0年と比べて長く，セシウム137による長期的な汚染が懸念される．本章では，主に半減期の長いセシウム137を扱い，とくに注記のない場合は「放射性セシウム」もしくは「セシウム」との記述はセシウム137を示す．

環境中に放出された放射性セシウムは，生態系を構成する生物群集の食物網を巡り，自然資源の恩恵を受けている人間にも影響を及ぼし得る．例えば，放射性セシウムによる地域資源の過度の汚染は，それらの利活用の制限を通して社会–生態システム全体（生態系サービス）の変質をもたらすかもしれない．このことから，放射性セシウムによる汚染は，地域の自然資源利用を妨げる「災害」と捉えることができるだろう．

福島原発事故によって放射性セシウムが蓄積した地域の70%は森林地域であり，中山間地域を中心に汚染度の高い土地が多く存在する（Kato *et al.*,

2012；飯島，2015)．特に，スギやヒノキ人工林では，樹冠の枝葉に付着した放射性セシウムが降雨やリター（落葉）により継続的に林床へ供給されている (Teramage *et al.*, 2014a；恩田，2014a)．林床にもたらされた放射性セシウムは，土壌表層部に蓄積されるとともに，森林の物質循環系の中で，さまざまな生物にも取り込まれていくと予想される．とくに森林渓流では，リターを基盤の餌資源とする腐食連鎖が卓越しており，リターからの放射性セシウムの移行が重要である (図 6.1)．また，森林斜面から供給される汚染された土壌やリターは，水系に流入後，溶脱や分解プロセスを経ながら下流域へ移動する．すなわち，森林と渓流の有機物動態に付随して放射性セシウムは環境中を移動し，その一部は生物の体内に取り込まれていると考えられる (Davis and Foster, 1958; Yoshimura and Akama, 2014)．

森林流域では，水資源管理，森林管理，内水面漁業管理などが営まれており，地域の重要な産業基盤を支えている．そのため，森林や渓流の生態系への放射性セシウムの蓄積量について水や土砂の移動プロセスのみならず，生物における放射性セシウムの移動・蓄積プロセスを考慮した生物濃縮プロセスの評価が重要となる．また，森林流域は下流域の水田や農地などの農業地帯へ水系ネットワークを通してつながっており，森林流域における放射性セシウムの動態の理解は下流域の汚染管理を考える上でも不可欠である (Gomi *et al.*, 2002；五味，

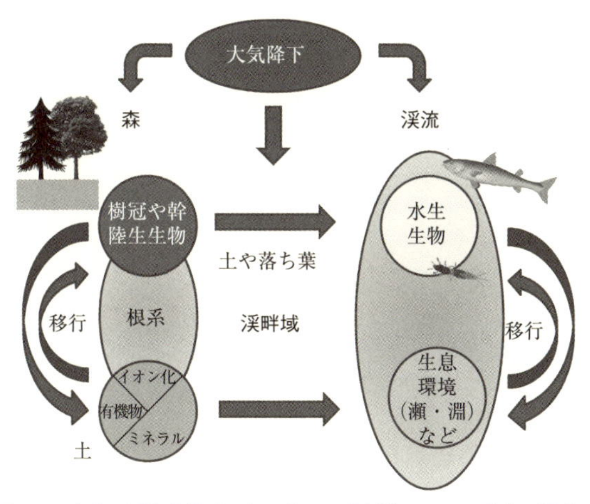

図 6.1　森林と渓流生態系の相互作用と放射性セシウム動態の模式図

2007；Sakai *et al.*, 2014).

福島原発事故から6年が経過してもなお，原子力災害は生態系の中での人々の生活や社会に直接的もしくは間接的に影響している．除染は継続的に行われている一方で，帰宅困難地域や居住制限地域の存在や，林産物などの利活用の制限も未だ問題の渦中にある．この間，研究者たちは震災初期から行われてきた物理的な沈着や拡散，流出などの物理プロセスの評価に加え，生態系の汚染実態の把握を進めてきた（例えば，恩田，2014b；金子ほか，2014；小林，2014)．とくに生物に関する調査では，放射性セシウムの蓄積量の時空間的な変動が大きいことも示されてきた（Nihei *et al.*, 2015)．また，生物への放射線の影響は，遺伝子から生態系までさまざまなものが想定され，個別の生物を対象とした汚染実態（たとえば，水口，2012；Hasegawa *et al.*, 2013；小金澤ほか，2013）や形態・生理特性の変化（例えば，大瀧，2013；石田，2015）が報告されている．このような報告があるものの，生物や生態系を対象とした場合，生息環境の汚染に加えて，放射性セシウムの生物への取り込みや排出，食物網を介した放射性セシウムの移動評価の必要性（鷲谷，2011）を満たす研究はまだまだ途上にある．そこで，本章では，福島県における森林と渓流の調査から得られた成果を中心に，物質循環や食物網の視点から放射性セシウムの移行プロセスを報告する．

本研究では，森林・渓流生態系内を移動する有機物や土砂の放射性セシウム濃度および存在箇所の違いを明らかにするために，福島県阿武隈山地や群馬県の東京農工大フィールドミュージアム（FM，旧・演習林）の流域を対象として試料採取や放射性核種濃度の分析を行った．福島県と群馬県の試験流域面積は 1.7 km^2 と 0.9 km^2 であり，流域の地質はそれぞれ花崗岩，堆積岩である．両流域ともに，約70% はスギやヒノキの人工林に覆われている．

6.1　森林の物質循環と放射性セシウムの移行 

6.1.1　森林生態系にもたらされた放射性セシウム

大気から供給され，森林に沈着した放射性セシウムは，森林生態系の物質循

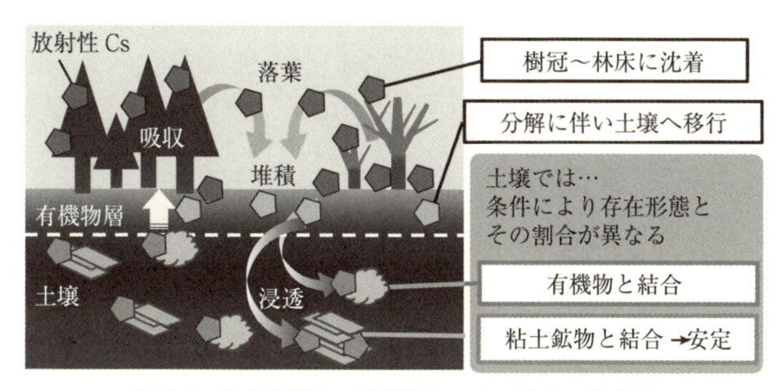

図 6.2　森林生態系の放射性セシウム動態の模式図

環プロセスにともなって移動する（図 6.2）．原発事故は落葉期に起きたため，放射性セシウムは，主要な常緑針葉樹であるスギ人工林では樹冠に，福島から北関東にかけて多い天然生二次林の落葉広葉樹林では，大部分が林床に，一部が幹・枝に沈着した．スギ樹冠のセシウムは雨水による洗脱や落葉により林床へ移動し，林床での有機物分解により鉱質土層へと移動している．粘土鉱物はセシウムを強く吸着する性質があり，その吸着容量は膨大であることから，大部分のセシウムは土壌のごく表層に留まる傾向がある（山口ほか，2012；IAEA, 2010；Teramage *et al.*, 2014b）．福島の調査地において，落葉が堆積した有機物層に存在する放射性セシウム量は，2012 年段階で 50～150 kBq／m^2 であった．鉱質土層（0～10 mm）の放射性セシウムの存在比は，有機物層の存在量に対して，有機物層が厚いスギ林で約 1 倍，有機物層が薄い落葉広葉樹林で約 1.5 倍であり，有機物層の多少が鉱質土層への移行の程度に影響していた．

放射性セシウムは鉱質土層に吸着・固定されるまで様々な形態で存在し，その分布は落葉などの有機物の移動と分解に左右される．また，鉱質土層に固定されたセシウムは，移動しにくい状態ではあるが，植生や菌類によって吸収され再び循環系に入ることもある．また，大部分が急傾斜地である日本の森林においては，落葉や土壌が斜面上方から下方へ移動しやすく，セシウム動態を複雑にする．これらのセシウム動態は，樹種や立地により，移行速度などが異なり，チェルノブイリなどの過去の教訓を生かしつつも日本の気候・土壌・植生における知見を蓄積することが重要である．

群馬県に位置する東京農工大学の FM 草木および FM 大谷山の落葉の放射性セシウム濃度は，スギ・ヒノキの常緑針葉樹と広葉樹で濃度に違いがみられ

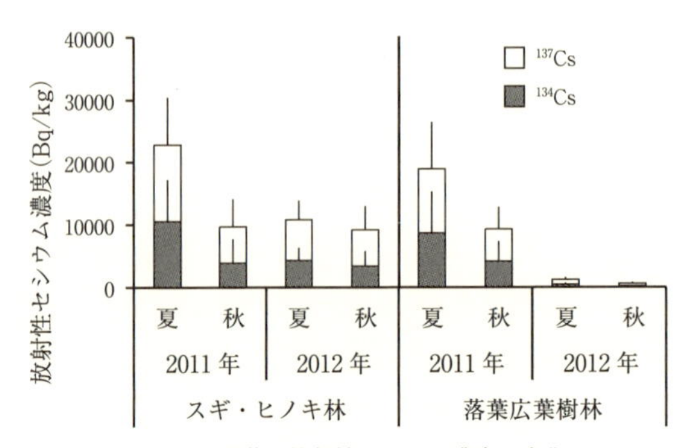

図6.3　落葉の放射性セシウム濃度の変化
スギ・ヒノキ林 $n=8$，落葉広葉樹林 $n=6$，エラーバーは標準偏差を示す．

た．これは，放射性セシウムがもたらされた3月には，常緑針葉樹では樹冠の生葉に直接セシウムが沈着し，着葉していない落葉広葉樹では沈着量が小さかったことと関連していると考えられた．2012年の落葉の放射性セシウム濃度は，常緑針葉樹では2011年と同様に高く，落葉広葉樹林では2011年の10%程度になっていた（図6.3）．スギやヒノキの葉の寿命は3〜4年であり，事故時にセシウムが沈着した葉は，数年間は樹冠に保持されるが，落葉広葉樹は毎年すべて落葉して入れ替わるためである．2011年の落葉広葉樹の落葉に含まれたセシウムは，枝や冬芽に沈着したものが葉に移行したと考えられた．このような針葉樹と広葉樹の違いは，Endo *et al.*（2015）でも報告されている．

6.1.2　林床の放射性セシウムの移行

2011年の原発事故当年，放射性セシウムは落葉や林床有機物への蓄積が多かったが，2年半経過した2013年では福島の調査地でもチェルノブイリ事故と同様に，鉱質土壌の表層部分への蓄積が進行していた．これは，森林の林床で有機物分解によりセシウムが鉱質土層に移行し，ごく表層の粘土鉱物に吸着するためである（山口ほか，2012）．林床有機物は分解で細粒化することから，有機物の放射性セシウム濃度について有機物を粒径別に調べた結果，2 mm以下の有機物では放射性セシウム濃度が高くなる傾向がみられた．また，有機物分解の指標である炭素と窒素の存在比（C／N）が30以下の状態まで分解が進むことで，放射性セシウム濃度が急増する傾向がみられた（図6.4）．このことから，

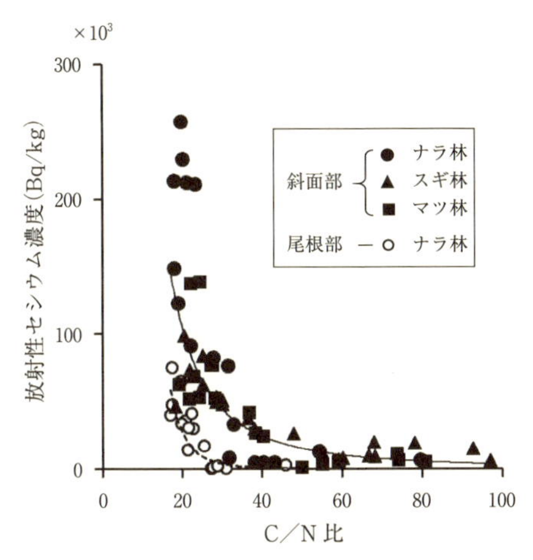

図6.4 林床有機物のC/Nと放射性セシウム濃度との関係

分解が進み細粒化した有機物が鉛直浸透し，放射性セシウムの鉱質土層への移行を促進しているといえる．林床での有機物分解速度は落葉のC/Nに依存し，一般的にC/Nの高いスギなどの常緑針葉樹では落葉広葉樹よりも分解が遅い．樹冠の生葉が数年かけて落葉し，かつ林床での分解が遅いスギでは，落葉広葉樹よりも鉱質土層への放射性セシウムの移行が緩やかに進行していると考えられた．

原発事故1年後の2012年の福島の調査地では，林床有機物層や鉱質土層表層の放射性セシウム分布に樹種や立地の間で顕著な違いはなかった．しかし2年後の2013年調査では，落葉広葉樹林で0.5〜0.6倍に減少していた．スギ林では，自然減衰割合（2013年／2012年＝0.98）と同程度の減少であるものの，減衰割合は林分ごとの違いがみられた．これは，傾斜地にある森林林床から落葉や細粒有機物，土粒子の流出などが起こっていたことと関連すると考えられた．同調査地での落葉移動量を観測したところ，急傾斜地ほど，落葉が移動し，それに伴い放射性セシウムも移動していた．したがって，森林流域内で有機物等の移動によって放射性セシウムの空間分布にばらつきが生じるとともに，斜面から渓流への側方移動による有機物と放射性セシウムの移動が発生していると考えられた．

6.1.3　樹木の放射性セシウム吸収

林床の放射性セシウムの一部は土壌から植生に吸収され，循環系に取り込まれる．山菜にもなるコシアブラなどで，放射性セシウム吸収が多いことも報告されている（Kiyono and Akama, 2013）．特に，林床の菌類が放射性セシウムをよく吸収することが，チェルノブイリ原発事故後の調査からも明らかにされている（IAEA, 2010）．しかし，土壌からのセシウム吸収の詳細なプロセスは不明であり，かつ大気から沈着・樹体に浸透した放射性セシウムと，土壌から経根吸収されるものとの分離は難しい．

コナラ苗木を放射性セシウムが含まれる土壌（7,200 Bq／kg）に植栽し 5ヶ月間栽培したところ，大気からの二次沈着がほとんどない環境下でも，葉・根・茎などに 150～300 Bq／kg の放射性セシウムの吸収が認められた（Choi *et al.*, 2017）．また，福島の里山（初期沈着放射性セシウム 100～300 kBq／m^2）でクヌギ・コナラ林の萌芽更新試験を行ったところ，萌芽枝の放射性セシウム濃度は葉の 4 割程度であり，萌芽成長にともない年々濃度は低下するものの，更新 3 年目（2015 年）でもシイタケ原木利用の当面の指標値（50 Bq／kg）を上回る値が検出された（図 6.5）．クヌギ・コナラなどのナラ類は外生菌根菌と共生することが知られている．しかし，既往研究では植物と菌根菌との共生が，地上部（枝葉）へのセシウム吸収を促進するとの報告と抑制するとの報告があり，

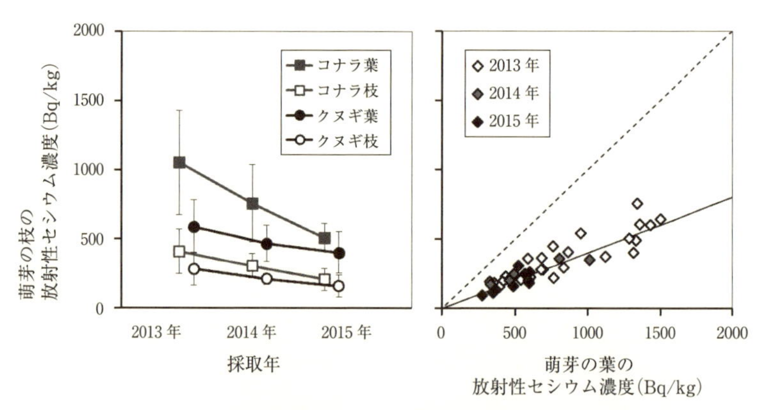

図 6.5　里山の萌芽試験地における萌芽枝の放射性セシウム濃度
エラーバーは標準偏差を示す．

菌根菌との関係は明確となっていない（例えば，Clint and Dighton, 1992; Dupré de Boulois *et al.*, 2005）．福島の里山の主要な構成種はナラ類であり，里山利用の復興に向け，ナラ類の萌芽や新植の幹への放射性セシウム移行のメカニズムを明らかにして，抑制法につなぐための今後の研究が待たれる．

6.2　森林と渓流の放射性セシウム汚染の実態

6.2.1　森林と渓流のリター（落葉）の放射性セシウム濃度の違い

森林から渓流へ，放射性セシウムは，溶存態もしくは有機物・無機物を含む土壌やリターなどに吸着した状態で流出する．前節で見てきたように，福島原発事故によって放出された放射性セシウムの多くは，針葉樹人工林では樹冠に吸着した．そのため，樹冠から供給されるリターの放射性セシウム濃度は，針葉樹人工林の森林生態系において特に高い値を示す傾向がみられる．このようなリターに付着した放射性セシウムは，落葉によって林床や河床に供給され，それぞれの生態系の生物を含む様々な構成要素に移行する．

そこで，まず林床と河床に堆積し，同程度の分解状態であるスギリターの放射性セシウム濃度を分析したところ，河床リターの放射性セシウム濃度は林床リターと比べて明瞭に低いことが明らかとなった（図 6.6）．林床に堆積する

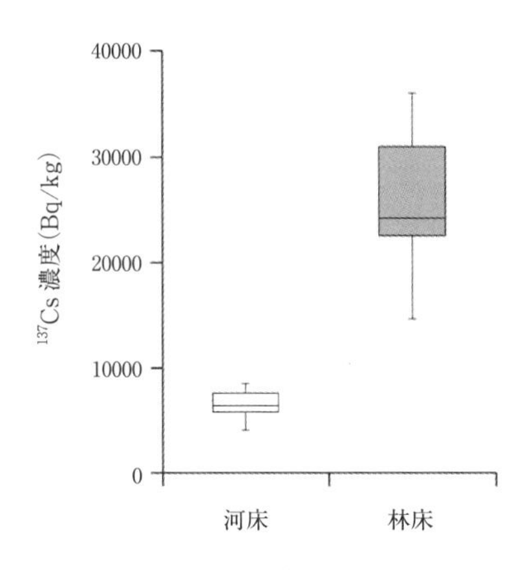

図 6.6　林床と河床に堆積したスギリターの放射性セシウム濃度

リターは 10,000〜36,000 Bq／kg であったのに対し，河床のリターや，粗粒状有機物（coarse particulate organic matter, CPOM：＞粒径 1 mm），細粒状有機物（fine particulate organic matter, FPOM：＜粒径 1 mm）では 3,700〜8,500 Bq／kg となっていた．福島県の調査地では，概ね河床リターの放射性セシウム濃度は林床のリターの 4 分の 1 程度であった．このような森林と渓流のリターの放射性セシウム濃度の違いは，コナラ林でも起こっていることが金指ほか（2015）でも報告されている．このことは，森林から渓流へ供給されたリターから放射性セシウムが溶脱している可能性を示唆している（6. 2. 3 項参照）．

6. 2. 2　流路河床の放射性セシウム濃度

渓流の河床土砂に蓄積した放射性セシウム量を把握するために，瀬・淵で得られた河床材料を 12 段階にふるい分けし，粒度分布を求めた．その結果，流速が速い瀬では大きな粒径の土砂が多く，流速が遅い淵では小さな粒径の土砂が多かった．さらに，2 mm 未満の各画分で放射性セシウム濃度を分析してみると，瀬と淵どちらでも粒径が小さい土砂でセシウム濃度が高くなることが判明した（図 6. 7）．このような粒径の小さい土砂で放射性セシウム濃度が高くなる傾向は，下流の河川でも報告されている（Tanaka *et al.*, 2015）．一般に，土砂粒径が小さいほど土砂の全量としての表面積が大きくなるため，吸着される放射性セシウムは増加し，放射性セシウム濃度は高くなる（He and Walling, 1996）．したがって，細粒土砂が多く堆積する淵では瀬よりも放射性セシウム蓄積量が多くなると考えることができる．

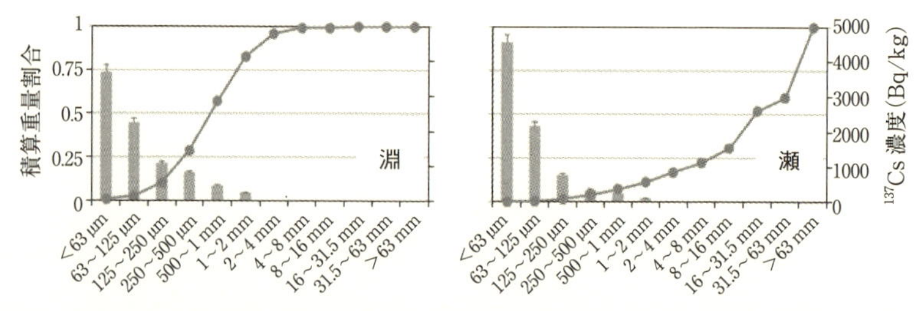

図 6. 7　調査河川の淵と瀬における河床材料の粒度分布（折れ線グラフ）と各粒径の放射性セシウム濃度（棒グラフ）

6.2.3　渓流内リターの放射性セシウムの溶脱

6.2.1 項で示された森林と渓流のリターのセシウム濃度の違いを検証するために，渓流にリターバッグを設置して，放射性セシウムの減少量とリターの分解の関係をみた（Gomi *et al.*, 2017）．リターバッグは，水生生物の出入りが可能な金網（目合い 13 mm）に約 100 g のリターを入れて作成した．リターは林床から採取し，60℃で 1 週間乾燥させた．そのうち，10 サンプルを初期放射性セシウム濃度（0 日目）として分析した．24 サンプルをリターバッグとして，渓流内の瀬（平均流速：43 cm／s）と淵（平均流速：12 cm／s）それぞれ 4ヶ所に設置し，75，150，250 日後に回収した．また，4 日と 15 日後に回収する短期

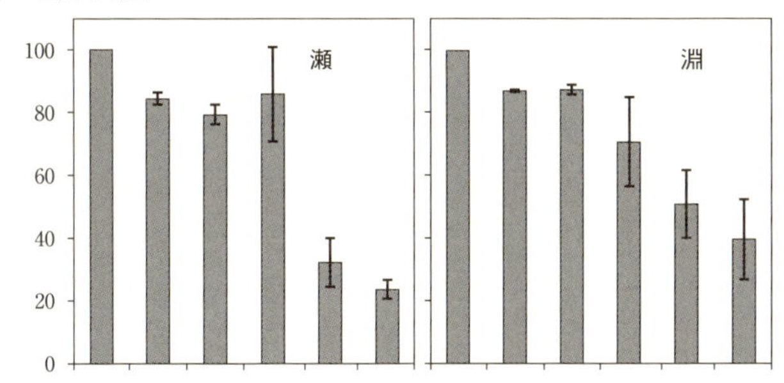

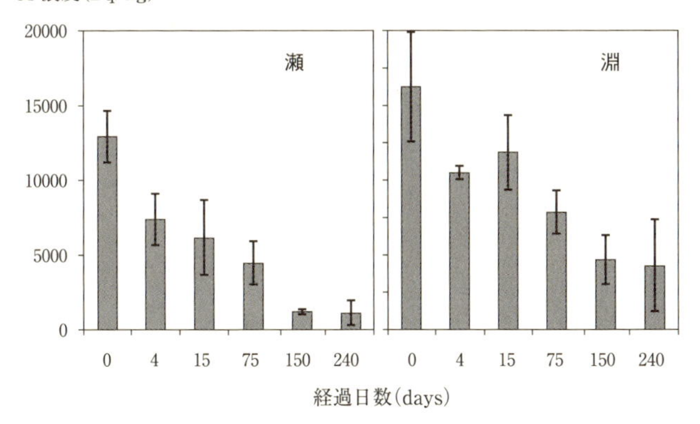

図 6.8　リターバック実験による結果
繰り返しの平均値を棒で示し，エラーバーは標準偏差を示す．

試験も，別途実施した（図6.8）.

リターバッグの重量は設置当初と比較して，4〜15日では87％程度であったが，150日後に70％，240日目に40％となった．渓流内のリターの重量は，流量や水温など様々な要因に影響されるものの，おおよそ100日で，35〜70％程度に減少すると報告されている（Allan and Castillo, 2007）．しかし，本研究で用いたスギリターは広葉樹リターよりも分解が遅く（Hisabae *et al.*, 2011），既存の減少率よりも小さくなるようであった．このようなスギリターの難分解性という特徴は，スギ人工林渓流において恒常的な河床のリター溜まりを形成し，それらが水生動物にとっての生息地や餌資源を提供している（Sakai *et al.*, 2013；2016a）.

瀬と淵のリターバッグともに，設置後の時間経過に伴い，セシウム濃度も減少したが，その変化は重量減少よりも早かった．瀬は0〜4日に0日目の濃度の約40％の残存セシウム濃度，淵では約30％となった．240日後には，淵で0日目の濃度と比較して約25％，瀬で約10％となっていた．重量では，瀬と淵の両方で，75日後に70〜80％，150日後には瀬で約30％，淵で約50％の残存重量となった．乾燥重量と放射性セシウム濃度からリターバッグ内のセシウム総量の変化についてみると，リターバッグ設置後4日間では分解による重量減少の影響はほぼ無いと考えられ，設置後初期のセシウム流出は，溶脱によるものと考えられた．その後も，溶脱を主とする放射性セシウムの減少が継続するものの，分解も進行し100日程度以降では，分解と溶脱の双方によるセシウムの流出が生じていると考えられた．このことから渓流に落下したスギリターは数日から数十日という短い期間でも溶脱を通して相当量の放射性セシウムを渓流内に放出していると考えられる．また，図6.6に示したような林床に対して河床のリターが約25％の濃度になるまでには，渓流内の溶脱・分解の両方の作用を受ける必要があることも図6.8から判断される.

自然環境下では，渓流水中に溶存態の放射性セシウムがほとんど存在しないため（Ueda *et al.*, 2013），スギリターの放射性セシウム濃度は渓流水と比べて十分に高く，渓流水への放射性セシウムの可溶性は高いと考えられる（Sakai *et al.*, 2015）．このことから，リターが渓流に落下することで生じる放射性セシウムの溶脱は，渓流内の放射性セシウムの動態を理解する上では主要な経路となる可能性が高い．特に，水に浸る前のリターのセシウム濃度が高いほど渓流水との相対的な濃度差は大きくなるため，林床と河床のリターのセシウム濃度の差はセシウム降下量の多い地域でより顕著になることがスギリター・広葉樹リター両方から明らかにされている（Sakai *et al.*, 2016b）

リターから放射性セシウムが溶脱すると，溶存態の放射性セシウムが水中に残る．しかし，渓流水中の溶存態放射性セシウムは一様に微量であり（Ueda *et al.*, 2013），溶脱した放射性セシウムは，溶存態のまま渓流に留まるのではなく，他の物質に吸着されていることも考えられる．これまでの研究でも鉱物による放射性セシウムの吸着は良く知られており，特に雲母鉱物への選択的吸着が報告されている（Francis and Brinkley, 1976）．実際に，Sakai *et al.*（2015）はリターと鉱物類を一緒に水に浸した場合，水中の溶存態の放射性セシウムは検出できないほど少なく，リターから溶脱した放射性セシウムのほとんどは鉱物類に吸着されることを示している．今後は溶脱した放射性セシウムの河川内での存在形態や移動を把握することが河川の汚染管理における重要な課題の一つであると思われる．

6.2.4　流域からの放射性セシウムの流出

渓流内の放射性セシウムは，水流に従って上流の森林流域から下流へと流出しているだろう．その流出の評価を行うために，流域内の蓄積量に対し，どれほどの割合の放射性セシウムが流出しているのかを推定する研究が行われている．その際，注目すべきは，有機物や細粒の土壌粒子に吸着して浮遊土砂（懸濁物質）として流出する放射性セシウムである．そこで，渓流水中の懸濁態セシウムを捕捉し，濃度評価を行うために浮遊土砂サンプラーという器具を用いた研究がなされている（Yoshimura *et al.*, 2015a）．浮遊土砂サンプラーは，直径 10 cm の塩ビ管の上流端と下流端に直径 4 mm の流入チューブが装着された構造をしており，渓流の流れと平行になるように設置される（古賀ほか, 2004）．流入チューブと塩ビ管の断面積の違いによって，塩ビ管内に流入した渓流水の流速が十分に小さくなり，渓流水中の浮遊土砂が管内に沈降・捕捉される仕組みである．

浮遊土砂サンプラーで採取された浮遊土砂の放射性セシウム濃度は，各地域におけるセシウム降下量と関係があることが報告されている（Yoshimura *et al.*, 2015a）．浮遊土砂の放射性セシウム濃度には，粒径によってセシウムの吸着量が異なる粒径効果（He and Walling, 1996）や有機物の影響があるとされている（Mizugaki *et al.*, 2008）．このことから，採取された浮遊土砂には，セシウム濃度の高い分解された有機物なども無機質土砂とともに含まれると考えられる．森林の斜面プロットにおける年間の放射性セシウムの流出は，地表面に存在する量の 0.07% であること（Yoshimura *et al.*, 2015b），林床植生の乏しいヒノキ林では相対的に大きくなる傾向があるものの，1% 程度であることが報告されている（錦織ほか，2015）．また，モデルによる解析結果からも，流出率が 1% 未満であることが報告されている（北村ほか，2014）．これらの結果は，流域特性に応じて流出率は変化するものの，森林流域にもたらされた放射性セシウムの多くは長期的に流域内に蓄積することを示している．

6.3　森林-渓流生態系の食物網構造と放射性セシウムの移行

6.3.1　森林と渓流の物質移動と食物網

森林に覆われた山地流域の渓流では，上空が林冠で覆われ光資源が乏しいために，渓流内の一次生産者である藻類はさほど多くない（Vannote *et al.*, 1980）．とくに，スギなどの常緑針葉樹人工林が川沿いまで植林されている場所では，通年で河床への日射が制限されるため，森林から供給されるリターが渓流生態系を支える基盤の餌資源として極めて重要である．

渓流へ流入したリターの一部は流路内に滞留し，底生動物やバクテリアにより分解が進む．淵などのよどみには，リターが集積するリターパッチが形成され，底生動物の重要な生息地を形成する．川底に生息する底生動物は食べものの種類から「摂食機能群」として，大きく 5 種類に分類される．リターなどの粗粒状有機物（CPOM）を摂食する底生動物は，破砕食者（シュレッダー）とよばれ，破砕食者によって裁断された細かい有機物は細粒状有機物（FPOM；図 6.9）となる．FPOM は，主に収集食者（コレクター）に利用される．収集食者には 2 種類の摂食機能群が存在し，渓流中を流れる FPOM を濾して摂食す

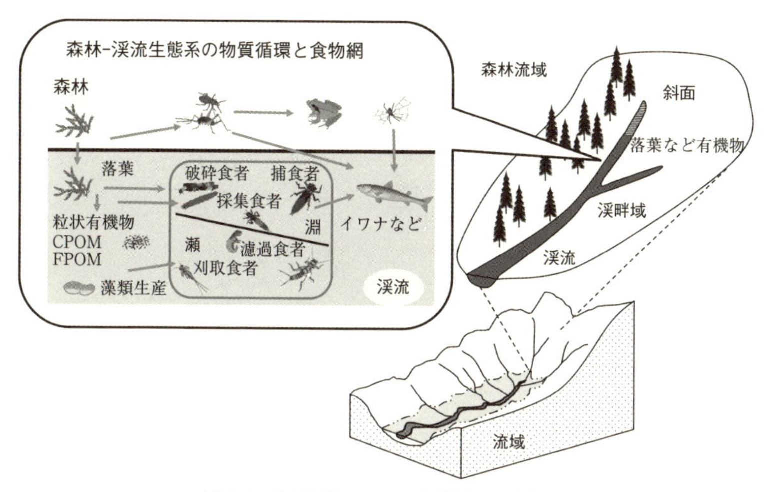

図 6.9　森林渓流における物質循環と食物網

る濾過食者（フィルタラー），川底に堆積した FPOM を摂食する採集食者（ギャザラー）がある．また，付着藻類や礫表面に微生物が集まって形成されるバイオフィルム（生物膜）を摂食する剝取食者（グレイザー）もいるが，山地渓流では多くない．さらに，他の動物を捕食する捕食者（プレデター）も含めて渓流生態系の食物網は成り立っている．

山地上流域の渓流では，上位の捕食者としてイワナやヤマメなどのサケ科魚類も生息していることが多い．イワナやヤマメは，渓流内の底生動物類を餌とするのみではなく，渓畔林から渓流へ落下する陸生動物も餌としている（図 6.9）．森林から落下する陸生動物は，一般的に夏に多く，冬に少なくなる傾向があり，森林への餌資源の依存度は季節によって変化することが知られている．近年では，渓畔域で多くみられるカマドウマ科がその寄生者であるハリガネムシ（類線形虫類）によって行動操作され，渓流に落下することでイワナやヤマメの重要な餌資源となっていることも報告されている（Sato *et al.*, 2011）．

6.3.2　炭素・窒素安定同位体比分析による食物網構造の把握

生態系の食物網と放射性セシウム濃度の関連を評価するために，森林・渓流生態系食物網に属すると思われる有機物と動物のサンプル（リター，土壌有機

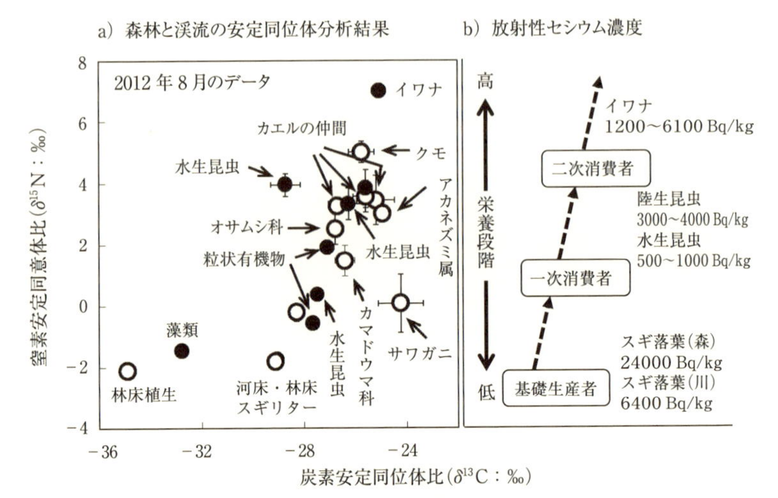

図 6. 10　森林–渓流生態系生物の安定同位体比とセシウム濃度
黒丸は渓流での採取サンプル，白丸は森林での採取サンプルを示す．

物，渓流内の粒状有機物，デトリタス食者，肉食者）を用いて分析を行った．食物網構造の把握には，炭素・窒素安定同位体比（δ^{13}C と δ^{15}N）を用い，各サンプルの放射性セシウム濃度との関連を考察した（図 6. 10）．

炭素・窒素安定同位体比は，栄養段階とともに一定の割合で増加することが知られており（土居ほか，2016），これによって食物網構造を推定することが可能である．例えば，ある一つの餌資源を専食する動物がいた場合，δ^{13}C・δ^{15}N プロット上において炭素同位体比 1‰に対して，窒素同位体比 3.5‰ 程度増加した位置にその動物の炭素・窒素安定同位体比がプロットされる（図 6. 10b）．また，複数種類の餌資源を利用する動物の炭素・窒素安定同位体比は，餌資源の中間の値を示す．このことから，概ね δ^{13}C は餌資源内容，δ^{15}N は栄養段階を推定する有用な指標値として広く用いられている．以上の特性を用い，調査地の食物網構造がリターを起点とした構造を有しているかどうかを検証した．なお炭素・窒素安定同位体比（δ^{13}C・δ^{15}N）は，元素分析／同位体比質量分析計を用いて分析した．

その結果，森林域・渓流域のほとんどの動物がスギリターの右上方向にプロットされていた（図 6. 10a）．このことからスギ人工林における森林，渓流生態系食物網では，スギリターを起点とする卓越した腐食連鎖がみられることが明らかとなった．また，土壌有機物や CPOM・FPOM といった粒状有機物も，スギリターを主要な原料とした混合物であることも判明した．全国の森林域のうち，スギ人工林は主要な面積を占める林相であり，スギリターを起点とする腐食連鎖をとおした放射性セシウムの移行は，広範な森林域で生じている可能性がある（Negishi *et al.*, 2017）.

6.3.3　森林-渓流生態系での放射性セシウムの調査

森林と渓流に生息している動物の放射性セシウム濃度を比較した結果，乾燥重量あたりで森林では 960～13,000 Bq／kg，渓流では 60～3,300 Bq／kg であった（図 6.11）．とくに，カマドウマ科やオサムシ科などの森林域に生息する動物では 3,000～4,000 Bq／kg であるのに対し，渓流中の水生昆虫類は 500～1,500 Bq／kg と低くなる傾向がみられた．また，サワガニやアカガエル科などの森林と渓流域を行き来する動物は高い傾向がみられた．渓流に生息する動物では，モンカゲロウ科などの淵に生息する収集食者で高い値となっていた．このことは，淵の底質の放射性セシウム濃度が瀬と比べて高いことと関連しているのかもしれない．実際に，淵を好む底生動物で有意に放射性セシウム濃度が高く（図 6.12），このような違いは他の山地渓流からも報告されている（Yoshimura and Akama, 2014）．したがって，生息地における放射性セシウム

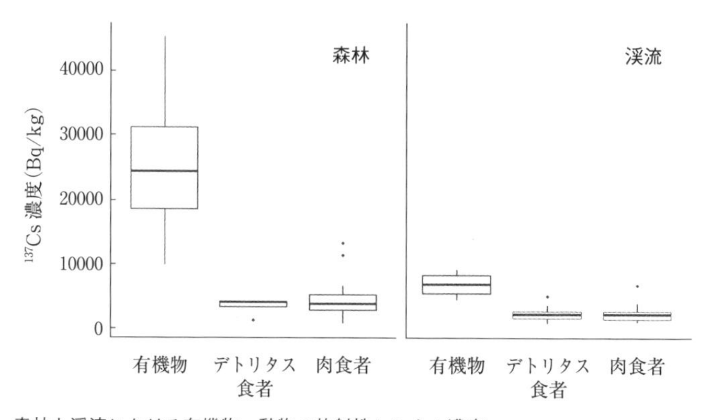

図 6.11　森林と渓流における有機物・動物の放射性セシウム濃度
箱の下部と上部はそれぞれ第 1・3 四分位数を示し，ひげの長さは四分位範囲の 1.5 倍以内，点は外れ値を示す．

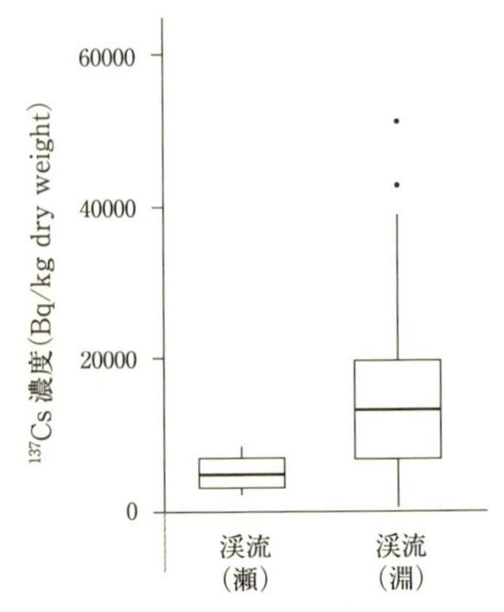

図 6. 12　生息場による水生動物の放射性セシウム濃度の違い
箱の下部と上部はそれぞれ第 1・3 四分位数を示し，ひげの長さは四分位範囲の 1.5 倍以内，点は外れ値を示す.

蓄積量は生物汚染を決定する重要な要因になり得ることが考えられる．ただし，動物への放射性セシウムの取り込みを招く主要な要因は経口摂食であり（Beresford *et al.*, 2000），餌資源内容とその放射性セシウム濃度の情報が動物のセシウム濃度を知る上で不可欠なのは明らかである．

そこで，餌資源ごとに動物を分けてみると，デトリタス食者と肉食者の放射性セシウム濃度は，年間を通して森林と渓流におけるスギリターの放射性セシウム濃度の違いを反映していることが明らかとなった（図 6. 11）．すなわち，腐食連鎖が卓越するスギ人工林では，渓流におけるリターからの放射性セシウムの溶脱が，森林・渓流生態系食物網の濃度差を決定する重要な要因だということである（Sakai *et al.*, 2016c）．福島原発事故による放射性セシウム汚染に関する先行研究では，マクロな視点から動物の放射性セシウム濃度とセシウム降下量が正の相関を示すことが明らかにされている（例えば，Kuroda *et al.*, 2013; Ayabe *et al.*, 2014）．しかし，本研究が示したように，森林と渓流といった隣接した生態系間でも，汚染度の差異は生じうる．このプロセスは，放射性セシウムの分布の空間的異質性や動態を把握するためには考慮すべき重要なプロセスであろう．

6.3.4　イワナへの放射性セシウムの蓄積とその要因

動物体内におけるセシウムの挙動は，同族元素であるカリウムと同様な挙動をすることが知られている．動物体内においてカリウムはイオン化しており，細胞内に多く存在しているものの，活発な入れ替えが行われている．このことから，カリウムは厳密な意味では「蓄積」ではなく，「存在している」状態であり，放射性セシウムも同様の挙動を示す（渡邊・金子，2015）．また，動物は生理調整機能により，体内のイオン状態を一定の状態に保持している．とくに，淡水環境では，動物体内のイオン濃度が水よりも高く，受動的拡散により体内からイオンが失われる傾向にあり，餌などからの摂取によって積極的にそれらの要素を補っている．そのため，淡水魚は海水魚と比べて摂食の伴う体内へのセシウム移行が特に重要である（Hewett and Jeffries, 1978）．このような調整機能は，水生の無脊椎動物などでも同様であるとの報告もある．

それでは，イワナは何を捕食し，放射性セシウムを体内に取り込んでいるのだろうか？　イワナの胃内容物を調べると，カマドウマ科などの陸生生物，トビケラ目を含む水生昆虫などが確認された．夏季には陸生生物を多く摂取し，冬季では少なく，従来の研究と同様に，森林由来の餌資源への依存量が季節変化することが確認できた．森林の動物は渓流の動物よりセシウム濃度が高い（図6.11，図6.13）ことから，イワナは夏季に餌とともに，より多くのセシウ

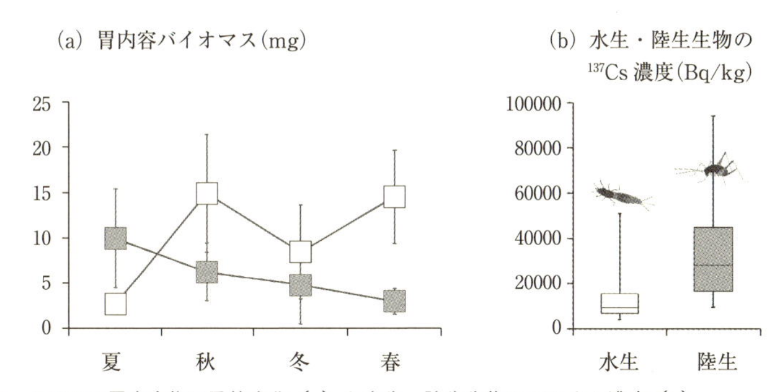

図6.13　イワナの胃内容物の季節変化（a）と水生・陸生生物のセシウム濃度（b）
胃内容物のバイオマスは，個体ごとの平均値を点，標準偏差をエラーバーで表す．セシウム濃度は，水生生物と陸生生物の中央値を中線，下部と上部はそれぞれ第1・3四分位数を示し，ひげの長さは四分位範囲の1.5倍以内を示す．

ムを摂取していると考えられた．次にイワナのセシウム濃度を見てみると，体長が大きくなるほどイワナのセシウム濃度は大きくなっていた（図 6. 14）．放射性セシウムの濃度を決定する要因としては，餌資源からの取り込みのみならず，体内からの排出を司る生理活性が重要である．例えば，排出に影響する要因として固有代謝率が挙げられ（Brown *et al.*, 2004），湿重量（kg），活性化エネルギー，ボルツマン定数，水温によって求められる．本研究で得られたイワナ個体それぞれの固有代謝率を算定すると，体長が大きくなるにしたがって固有代謝率が小さくなることもわかった（図 6. 14）．このことから，大きい個体ほど固有代謝率が低下して放射性セシウムの排出率が下がるため，大きな個体で放射性セシウム濃度が高くなる可能性があると考えられた．

一方，季節ごとにイワナの固有代謝率に注目すると，水温の高い 8 月に最も高かった（図 6. 12b）．固有代謝率が示した明瞭な季節変化に対して，イワナ体内の放射性セシウム濃度は一年を通して大きな変化が見られなかった（図 6. 14）．この相違は，摂食に伴うイワナの放射性セシウムの取り込みが夏季で多く冬季で少ないという季節性と，夏季で高く冬季で低い固有代謝率の季節性がもたらす相殺効果によるものと推察された（Haque *et al.*, 2017）．すなわち，動物への放射性セシウムの移行は，摂取と排出の関係の上で決定されており，イワナなどの水産資源上重要な魚種の汚染管理には，それらの関係性の詳細な把握が必要である．

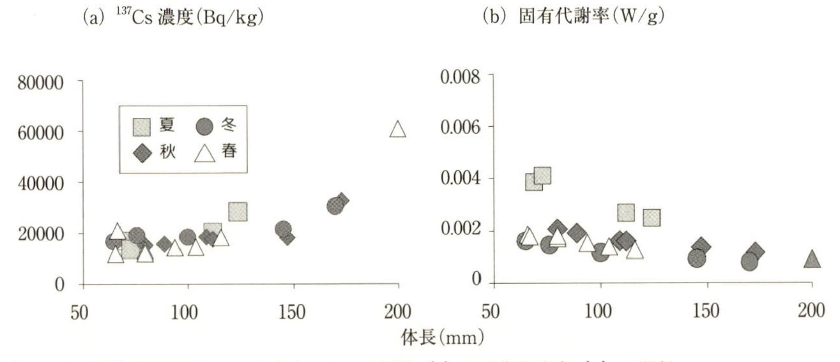

図 6. 14　季節ごとのイワナの体長とセシウム濃度（a）と固有代謝率（b）の関係
図中のシンボルは季節を示す．セシウム濃度では明瞭な季節ごとの違いはみられないものの，固有代謝率は夏季に高い傾向がある．

6.3.5　生態系プロセスでの放射性セシウム動態

先に調べた食物網と放射性セシウム濃度を比較すると，森林と渓流の動物の放射性セシウム濃度は，栄養段階が増加するにしたがって低下していた（図6.11）．食物網における放射性セシウムの挙動は，研究事例によって様々であり，栄養段階に伴って濃度が上がっていく場合（濃縮）と，栄養段階に伴って濃度が低下する場合（希釈）の両方が報告されている．例えば，濃縮を示す研究に注目すると，その多くは河川下流，湖沼，海洋から報告されている（例えば，Rowan and Rasmussen, 1994; Topcuoğlu, 2001; Heldal *et al.*, 2003）．これらの研究が注目した生態系は，「閉鎖系生態系」と考えられ，食物網などが駆動する物質循環が概ね系内で完結している．そのため，生態系内の食物網を介した放射性セシウムの移行が動物の放射性セシウム濃度を決める主要な要因なのかもしれない．一方，希釈を示した研究（例えば，Sakai *et al.*, 2016c; Murakami *et al.*, 2014）は山地渓流のような「開放系生態系」で行われたものであり，系外からの物質移入（例えば，他生性有機物や栄養補償）が卓越している．そのため，開放系生態系では，生態系「内外」の放射性セシウムの動態が複雑に絡み合って水生動物の放射性セシウム濃度に影響しているのかもしれない．したがって，陸域における主要な汚染地域である森林流域に着目した場合，生態系内と生態系間の放射性セシウムの移動を紐解いていくことが適切な汚染管理を導いていくと考えられる（図6.15）．

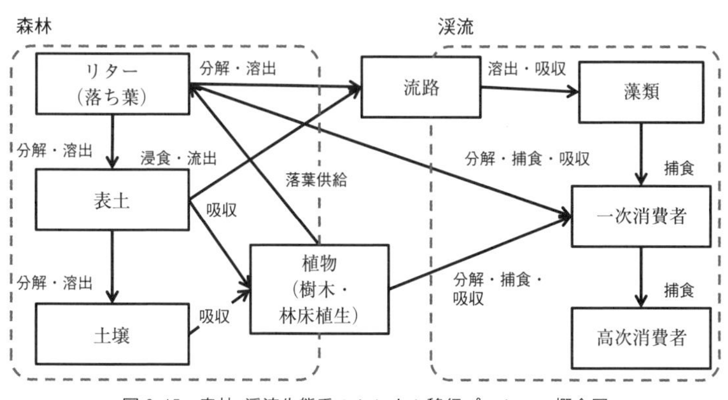

図6.15　森林-渓流生態系のセシウム移行プロセスの概念図

6.4　森林における放射性セシウム軽減対策

6.4.1　森林流域からの放射性セシウムの移動抑制

森林は農地・住居などの生活圏にくらべて膨大な面積があり，すべてを除染することは物理的に不可能であるとともに，通常行われている林床リターの除去などの除染方法は，森林からの土壌流亡をもたらしかねない．奥山は木材生産として利用されているものの，住民の生活圏ではないことから森林から放射性セシウムを農地などへ流出させないことが重要である．森林からの物質流出の主な経路は渓流である．福島の調査地の森林渓流出口に位置する耕作放棄地では，水田放棄地の土壌が畑放棄地や荒地斜面の土壌よりも放射性セシウムの蓄積が少なく，土粒子とともに流水による流亡が示唆される．一方，耕作放棄地の植生地上部は土壌の数千～数万分の一のセシウムのみを蓄積し，植生の繁茂と植物体への吸収による移行抑制効果は小さいことが確認された．

森林から渓流へ高濃度の放射性セシウムを含む有機物や土粒子が流入することを抑制することも重要である．下層植生が貧弱な急傾斜斜面でリターが移動しやすい場合，森林斜面での有機物や土壌の移動は大きい（錦織ほか，2015）．福島の調査地における森林源頭域を対象として，有機物層の厚さと地表面の放射線の空間線量率を測定したところ，移動した物質が留まりやすい場所や谷部で有機物が厚く，それらの場所では空間線量も高い傾向がみられ，落葉や細粒有機物，表層土壌の移動が放射性セシウムの移動と集積に影響を及ぼしていると考えられた．また，福島の調査地にバーミキュライトを詰めた土嚢を設置したところ，里山の萌芽試験地伐採地において放射性セシウムの移動・土嚢への吸着が著しかった．伐採で放射性セシウムが斜面方向に移動すること，その抑制には柵や不織布シートなどによる物理的な対策が有効であることが報告されている（小林ほか，2013）．針葉樹人工林では適正な間伐を行い，下層植生の繁茂を促してリターの移動を抑制し土壌保全機能を発揮させることが，放射性セシウム流亡を防ぐためにも重要であるといえる（戸田，2014）．

6.4.2　里山の除染対策

里山は奥山とは異なり生活圏に近く，山菜の採取やシイタケ原木生産など農地に準ずる土地利用がされているため，放射性セシウムを除去あるいは不動化させる対策をとる必要がある．住居の裏山などの山林では除染対策として，原発事故で放射性セシウムが沈着した林床リターの除去が行われてきた（環境回復検討会，2012）．しかし，事故後に林床の有機物分解が進み，鉱質土層に放射性セシウムが移行することで，リター除去のみでは大きな効果が期待できなくなってきた．また，リターの除去は表層土壌の侵食・流亡を増大させるため，農地などが接する里山では留意が必要である（小林ほか，2013）．

福島の里山において萌芽更新による放射線の空間線量率と放射性セシウムの動態への影響を調査するとともに，除染試験として①林床リターの除去，②萌芽更新で発生した木材をウッドチップとして林地に敷設，③二つの組み合わせを実施した（図6.16）．ウッドチップ敷設は，伐採木をチップ化し炭素と窒素の含有比（C／N）の高い有機物を林床に付加し，菌類（カビ）の生育を促すことで放射性セシウムを吸収させる方法である．まず，空間線量率は森林区の対照区に対して，伐採で2割弱，リター除去で1割弱，ウッドチップ敷設で2〜3

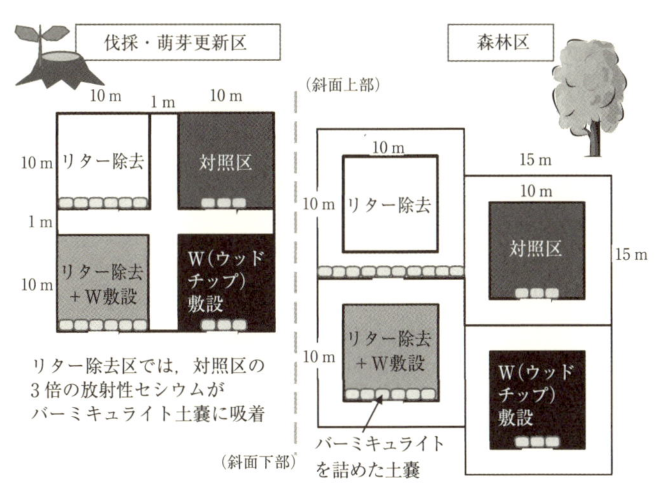

図6.16　里山の萌芽および除染試験地の模式図

割低下していた．この要因は，樹体やリターの放射性セシウムの移動やウッドチップ敷設による地表面の遮蔽効果によると考えられる．一方，表層土壌の放射性セシウムは伐採によって伐採区で増大が著しく除染対策効果が明確でなかったが，森林区ではリター除去やウッドチップ敷設で対照区よりも減少した．ウッドチップは５月〜10月の敷設で，表層土壌の約7％に及ぶ放射性セシウムを吸収していた（図6.17）．Takahashi and Kobayashi (2016) は，同様のウッドチップ敷設試験を長期にわたり実施し，３年を経ても吸収量が増え表層土壌の10％を超える放射性セシウムを吸収したと報告し，ウッドチップ敷設による菌類の吸収効果は大きいといえる．しかし，放射性セシウムを吸収したウッドチップの処理に課題があり，フィルターをつけた燃焼炉で燃やして熱利用し減容化する構想があるものの，高濃度化した物質の隔離法も不明確であり，社会システムとして進めるには至っていない．里山の生物多様性や物質生産機能などが維持できるように，生態系管理のみならず資源利用への新たな社会システムの構築も必要である．

筆者らは水田における表土剝ぎ取りなどの除染作業（表層0〜5 cm）による放射性セシウム除去が，水田土壌と水田内に生息するオタマジャクシにどのような効果をもたらすのかを2012年に調査した（Sakai *et al.*, 2014）．その結果，

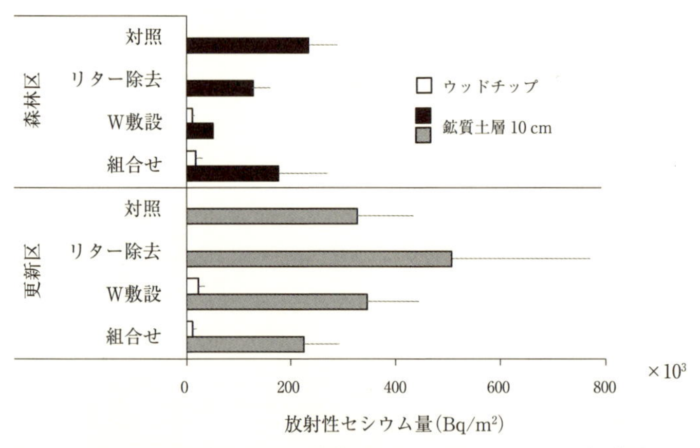

図6.17　里山の除染試験地における鉱質土層10 cm深とウッドチップに蓄積した放射性セシウム量（処理５カ月後）
エラーバーは標準偏差を示す．

除染水田のオタマジャクシの放射性セシウム濃度が対照水田の約20%であったことから，水田の表土剝ぎによる除染作業が土壌およびカエル幼生に一定の効果をもたらしていることを示していた．しかし，除染水田の表層土壌の放射性セシウム濃度は，2012年試料採集時では2011年の除染直後と比べ約7.2倍であった．このことは，水田の上流や周辺環境から水系網を介して流入する放射性セシウムの移動が，除染効果や除染跡地に生息する生物相へのセシウム移行にも大きく影響していることを示唆している．

おわりに

これまで，原発事故後数年における調査結果を報告してきた．森林・渓流生態系という近接した生態系において，それぞれ異なる放射性セシウム汚染が生じていることが明らかになった．放射性セシウムの降下による生態系汚染がどのように生じるのかについて予測を立てるためには，多様な物質循環プロセスで移動するセシウムの具体的な動態の把握が不可欠であり，「森林」と「渓流」の個別のセシウム動態評価のみならず，異なる生態系間を移動する放射性セシウムの動態を理解することが重要である．今後は，放射性セシウムの動態をもとに，どのような汚染管理が森林域において成り立つのかについて探索する研究も求められるであろう．

しかし，放射性セシウム汚染は，物理的にも生物的にも，かつ時空間的にも変化することが問題をより複雑化させている．物理的な減衰による放射性セシウム濃度の変化のみならず，物質循環により濃度変化は様々である．森林生態系の調査事例として，東京農工大FM草木の長期生態観測林における落葉広葉樹二次林の主要な落葉は，原発事故後2年目（2012年）は1年目（2011年）に比べて，放射性セシウム濃度が20～40%減少していたものの，樹種や立地によりその大小は異なっていた．また，2012～2014年の濃度は尾根から斜面に分布する樹種（ミズナラ，クリなど：120～180 Bq／kg）は，沢筋の樹種（シオジ，トチノキなど：10～140 Bq／kg）よりも高かった．ハクウンボクは2011年3月の段階では，裸芽が形成されており，この部分にセシウムが直接沈着することで，他の落葉広葉樹より高いセシウム濃度が検出されたと考えられた．このような数年の平均値のみならず，ミズナラやクリなどナラ類の落葉では，2012 年から 2014 年まで落葉に含まれるセシウム濃度の低下が緩やかかもしくは微増していた．これは福島の調査地でも同様であり，樹種により森林生態系における異なるセシウム循環が起こっている可能性が示唆された．

また，チェルノブイリ原発事故後，スウェーデンの湖では，栄養段階の高い魚類ほど，汚染後の放射性セシウム濃度のピークが遅れることが報告されている（Sundbom *et al.*, 2003）．このような，栄養段階が高い生物ほど放射性セシウム濃度のピーク出現が時間的に遅れることは，メタ解析の結果からも確認されている（Doi *et al.*, 2012）．また，動物における放射性セシウム濃度の変化は，物理的な減衰よりも早く起こることが示されている．たとえば，チェルノブイリ事故後の調査から，カワマス属（*Esox lucius*）では，1988 年から 2002 年の 14 年間に，放射性セシウム 137 の濃度が 90% 減少したことが示されている（Rask *et al.*, 2012）．このような時系列の濃度変化や減衰過程は，生態系を構成する要素や食物網の構成要素ごとに異なるとも考えられる．

現在，我々は震災後 6 年後の追跡調査を実施している．震災後の時間経過にともなう自然減衰による放射性セシウムの減少や新たなリターの供給による濃度の低下など一定の傾向が確認されるものの，濃度減少の程度は，生物相によって異なる傾向もあることがわかってきた．

生態系における放射性セシウムの時間経過を評価することは，長期的な汚染度の予測をするためにも重要である（吉田, 2013）．生態系の放射性セシウム動態とその時系列変化を把握するためには，生態系の構成要素である生産者，低次～高次消費者の汚染度の時系列変化を網羅的に評価する必要がある．今後も，生物への放射性セシウム蓄積実態の評価を継続するとともに，食物網内のセシウム移動を考慮したモデル構築などを進めることが，森林における原子力災害への対策を講じるためには重要であると考えている．

引用文献

Allan, J. D. & Castillo, M. M.（2007）Stream ecology : structure and function of running waters. Springer Science & Business Media.

Ayabe, Y., Kanasashi, T. *et al.* (2014) Radiocesium contamination of the web spider Nephila clavata (Nephilidae: Arachnida) 1.5 year after the Fukushima Dai-ichi Nuclear Power Plant accident. *J. Environ. Radioactiv.*, **127**, 105–110.

Beresford, N. A., Mayes, R. W. *et al.* (2000) The importance of source-dependent bioavailability in determining the transfer pf ingested radionuclides to ruminant-derived food products. *Environmental Science and Technology*, **34**, 4455–4462.

Brown, J. H., Gillooly, J. F. *et al.* (2004) Toward a metabolic theory of ecology. *Ecology*, 85, 1771–1789.

Choi, D., Toda, H., Guy, R. D. (2017) Characteristics of ^{137}Cs accumulation by *Quercus serrata* seedlings infected with ectomycorrhizal fungi. *J. For. Res.*, DOI: 10.1080/13416979.2017.1411420

Clint, G. M., Dighton, J. (1992) Uptake and accumulation of radiocaesium by mycorrhizal and non-mycorrhizal heather plants. *New Phytol.*, **121**, 555–561.

Davis, J. J., Foster, R. F. (1958) Bioaccumulation of radioisotopes through aquatic food chains. *Ecology*, **39**, 530–535.

土居秀幸・兵藤不二夫・石川尚人 (2016) 安定同位体を用いた餌資源・食物網調査法. pp. 144, 共立出版.

Doi, H., Takahara, T., Tanaka, K. (2012) Trophic position and metabolic rate predict the long-term decay process of radioactive cesium in fish: a meta-analysis. *Plos One* 7: e29295.

Dupré de Boulois H. *et al.* (2005) Effects of arbuscular mycorrhizal fungi on the root uptake and translocation of radiocaesium. *Environ. Pollut.*, **134**, 515–24.

Endo, I., Ohte, N. *et al.* (2015) Estimation of radioactive 137–cesium transportation by litterfall, stemflow and throughfall in the forests of Fukushima. *J. Environ. Radioactiv.*, **149**, 176–185.

Francis, C. W., Brinkley, F. S. (1976) Preferential adsorption of ^{137}Cs to micaceous minerals in contaminated freshwater sediment. *Nature*, **260**, 511–513.

五味高志 (2007) 流域の物質循環における水文環境の重要性. ベーシックマスター生態学 (南 佳典・沖津 進 編), pp. 83–108, オーム社.

Gomi, T., Sakai, M, *et al.* (2017) Evaluating ^{137}Cs detachment from coniferaus needle litter in a headwater stream: a litter bug field experiment. *Landsc. Ecol. Eng.*, (in press).

Gomi, T., Sidle, R. C., Richardson, J. S. (2002) Understanding processes and downstream linkages of headwater systems. *BioScience*, **52**, 905–916.

Haque, M. E., Gomi, T. *et al.* (2017) Seasonal variations of food web-based transfer factor of radiocesium for white-spotted char from headwater streams. *Landsc. Ecol. Eng.*, (in press).

Hasegawa, M., Ito, M. T. *et al.* (2013) Radiocesium concentrations in epigeic earthworms at various distances from the Fukushima Nuclear Power Plant 6 months after the 2011 accident. *J. Environ. Radioactiv.*, **126**, 8–13.

He, Q., Walling, D. E. (1996) Interpreting particle size effects in the adsorption of ^{137}Cs and unsupported 210 Pb by mineral soils and sediments. *J. Environ. Radioactiv.*, **30**, 117–137.

Heldal, H. E., Føyn, L., Varskog, P (2003) Bioaccumulation of ^{137}Cs in pelagic food webs in the Norwegian and Barents Seas. *J. Environ. Radioactiv.*, **65**, 177–185.

Hewett, C. J., Jeffries, D. F. (1978) The accumulatiaon of radioactive cesium from food by the plaice

(*Pleuronectes platessa*) and the brown trout (*Salmo trutta*). *J. Fish. Biol.*, 13, 143–153.

Hisabae, M., Sone, S., Inoue, M (2011) Breakdown and macroinvertebrate colonization of needle and leaf litter in conifer plantation streams in Shikoku, southwestern Japan. *J. For. Res.*, 16, 108–115.

IAEA (2010) Handbook of Parameter Values for the Prediction of Radionuclide Transfer in Terrestrial and Freshwater Environments. TRS-472, International Atomic Energy Agency.

石田 健 (2015) 野生生物を調べてわかること．学術の動向，20，10_38–10_45.

飯島和毅 (2015) 森林から河川水系を移動する放射性セシウムの環境動態研究の現状．地球化学，49，203–215.

環境回復検討会 (2012) 今後の森林除染の在り方に関する当面の整理について．第7回環境回復検討会．環境省 HP http://josen.env.go.jp/material/session/pdf/007/mat03.pdf

金子真司・高橋正通ほか (2014) 福島原発事故による森林生態系における放射性セシウム汚染とその動態．日本土壌肥料学雑誌，85，86–89.

金指 努・綾部慈子ほか (2015) 渓畔林における樹木から渓流生態系へのセシウム 137 の移動．日本森林学会誌，97，95–99.

Kato, H., Onda, Y., Gomi, T. (2012) Interception of the Fukushima reactor accident-derived ^{137}Cs, ^{134}Cs and ^{131}I by coniferous forest canopies. *Geophys. Res. Lett.*, 39, L20403.

北村哲浩・今泉圭隆ほか (2014) 異なる陸域解析モデルによる福島第一原子力発電所事故に起因する ^{137}Cs 流出率の比較．環境放射能除染学会誌，2，185–192.

Kiyono,Y., Akama, A. (2013) Radioactive cesium contamination of edible wild plants after the accident at the Fukushima Daiichi Nuclear Power Plant. 森林立地，55, 113–118.

小林政広 (2014) 森林における放射性 Cs の動態．土壌の物理性，126，31–36.

小林達明・木村絵里ほか (2013) 福島第一原発事故後の丘陵地林縁部法面における放射性物質移動防止試験．日本緑化工学会誌，39，92–97.

古賀聡子・恩田裕一・飯島英夫 (2004) 長期浮遊砂サンプリングのための簡易サンプラーの実験的検証．筑波大学陸域環境研究センター報告，5，109–114.

小金澤正昭・田村宜格ほか (2013) 栃木県奥日光および足尾地域のニホンジカにおける放射性セシウムの体内蓄積．森林立地，56，99–104.

Kuroda, K., Kagawa, A., Tonosaki, M. (2013) Radiocesium concentrations in the bark, sapwood and heartwood of three tree species collected at Fukushima forests half a year after the Fukushima Daiichi nuclear accident. *J. Environ. Radioactiv.*, 122, 37–42.

Mizugaki, S., Onda, Y. *et al.* (2008) Estimation of suspended sediment sources using 137Cs and 210Pbex in unmanaged Japanese cypress plantation watersheds in southern Japan. *Hydrol. Process.*, 22, 4519–4531.

水口憲哉 (2012) 淡水魚の放射能：川と湖の魚たちにいま何が起きているのか，pp. 103，フライの雑誌社.

Murakami, M., Ohte, N. *et al.* (2014) Biological proliferation of cesium-137 through the detrital food chain in a forest ecosystem in Japan. *Sci. Rep.*, 4, 3599.

Negishi, J. N., Sakai, M. *et al.* (2017) Cesium-137 contamination of river riparian food-webs in a gradient of initial fallout deposition in Fukushima, Japan. *Landsc. Ecol. Eng.*, (in press).

錦織達啓・伊藤祥子ほか（2015）林床被覆の違いが土壌侵食に伴う放射性セシウムの移動に及ぼす影響．日本森林学会誌，**97**，63–69．

恩田裕一（2014a）福島原発事故の概要．原発事故環境汚染　福島第一原発事故の地球科学的側面（中島映至・大原利眞ほか 編），pp. 2–7，東京大学出版会．

恩田裕一（2014b）河川のモニタリング．原発事故環境汚染　福島第一原発事故の地球科学的側面（中島映至・大原利眞ほか 編），pp. 173–174，東京大学出版会．

大瀧丈二（2013）原発事故の生物への影響をチョウで調査する．科学，**83**，1037–1044．

Rask, M., Saxén, R. *et al.* (2012) Short-and long-term patterns of ^{137}Cs in fish and other aquatic organisms of small forest lakes in southern Finland since the Chernobyl accident. *J. Environ. Radioactiv.*, **103**, 41–47.

Rowan, D. J., Rasmussen, J. B. (1994) Bioaccumulation of radiocesium by fish: the influence of physicochemical factors and trophic structure. *Can. J. Fish. Aquat. Sci.*, **51**, 2388–2410.

Sakai, M., Fukushima, K. *et al.* (2016a) Coniferous needle litter acts as a stable food resource for detritivores. *Hydrobiologia*, **779**, 161–171.

Sakai, M., Gomi, T., Negishi, J. N. (2016b) Fallout volume and litter type affect ^{137}Cs concentration difference in litter between forest and stream environments. *J. Environ. Radioactiv.*, **164**, 169–173.

Sakai, M., Gomi. T. *et al.* (2014) Soil removal as a decontamination practice and radiocesium accumulation in tadpoles in rice paddies at Fukushima. *Environ. Pollut.*, **187**, 112–115.

Sakai, M., Gomi, T. *et al.* (2015) Radiocesium leaching from contaminated litter in forest streams. *J. Environ. Radioactiv.*, **144**, 15–20.

Sakai, M., Gomi, T. *et al.* (2016c) Different cesium-137 transfers to forest and stream ecosystems. *Environ. Pollut.*, **209**, 46–52.

Sakai, M., Natuhara, Y. *et al.* (2013) Ecological functions of persistent Japanese cedar litter in structuring stream macroinvertebrate assemblages. *J. For. Res.*, **18**, 190–199.

Sato T., Watanabe K. *et al.* (2011) Nematomorph parasites drive energy flow through a riparian ecosystem. *Ecology*, **92**, 201–207.

Sundbom, M., Meili, M. *et al.* (2003) Long-term dynamics of Chernobyl ^{137}Cs in freshwater fish: quantifying the effect of body size and trophic level. *J. Appl. Ecol.*, **40**, 228–240.

Takahashi, T., Kobayashi, T. (2016) The characteristic of radioactive cesium absorption by wood chip installed on forest floor. Dynamics of Radiocesium and Its Influence on Forest Ecosystem and Forestry-The Future Direction, IUFRO Regional Congress for Asia and Oceania 2016.

Tanaka, K., Iwatani, H. *et al.* (2015) Size-dependent distribution of radiocesium in riverbed sediments and its relevance to the migration of radiocesium in river systems after the Fukushima Daiichi Nuclear Power Plant accident. *J. Environ. Radioactiv.*, **139**, 390–397.

Teramage, M. T., Onda, Y. *et al.* (2014a) The role of litterfall in transferring Fukushima-derived radiocesium to a coniferous forest floor. *Sci. Total. Environ.*, **490**, 435–439.

Teramage, M. T., Onda, Y. *et al.* (2014b) Vertical distribution of radiocesium in coniferous forest soil after the Fukushima nuclear power plant accident. *J. Environ. Radioactiv.*, **137**, 37–45.

戸田浩人（2014）森林生態系の基盤サービス，調整サービスの原発事故による再認識．教養としての

森林学（日本森林学会 監修），pp. 123–124，文永堂出版．

Topcuoğlu, S.（2001）Bioaccumulation of cesium–137 by biota in different aquatic environments. *Chemosphere,* 44, 691–695.

Ueda, S., Hasegawa, H. *et al.*（2013）Fluvial discharges of radiocaesium from watersheds contaminated by the Fukushima Dai-ichi Nuclear Power Plant accident, Japan. *J. Environ. Radioactiv.*, 118, 96–104.

Vannote, R. L., Minshall, G. W. *et al.*（1980）The river continuum concept. *Can. J. Fish. Aquat. Sci.*, 37, 130–137.

鷲谷いづみ（2011）原子力災害が野生生物と生態系にもたらす影響と人々—チェルノブイリからの示唆（特集 チェルノブイリの教え）．科学，81，1164–1172.

渡邉壮一・金子豊二（2015）水生動物における放射性物質の取り込みと排出．水圏の放射能汚染：福島の水産業復興をめざして（黒倉 寿 編），pp. 184，恒星社厚生閣．

山口紀子・高田裕介ほか（2012）土壌-植物系における放射性セシウムの挙動とその変動要因．農環研報，31，75–129.

吉田 聡（2013）チェルノブイリに学ぶ長期生態系影響．学術の動向，18，78–79.

Yoshimura, K., Onda, Y. *et al.*（2015a）An extensive study of the concentrations of particulate/dissolved radiocaesium derived from the Fukushima Dai-ichi Nuclear Power Plant accident in various river systems and their relationship with catchment inventory. *J. Environ. Radioactiv.*, 139, 370–378.

Yoshimura, K., Onda, Y., Kato, H.（2015b）Evaluation of radiocaesium wash-off by soil erosion from various land uses using USLE plots. *J. Environ. Radioactiv.*, 139, 362–369.

Yoshimura, M., Akama, A.（2014）Radioactive contamination of aquatic insects in a stream impacted by the Fukushima nuclear power plant accident. *Hydrobiologia,* 722, 19–30.

索　引

【欧文】

C／N……202
Coweeta 試験地……39
Cuieiras 試験地……29
Ducke 試験地……29
Eco-DRR……2, 10
Spasskaya Pad 試験地……42

【あ行】

赤枯れ……175
浅い地中流……51
足尾銅山……4
新しい水……52
圧力水頭……56, 58, 65
圧力ポテンシャル……55
荒川……161
アルベド……28
位置水頭……56
位置ポテンシャル……55
移流項……63, 64, 68, 69
移流効果……54
インド洋大津波……176, 179, 180
ウィーンの変位則……27
ウェッティングフロント……61
渦相関法……30
ウッドチップ……219
永久凍土地帯……42
栄養段階……212, 217, 222
襟裳岬……5
塩害……175
鉛直一次元浸透……60
鉛直浸透過程……70
オームの法則……31
温室効果ガス……28

【か行】

海岸林……167
海岸林再生……193
開水路……52, 58
回復力……42
拡散項……63, 64, 68, 69
拡散効果……54, 63
拡大造林……2
河床土砂……206
霞堤……158
カリウム……215
瓦礫……181
河岸侵食……141
乾湿計……37
乾湿計公式……37
環状剥皮……150
管水路……52, 58
慣性力……186
干天の慈雨……44
間伐……94
気化熱……25
気孔……25, 32
基準流域……39
基底流出……45, 51, 68, 71
基底流出強度……40
規模……10
旧流路……153
凝結……36
胸高直径……183
桐生試験地……45
菌類（カビ）……219
杭効果……84
空気力学項……37
空気力学的抵抗……31
クヌギ……204
群落抵抗……32
傾斜方向への流れ……70
渓流生態系……210
ケショウヤナギ……154
原位置一面せん断試験……85
限界モーメント……186
減衰勾配……45
顕熱……28, 30
顕熱フラックス……32
降雨強度……26, 49, 61, 65, 68
降雨流出応答……70

降雨流出応答関係……46
降雨流出応答特性……73
公益的機能……1
光合成……25, 32
洪水流出……45, 51, 68, 71
洪水流出応答……48, 69
洪水流出応答関係……50
洪水流出緩和効果……71
洪水流出総量……46
洪水流出総量の減少……48, 70
洪水流出の平準化……48, 70
降水量……24
黄土高原……6
後背湿地……193
抗力……186
抗力係数……186
小杉式……61, 67
コナラ……204
固有代謝率……216
根系材積……96
根系……186
根系分布……96
混合効率……34

【さ行】

採集食者……211
細粒状有機物……206
札内川……141
札内川ダム……155
里山……14, 204
沙流川……149
山腹斜面……50
残留含水率……61
シイタケ原木の指標値……204
自然裸地……145
湿球表面……37
標津川……147
遮断蒸発……25, 37
砂利採取……154
収集食者……210
集中的な水移動……60
樹木に掛る力……135
樹木の耐性……183
主流路……154
樹林化……15, 144
少雨年……40
蒸散……25
蒸発散……25, 30, 68
蒸発散強度……26, 49
蒸発散量……70
蒸発量……24
常緑針葉樹……201
昭和三陸津波……178, 183
除塩……176
食物網……198, 211
除染……21, 218, 219, 220
処理流域……39
浸水深……183, 184
浸透能力……24
森林水文学……24
森林生態系……24, 200
森林の影響……70, 75
森林の公益的機能……70
森林保水力……70
森林流域……199
水害防備林……161
垂下根……169, 170, 171
水系ネットワーク……199
水源涵養機能……7
水蒸気フラックス……32
水蒸気量……32
水制……159
水田……220, 221
水頭……55
水理学……52
水理実験……177, 179, 186, 192
水理水頭……55, 56
数値シミュレーション……179, 185, 191
すがりつき……180
スギ……205, 210, 212
ステファン・ボルツマン定数……27
ステファン・ボルツマンの法則……27
瀬……206, 213
生育基盤盛土……189
脆弱性……10
生息環境……200
生態系……198, 214
生態系の生命力……26
生態系保全……193
生物学的遺産……18

セシウム……21
セシウム降下量……209
摂食機能群……210
接線摩擦応力……83
絶対湿度……32
接地境界層……30
背の低い群落……38
洗掘……167
扇状地河川……140
せん断域……102
潜熱……28, 30
掃流状集合流動……108
ソイルクリープ……74
総降雨量……46
総降雨量と洪水流出総量との関係……46
相互作用……74, 75
相対湿度……32
草本群落……145
掃流力……138
総量減少効果……71
ソフトランディング……180
粗粒状有機物……206

【た行】

大気の温室効果……28
大気水収支……43
対照流域法……7, 39
耐性モーメント……186
体積含水率……56, 57, 58
多雨年……40
多孔質透水性媒体……52, 54
蛇行復元試験地……147
蛇行流路……144
多重防御……176
多層モデル……30
立ち枯れ……174
竜ノ口山森林理水試験地……40, 46
多摩川……148
ダルシーの法則……57, 62
タンクモデル……48, 50, 69
炭素・窒素安定同位体比……212
炭素・窒素安定同位体比分析……211
短波放射……27, 28
団粒化……72
地殻変動……51
地下水……55, 59, 65
地下水深度……171
地下水面……55
地下水流……65
地球温暖化……2
地形発達……73
地質依存性……71
地中水……55
地表面蒸発……25
地表面流……51, 54, 73
中央防災会議……176
中規模フラッシュ放流……155
沖積錐……12, 120
長期生態観測林……221
長波放射……27, 28
直根……169, 170, 171
貯熱増加……28
貯留関数法……50
貯留構造……49
貯留量変動……50
チリ津波……183
津波……168
津波から逃れる手段……180
津波氾濫流……185, 186
津波被害軽減機能……167, 176
津波被害軽減効果……185
デトリタス食者……212
伝播速度……53, 63, 69, 72
透水係数……57, 58, 61
透水特性……58, 61
倒伏……134
倒伏限界モーメント……142
倒伏限界流速……142
土砂緊縛力……138
土砂災害……111
土砂災害警戒区域……121
土砂災害警戒情報……123
土砂災害特別警戒区域……121
土砂流出抑制効果……112
土壌……201
土壌雨量指数……124
土壌水……55, 59, 65
土壌層発達過程……74
土石流……107
土石流移動形態……115

土石流緩衝樹林帯 ……158
土石流発生形態 ……110
土石流・流木対策 ……125
土地利用 ……176, 180, 193
戸蔦別川 ……163

【な行】

南海地震津波 ……183
日本海中部地震 ……175
日本海中部地震津波 ……183
根返り ……169, 170, 172, 182
熱交換 ……29, 30
熱交換面……34
ネット効果……85
根による土のせん断抵抗力補強強度……82
年降水量……40
年蒸発散量……40
年損失量……40
粘土鉱物 ……201
年末貯留量……40
年流出量……40

【は行】

ハイドログラフ ……45, 47, 50, 55
パイプ状の水みち……58
剝取食者 ……211
曝露……10
はげ山 ……73, 79
破砕食者 ……210
抜根抵抗力……93
パプアニューギニア地震 ……179
パラメタリゼーション……33
波力 ……185
波力減殺 ……178, 180, 185
被圧地下水……55
東日本大震災……21, 198
東日本大震災復興対策本部 ……176
引き込み掘削 ……157
引き倒し試験 ……186
引き波 ……182
引き抜き抵抗力……88
比湿……32
比水分容量……58
非線形性……58
ビッグリーフモデル ……30, 33
引っ張り応力……83
表面張力……55
表面抵抗……32
漂流物 ……173, 174
漂流物の捕捉 ……177
漂流物捕捉効果 ……185
頻度……10
不圧地下水 ……55, 69
フィルム状の流れ……58
不均質性 ……59, 68
福島第一原子力発電所 ……198
複断面化 ……148
腐食連鎖 ……199, 212, 214
淵 ……206, 213
物質循環 ……200
不飽和浸透流……67
不飽和透水係数……57, 68, 69
浮遊土砂 ……209
フラックス……26
フラックス計測法……31
古い水 ……52, 65
プレートテクトニクス……51
分散的な水移動 ……60, 68
平均流速……53
平準化……69
平準化効果 ……50, 71
平成 23 年東北地方太平洋沖地震……168
ペンマン・モンティース式 ……35, 37
保安林 ……1, 9
萌芽 ……150
崩壊面積率……81
飽差……35
防災基本計画 ……176
放射エネルギー ……24, 25
放射項……37
放射収支……27
放射収支式……28
放射性セシウム吸収 ……204
放射フラックス……27
防潮堤 ……167, 168, 189
防潮林 ……178
飽和含水率 ……59, 61
飽和水蒸気量……32
飽和地表面流 ……51, 54, 65, 68
飽和透水係数……57, 59, 61

飽和比湿……32
飽和比湿曲線……33, 37
飽和比湿曲線の微分係数……35
飽和不飽和浸透流……69
ホートン地表面流……51, 54, 65, 68, 73
捕食者……211
保水特性……58, 61

【ま行】

マクロポアー……59, 68, 72
マツ材線虫病……189, 190
マトリックポテンシャル……55
マニングの公式……53
幹折れ……169, 170, 172, 182
実生……173
水循環……24
水のリサイクル……42
密度管理……189, 190
緑のダム……70
明治三陸大津波……183
最上川……159
木本群落……145

【や行】

野生動物……14
有機物……201
溶脱……207
よじ登り……180
米代川……159

【ら行】

落葉広葉樹……201
陸上生態系……24
リター……199, 205
リターバッグ……207
リチャーズ式……60, 63, 67, 68, 69
流域……25
流域貯留量……26, 49
流域水収支……44
流域水収支式……26
流況の安定化……48, 70
流失……171, 172
流失家屋……181
流出……25, 30
流出応答……46, 68
流出過程……46
流出機構……45, 50, 60, 68, 70, 73
流出強度……26, 65
流出貯留関係……49, 50
流出平準化効果……73
流出モデル……48
流水への抵抗……157
流体力……179, 185
流木……170, 171
流木化……157, 169, 171, 182, 191
立木本数密度……98
緑化工事……73
林床リターの除去……219
林帯幅……183
礫河原……140
レジームシフト……17
レジリエンス……3, 18, 42, 44, 74
濾過食者……211

【わ行】

渡良瀬川……151

【編者】

中村太士（なかむら　ふとし）

1983年　北海道大学大学院農学研究科林学専攻修士課程修了
現　在　北海道大学大学院農学研究院 教授，農学博士
専　門　生態系管理学
主　著　『河川生態学』（編，講談社，2013），『森林の科学—森林生態系科学入門—』（共著，朝倉書店，2005），『水辺域管理—その理論・技術と実践—』（分担執筆，古今書院，2000）

菊沢喜八郎（きくざわ　きはちろう）

1971年　京都大学大学院農学研究科博士課程修了
現　在　京都大学名誉教授，石川県立大学名誉教授，農学博士，理学博士
専　門　森林科学
主　著　『葉の寿命の生態学—個葉から生態系へ—（生態学シリーズ）』（共立出版，2005），『ポケットにスケッチブック—生態学者の画文集—』（文一総合出版，2005），『森林の生態（新・生態学への招待）』（共立出版，1999），『植物の繁殖生態学』（蒼樹書房，1995）

森林科学シリーズ 3
Series in Forest Science 3

森林と災害

Forest and Natural Disaster

2018 年 3 月 25 日　初版 1 刷発行

編　者　中村太士・菊沢喜八郎　©2018
発行者　南條光章
発行所　**共立出版株式会社**
〒112-0006
東京都文京区小日向 4-6-19
電話　(03) 3947-2511（代表）
振替口座　00110-2-57035
URL　http://www.kyoritsu-pub.co.jp/
印　刷　精興社
製　本　加藤製本

一般社団法人
自然科学書協会
会員

検印廃止
NDC 650, 653.17, 468, 452.9, 517.4
ISBN 978-4-320-05819-4

Printed in Japan